JN260505

一般気象学
第2版補訂版

小倉義光 [著]

東京大学出版会

General Meteorology
Revised Second Edition

Yoshimitsu OGURA

University of Tokyo Press, 2016
ISBN 978-4-13-062725-2

第2版
まえがき

　本書の旧版が出版されてからちょうど15年，幸いにも予想以上の好評をもって読者に迎えられ，今日までに22刷を数えた．これは著者としてはたいへんにうれしいことであるが，また同時に大きな責任のようなものも感じている．この15年間に気象学は大きく進歩した．もともと本書の目的は気象学の研究の最前線を紹介することではなく，基本的な法則や考え方をできるだけていねいに解説することであるが，それでも気象学の関心の重点が時代とともに変わるということはある．また気象学の知識が普及するにつれて，かつては専門的と思われていた知識が，いまや本書で扱うのが適当な一般的知識とされている部分もある．さらに基本的な事柄の具体例としてあげた事例でも，歴史的なものを除けば，できるだけ記憶に新しい最近のものが望ましい．

　このような事情から今回第2版を出版することとなった．改定に当っては，旧版を実際に教室で教科書として使用してくださったと思われる数十人の方々に，どのような改定が望ましいかご意見を伺った．また私自身の新しい体験として，気象大学校の研修部予報課程の講師を7年間勤めたし，1994年に新しい国家資格「気象予報士」制度が発足してから4年間，試験委員長として計9回試験問題の作成と各問題の正解率の観察などに関わった．こうした経験も第2版の執筆に役立った．このような機会を与えてくださった方々に感謝したい．

　結局この第2版では，基本的な性格や記述のレベルは旧版と全く変わらない．章立ても，第8章を「中・小規模の運動」から「メソスケールの気象」とした以外は全く同じである．内容が大きく変わったのは序章と第8章と第10章（気候の変動）である．その他いくつかの章で，主に後半部分に追加や改定などがある．たとえば第6章では，要望に応じて大気境界層の記述が少し詳しくなっている．

　とはいえ，第2版の執筆に当っては最新の知見を取り入れたので，実質的には分量が約15％増えている．もともと本書は教科書としては例外的に図の数

が多かったが，この第2版ではさらに増加して，約200の図がある．その半数以上は新しい図である．こうした増加にもかかわらず，旧版から引き続いて企画編集を担当された東京大学出版会の清水恵さんは，本文の組み方を変えたり，図の入れ方などを工夫するなどして，旧版とほとんど同じ総ページ数でまとめてくださった．

　旧版の執筆のさいには多くの友人や同僚の方々から多大のご援助を頂いた．この第2版でも，上に述べたように改定の方向を決めるのに多くの方からの懇切なご意見に導かれたこと，また多くの有益なコメントを頂いたことを記して，厚く感謝の意を表したい．図の提供や転載の許可をしてくださった方々にも厚くお礼を申し上げたい．

　旧版に劣らず，本書が若い人たちに気象学を学ぶ楽しさを呼び起こすのに役立てば，私にとってこれ以上の喜びはない．
　　　1999年春

小倉　義光

　近年新聞やテレビなどのマスメディアで地球温暖化など大気環境の変化を報じる記事が多くなってきている．この問題は重要であり，本書では主に第10章（気候の変動）の前半で解説しているが，第2版1刷の出版以来すでに17年が過ぎているので，今回（補訂版）この部分を改定した．また，近年多くの人工衛星が太陽系の諸惑星を探索していることを反映して，第1章（太陽系の中の地球）で僅かながら変更した部分がある．
　　　2016年立春

初版
はしがき

　この本は大学の教養課程ではじめて気象学を学ぶ人の教科書として書かれたものである．だから予備知識としては高等学校卒業程度の物理学と数学で十分である．式が出てくるが，注釈の部分を除けば，すべて代数方程式である．

　この本の基礎となった材料はイリノイ大学の大気科学教室の教官がやはり教養課程の学生の選択科目として毎年講義をしてきたものである．なかなか人気があり，毎学期多くの学生がこの講義をとっている．そのなかには将来気象学を専攻しようとする学生もいるが，それはほんの少数である．ほとんどすべての学生はハイスクールや大学初年程度で習った物理学の原理法則が身近な大気中の現象にどう応用されているかという知的好奇心を満足するため，あるいは子供のころから毎日の天気予報や気象現象に興味をもち，それをより深く学びたいと思っているか，あるいは自分の将来の職業に気象が直接間接に関連がありそうだから，大学在学中に気象学をひととおり勉強しておこうなど，その動機はさまざまである．それで所属している学部も，理・工・農が大部分であるが，社会科学・教育・文科系の学部の学生も少なからずいる．実際私たちの社会が高度に複雑化されるにつれ，私たちの生活は日々の天気変化のみならず，気象災害，凶作，大気環境，気候変動などに大きく左右される．気象学の入門講座を選択科目としてとる学生数が多いわけである．

　教室で実際に授業をすると，講義のどの部分で学生諸君が退屈するか，どの部分で理解が困難であったか，かなりよくわかる．このことは教科書を書くさいに役に立つが，この本はわが国の大学の教養課程の教科書として適切であるように，全く新たに書き下したものである．これは単に米国付近の天気図をわが国付近の天気図に置き換えるということに留まらない．イリノイ大学での講義は1学期約42時間ある．わが国の大学の教養課程で気象学にこれだけの時間をさいている大学は稀であろう．たいていはもっと広義の地球科学の一部として気象学の話をするか，10時間足らずの集中講義ですませてしまう．そうした場合にもこの本を教科書として使用していただいたとすれば，この本の大部分は教室外の独学ということになる．そのときにもこの本をできるだけ楽しく読めるように，ふつうの教科書とは少し形態を変えて書いた．1つは記述が無味乾燥でないように多少読み物的な要素を入れたことである．もう1つは，すべてのことをもれなく記述するというよりは，記述された項目はできるだけ理解しやすいように，つまり基本的な法則から出発して説明をていねいにしていくようにしたことである．また多くの

図を入れた．それは，概念的な説明図はもちろん理解を助けるのに必要であるが，実際に雨や雪が降り集中豪雨や雷雨か襲っているときの大気がどんな状態にあるのか，その臨場感を伝えたかったからである．このため図の数は当初に予定されたものの倍近くにもなってしまった．それに快く協力してくださった東京大学出版会に敬意を表したい．さらに図の転載を許可してくださった出版社・原著者の方々に心より感謝したい．

この本の原稿の大部分は1982年から83年にかけて，東京大学の海洋研究所の滞在中に執筆したものである．気象学の最近の進歩は目ざましく，その全貌とはいわなくても，重要な領域を1人で書くことは予想以上に困難であった．幸いにも多くのすぐれた友人に囲まれていたので，とにかくここまで書きあげることができた．滞在中ほとんど毎日顔を合わせていた海洋研究所の浅井冨雄教授と木村龍治助教授からは，いろいろのことを教ええていただいた．石川浩治さんと三沢信彦さんには図の作成をお願いしたりした．東京大学理学部地球物理学教室の岸保勘三郎教授と松野太郎教授からは，この本の構想をたてる段階から有益な助言を頂いた．また京都大学にも一ヵ月ほど滞在して講義をしたし，筑波大学でも集中講義を行った．その経験も本書の執筆に役立った．京都大学の山元龍三郎教授と廣田勇教授，筑波大学の吉野正敏教授と河村武教授にもお礼を申しあげたい．最後に東京大学出版会の清水恵さんは図版の1つ1つに至るまで気をくばって，ていねいに編集してくださった．

本書はかなりもれなく大気科学の基礎的なことを記述しているが，その反面応用気象学に関連したことは紙数の関係で省略したことをお断りしたい．大気中の光学的および電磁気学的現象，大気汚染，降水や気候の人口調節などについては，ほとんど触れていない．

　　　1984年新春　東京にて

著　者

目　次

第2版まえがき ………………………………………………………… iii
初版はしがき …………………………………………………………… v
序　章 …………………………………………………………………… 1

第1章 太陽系のなかの地球 ………………………………………… 7
　1.1 太陽の概観 ……………………………………………………… 7
　1.2 惑星の大気 ……………………………………………………… 10
　1.3 地球大気の起源と進化 ………………………………………… 14

第2章 大気の鉛直構造 ……………………………………………… 21
　2.1 対流圏と成層圏 ………………………………………………… 21
　2.2 オゾン層とオゾンホール ……………………………………… 25
　2.3 電離層 …………………………………………………………… 31
　2.4 熱　圏 …………………………………………………………… 33
　2.5 外気圏と地球脱出速度 ………………………………………… 36

第3章 大気の熱力学 ………………………………………………… 40
　3.1 理想気体の状態方程式 ………………………………………… 40
　3.2 静水圧平衡 ……………………………………………………… 43
　3.3 高層気象観測と高層天気図 …………………………………… 47
　3.4 熱力学の第一法則 ……………………………………………… 50
　3.5 乾燥断熱減率と温位 …………………………………………… 53
　3.6 相変化 …………………………………………………………… 57
　3.7 大気中の水分 …………………………………………………… 60
　3.8 湿潤断熱減率 …………………………………………………… 65
　3.9 大気の静的安定度 ……………………………………………… 70

第 4 章 降水過程 ……………………………………78

- 4.1 水滴の生成 …………………………………78
- 4.2 エーロゾルと凝結核 ………………………81
- 4.3 凝結過程による雲粒の成長 ………………85
- 4.4 併合過程による雨粒の成長 ………………88
- 4.5 氷晶の生成と氷晶核 ………………………92
- 4.6 氷粒子の成長 ………………………………94
- 4.7 雲の分類 ……………………………………99
- 4.8 霧 …………………………………………102

第 5 章 大気における放射 ………………………105

- 5.1 入射する太陽放射量 ……………………105
- 5.2 黒体放射とプランクの法則 ……………110
- 5.3 放射平衡温度と太陽放射・地球放射 …114
- 5.4 地球大気による吸収 ……………………116
- 5.5 温室効果 …………………………………120
- 5.6 放射平衡にある大気の温度の高度分布 …122
- 5.7 散　乱 ……………………………………124
- 5.8 地球大気の熱収支 ………………………127

第 6 章 大気の運動 ………………………………129

- 6.1 ニュートンの力学の法則 ………………129
- 6.2 見かけの力（コリオリの力）…………132
- 6.3 風と気圧場の関係（地衡風）…………139
- 6.4 風と気圧場と温度場の関係（温度風）…145
- 6.5 地表面摩擦の影響 ………………………147
- 6.6 エクマン境界層と湧昇 …………………149
- 6.7 大気の境界層 ……………………………154

（前ページからの続き）

- 3.10 対流不安定 ………………………………73
- 3.11 逆転層 ……………………………………75

6.8 いろいろな運動のスケール ……………………………… 158
   6.9 発散・収束と渦度 ……………………………………… 160

第7章 大規模な大気の運動 ……………………………………… 166
   7.1 ハドレーが描いた大気の大循環 ……………………… 166
   7.2 地球をめぐる大気の流れ I 南北方向の循環 ………… 170
   7.3 地球をめぐる大気の流れ II 東西方向の循環 ………… 175
   7.4 モンスーン …………………………………………… 179
   7.5 偏西風帯の波動と温帯低気圧 ………………………… 182
   7.6 傾圧不安定波 ………………………………………… 187
   7.7 前線形成過程 ………………………………………… 195
   7.8 数値予報と数値実験 ………………………………… 199

第8章 メソスケールの気象 …………………………………… 203
   8.1 ベナール型対流 ……………………………………… 203
   8.2 降水セルと雷雨 ……………………………………… 207
   8.3 降水セルの世代交代（自己増殖）…………………… 212
   8.4 団塊状のメソ対流系 ………………………………… 215
   8.5 線状のメソ対流系 …………………………………… 220
   8.6 梅雨期の集中豪雨 …………………………………… 224
   8.7 台風の概観 …………………………………………… 231
   8.8 台風の構造と発達 …………………………………… 236
   8.9 海陸風と山谷風 ……………………………………… 242

第9章 成層圏と中間圏内の大規模な運動 …………………… 248
   9.1 なぜ成層圏や中間圏に興味があるのか ……………… 248
   9.2 中層大気の大循環 …………………………………… 251
   9.3 成層圏の突然昇温 …………………………………… 260
   9.4 準二年周期の変動 …………………………………… 265

第10章 気候の変動 …………………………………………… 267
   10.1 過去100万年の気候 ………………………………… 267

10.2 地球温暖化 …………………………………………………276
10.3 エルニーニョ …………………………………………………282
10.4 気候システム …………………………………………………291
10.5 決定論的カオスと天気予報 …………………………………293

付録1 よく使う単位 …………………………………………………299
付録2 天気図に使う記号 ……………………………………………300
付録3 よく使う数値 …………………………………………………302
索　引 …………………………………………………………………303

序　章

　本書の題名は「一般気象学」であるが，もし気象学とはどんな学問かと尋ねられたら，なんと答えよう．気象学とは大気中に起こる現象を扱う自然科学の一分野であるといえば無難であるが，これでは当り前すぎてなんの面白みもない．気象学の客観的な定義は気象関係の辞典にまかせることにして，ここではもっと個人的な感じとして，気象学がもつ2つの特殊性について述べたい．その1つは，気象学は入りやすいが奥が深い学問であるということ．もう1つは，すべての自然科学の分野では，一方の端には実利を考えずただ真理の探究を目指す基礎研究の部分があり，他方の端にはその基礎知識を実利に応用する部分とがあるが，気象学では基礎研究と応用研究が重なり合っている部分が多いということである．

　まず前者については，小学生の夏休みの宿題や中学校の理科部の活動として，毎日の新聞に掲載されている地上天気図や気象衛星「ひまわり」の雲画像を切りとって並べ，自身が校庭で測った気象記録と比較して，日々の天気の変化を調べることが例として挙げられる．自分なりの天気予報を試みる生徒がいるかもしれない．そうして入っていった気象学が奥深い学問であることを示す一番よい例は決定論的カオス理論である．この理論は10.5節で簡単に解説するが，「ニュートン以来の近代科学の自然観に劇的な変革を与え，広い分野の基礎科学に大きな影響を与えた」（京都賞受賞理由書）．そしてそれを発見した人はエドワード・ロレンツ（Edward N. Lorenz）という気象学者である．彼は第二次世界大戦中に召集されて軍の気象隊に勤務して気象学に興味をもち，除隊してからマサチューセッツ工科大学（MIT）で気象学を専攻し，以後同大学の気象学教室で独創的な気象学の研究を続けているが，その研究の一環としてべ

ナール型対流を題材としコンピューターを用いた研究中にカオス理論を発見した．ベナール型対流自身は気象学ではおなじみの現象である（8.1 節）．彼の使ったコンピューターは当時としても小型で，現在のワークステーションにも劣る性能のものであったが，彼の比類のない洞察力が新理論を生み出したのである．

　しかし，このように気象学の奥深くに入る手前でも，いろいろな段階の学習はそれ相当の気象風景を眺める喜びを与えてくれる．以下天気の変化と温帯低気圧の発達に注目して話を進めよう．上に述べた地上天気図と「ひまわり」の雲画像を眺める段階を入門とすると，それに続く初級の段階では高層天気図が登場する．温帯低気圧は大気中で3次元的に発生し発達するものであるから，入門時代のように地上天気図だけを眺めていたのでは，それこそ障子に映る影法師だけを見ているようなもので，低気圧の発達のさいに大気中にどんな流れがあり，どんな立体的な温度分布があるか，発達する低気圧と発達しない低気圧ではどこが違うか，全くわからない．テレビの気象情報でよく耳にする「気圧の谷」という用語も，地上天気図だけを見たのではわかりにくいが，高層天気図では一目で納得できる．

　次の中級が大学の一般教養課程のレベルで，本書『一般気象学』がそれにあたる．微分・積分を使った数学的議論は次の上級におまかせするものの，熱力学（第3章）とニュートンの運動の法則（第6章）から話が始まるから，使う用語ははっきり定義されているし，なるべく少ない基本的な法則でなるべく多くの現象を説明し理解しようとする態度が明確となる．それに従い，初級のレベルではそのまま受け入れていた表現，たとえば「東に進行していた温帯低気圧は前方の高気圧に阻害されて進行が遅くなり」とか，「台風は太平洋高気圧の真ん中を突っ切れないからその周辺を回って西に進み」とか，「南方からの暖湿な空気が梅雨前線を刺激して大雨が降り」といった表現に違和感を感ずるようになる．どうして温帯低気圧は前方に高気圧があることを察知して自らのスピードを緩めることができるのか．こうした表現では低気圧というものが神秘的な能力を具えたもののような感じになって，かえってわからなくなってしまう．またカエルの脚の筋肉を針で刺激するとピクンと動くことは中学校の理科の実験で経験したからわかるが，前線を刺激するとはいったいどんなことか．

このような表現よりも，温帯低気圧も台風も空気の渦巻だから，川にかかった橋桁(げた)でできた渦巻が川の流れとともに下流に流されるのと同じようなことが，温帯低気圧や台風でも起こっていること（8.7節），南風が吹いてきて梅雨前線に沿って収束ができ，下層に上昇気流ができ，そのため不安定な大気中に積乱雲が発達する傾向があるのだという3.10節の説明の方がむしろわかりやすい．丸暗記に努めるよりも，なるほどそうなのかと考え納得し理解することが中級では重要である．

いま注目している温帯低気圧の発達についていえば，発達している地上低気圧の西方に上層の気圧の谷があり，上層の温度の谷（サーマルトラフ）は気圧の谷の西方にあり，相対的に気圧の谷の前方（東側）は後方より温度が高い．そして上層の気圧の谷の前方には上昇気流があり，後方には下降気流がある．この配置によって，「位置のエネルギー」が減少し「運動のエネルギー」が増加して低気圧が発達するというのが話題の中心である（7.5節）．そしてここでも，低緯度と高緯度の温度差があまり大きくならないように中緯度で温帯低気圧が発達するのだということを考えると，一見複雑そうな上述の低気圧の構造も理解しやすくなる．

次の段階の上級は理工系の学部の3・4年あるいは修士課程の初年度に相当する．この段階までには微分・積分やベクトルを含む数学の演算や偏微分方程式の解法にも慣れてくる．そして上に述べた温帯低気圧は，実は偏西風の風速が高度とともに増加する割合がある限度を越えたときに発生する傾圧不安定波というものであることを学ぶ．この数学的な理論によって，偏西風の波動（気圧の谷と尾根の一組）ではなぜ波長が数千kmのものが卓越するのか，初めてわかる．

次の段階の特級は研究の世界であり，周囲にはどの本にも書いてない未知の風景が広がっている．上記のように，傾圧不安定波は対流圏上層の偏西風が強いと発達しやすい．そして偏西風は冬季日本上空付近で最も強い（図7.9）．それならば傾圧不安定波の活動は冬季に最も活発となることが期待される．ところが実際に観測データを用いて調べてみると，日本付近上空で擾乱の振幅が最大となるのは晩秋と早春の2回あり，真冬にはむしろ振幅が小さくなる[†]．

[†] 中村　尚, 1995: 天気, **42**, 751–762.

これは中級や上級のときに学習した教科書と整合しない．どうしてなのかという疑問が研究の第一歩である．ちなみに，いうまでもないが気象学の分野によっては微積分などの数学を使わない研究はたくさんあり，上記の意味の上級と特級の区別にこだわる必要はない．

次に気象学のもう1つの特性である基礎研究と応用研究の重なりについては，人類は大気のなかで生活していることを思えば，たとえば天文学とくらべて気象学の方が実用性が高いことは容易に想像できる．ところが私が大学の学生であった1940年代前半では事情は現在とはかなり違っていた．一般的に気体や液体のような形を変えやすい物体（流体という）の運動を扱う物理学として流体力学というものがある．当時，東京帝国大学の理学部物理学科の今井功先生や工学部航空学科の谷一郎先生などはすでに圧縮性流体や乱流境界層などについて優れた研究を行い，その成果は航空機の翼の設計などに応用されていた．ところが同じ流体を扱う気象学の状況はといえば，「大気中の流れは風洞のなかの流れよりはるかに複雑だから，学校で習った流体力学はほとんど役に立たない」と当時の中央気象台の方からいわれたものである．事実，当時の天気予報はベテランの予報官の長年の経験と勘に頼るところが大きかったことからも，この言葉はうなずける．

ところが実は当時すでに新しい気象学が生まれる胎動はあった．1930年代終りから40年代にかけてラジオゾンデによる高層気象観測網が整備され，対流圏上層に偏西風が吹いていること，そしてそのなかに長い波長をもつ波動があることが発見された．そして，その波動の振舞いは，絶対渦度の保存則という流体力学の基本的な法則で記述できることを示したロスビーの論文を総合図書館の片隅に積まれていた学術雑誌で読んだのは，上記の状況下で感動的といえるものであった．そして1940年代の終りには，準地衡風の渦位保存則を用いてチャーニーやイーディーはそれぞれ別に，偏西風帯のなかには傾圧不安定波とよばれる波動が発達する可能性があることを理論的に示した．そして観測から知られていた発達中の気圧の谷や尾根の振舞いは，理論的に導出された傾圧不安定波の性質と多くの点でよく一致していたのである．こうして新しい温帯低気圧像が誕生した．それ以上に意義深いことは，日々の天気の変化をもたらす大気の流れはちゃんと流体力学の法則で記述できるのだということを目の

当りに示したことである．

　こうして，折から登場してきた電子計算機を用いて，純粋に流体力学と熱力学の式に基づいた数値計算によって24時間先の大気の流れを予報しようという数値予報の試みが開始された．1950年代には伝統のあるいくつかの大学の最精鋭の気象力学者が数値予報の研究に没頭していたのである．基礎研究と応用研究の重なり合いの好例といえるだろう．ひとたび道が開かれると，あとの進歩は，そのときどきに苦労はあったが一直線である．気象衛星などを用いてグローバルに地球大気を観測する技術，多量のデータを瞬時に送信する通信技術，数値計算の技術，そして驚異的な計算能力をもつスーパーコンピューター開発の技術などの発展に助けられて，予報期間もいまや7日先までと延び，予報精度も年々向上している．

　天気の予報という点からいえば，対象とする現象の実態がよく観測され，それを起こすメカニズムがよりよく理解されれば，予報精度の向上は期待される．業務としての気象観測網はこれまで主に高低気圧などの大規模な気象を対象として整備されてきた．しかし近年集中豪雨や竜巻などのメソスケールの気象（第8章）の重要性が認識され，それを観測する測器の開発・整備が行われるとともに研究も急速に進展している．現在米国では，アカデミックに得られた最新の技術・知見をできるだけ速やかに現業に移転できるよう，大学と米国海洋大気庁（わが国の気象庁に相当する）が協力して，海洋大気庁の職員の再教育プログラムを実施していることも，基礎と応用の研究の重なりを示す別の例と見なせるだろう．

　もっと最近の例としては，地球温暖化を含む気候の変動や（第10章），オゾン層の破壊（2.2節）を含む地球環境の保全の問題がある．これは気象学が初めて社会に発信した警告といえるだろう．ここでは，もはや基礎研究と応用研究の重なりといった表現が不適切なほど，社会全般に大きなインパクトをもつ未知の研究領域に気象学は足を踏み入れている．

　このように，きわめて主観的にいえば，気象学は入りやすく奥が深く，趣味と実益を兼ね備え，若々しく魅力にあふれた学問である．そのような気象学を，できるだけ統一的に体系的に，高等学校卒業程度の物理学と数学と化学の言葉で記述するのが本書の目的である．その程度を越えると思われる部分は小活字

で示してある．その部分はとばして読んでも，あとの部分の理解には関係しない．大学初年度の物理学や微積分を学んだ諸君には，本書の内容はさらにわかりやすいはずである．

　いくつかの問題が解答つきでのせてある．できれば三角関数や指数関数など初等関数の計算ができるポケット電卓を用いて，自分で答えを出してほしい．気象学は定量的な科学である．数値がものをいう．ああかも知れない，こうかも知れないといろいろな可能性を考えることは重要であるが，同時にどれが一次的に重要で，どれが副次的であるか定量的に見極める必要がある．本書の問題を解くさいに，正しい答えを得るまでに，案外物理量の単位を正しく使わなかったり，ある量が意外に大きかったり小さかったり，いくつかの小さな発見をするかもしれない．もちろん問題の部分をとばして読んでも次の部分の理解には困らない．本書では原則として国際単位系（SI 単位系）を使う（付録 1）．

　また，本書のページ数には限りがあるから，随時に章または節の終りに【課外読み物】として，いくつかの本を紹介している．わが国では，気象の入門から上級までそれぞれのレベルで多くの良書が出版されているが，ここでは原則的に本書とほぼ同じレベルの本だけに限っている．もっと広い範囲の参考書案内は，日本気象学会編『新教養の気象学』（1998，朝倉書店）の巻末に掲載されている．

第1章
太陽系のなかの地球

1.1 太陽の概観

　地球大気中に起こるほとんどすべての運動は，直接間接に太陽と関係しているので，本書の記述に必要な範囲内で太陽について概観しておこう．

　太陽は巨大なガス球である．その中心部では核融合によって毎秒 4×10^{26} W（毎秒広島型原子爆弾約5兆個分に相当）のエネルギーがつくりだされている．そのエネルギーは放射の形で表面に近い対流層に伝わり（図1.1），さらに対流によって光球（photosphere）に達する．光球はわれわれが直接（つまり適当なフィルターをつけた肉眼や望遠鏡を通して）見る太陽の部分である．光球の厚さは，数百 km で，太陽の中心から約 7×10^5 km のところにあり，代表的な温度は 6,000 K である（K は絶対温度で，摂氏温度 ℃ との関係は K＝℃＋273.15°）．太陽から地球に電磁波の形でとどくエネルギーのほとんどすべては，この光球から放射されている．光球の表面には粒状斑や黒点がある．強い磁場を伴ったフレア（flare）が爆発することもある．

　光球をとりまいて，厚さが約 2,500 km の彩層（chromosphere）がある．彩層の下部の温度は約 4,300 K であるが，上端温度は 10^5 K にも達する．太陽の最上層がコロナ（corona）であるが，彩層からは絶えずきわめて高温で電離した粒子が四方に吹き出している．これを太陽風（solar wind）といい，温度は 10^6 K 近くに達することもある．本章で述べるように，太陽風は現在の地球大気を形成するのに重要な役割を演じたと思われている．彩層やコロナ底部から X 線を含めて波長が $0.1\,\mu$m（ミクロン）より短い電磁波が放射されている

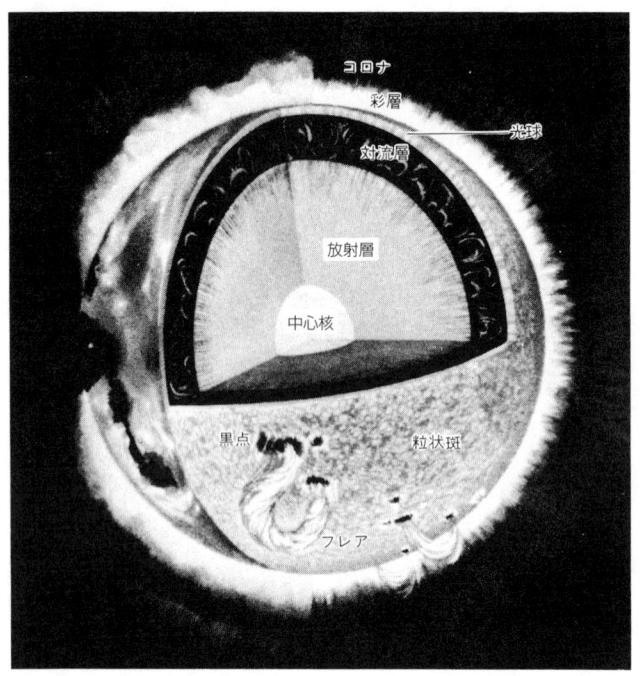

図1.1 太陽の構造を示す断面図 (G. A. Newkirk, 1982: *Studies in Geophysics*, National Academy Press.)
太陽の半径を R_s とすると，中心から約 $0.2 R_s$ までの部分で核融合によってエネルギーが発生し，中心から約 $0.8 R_s$ のところにある対流層下部までは放射の形でエネルギーが伝わっている．太陽の半径は約 $7×10^5$ km である．

が，地球大気の上層（高度90〜200 km）で吸収されてしまい（2.3節），地表面までは到達しない．

ここで後の記述の便宜上，図1.2にいろいろの波長の電磁波につけられている名称を挙げておこう．たとえば人間の眼は波長が $0.77\,\mu$m から $0.38\,\mu$m の間の電磁波に鋭敏なので，この波長領域の電磁波を可視光という．これより波長の長い領域に赤外線領域があり，短いところに紫外線領域がある．さらに波長の短い電磁波がX線である．生物の細胞のなかにある核酸は $0.263\,\mu$m 付近の紫外線をよく吸収するし，蛋白質も 0.27〜$0.29\,\mu$m の間で紫外線をよく吸収する．日光浴で皮膚を黒く焼くのもいいが，過度な紫外線の照射は生物の細胞核の染色体を破壊し，細胞の増殖を不可能にする．もともと太陽からの放射

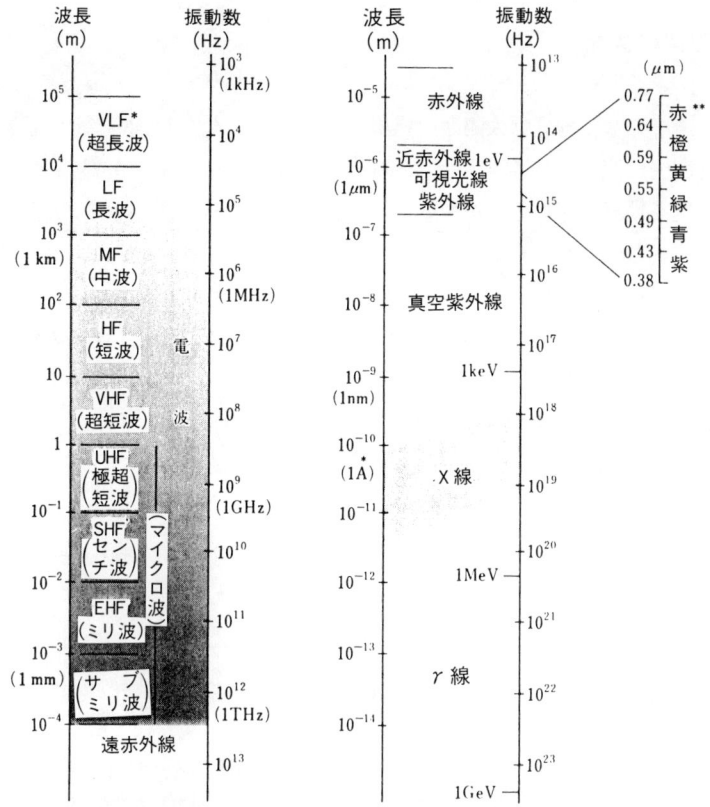

* 電波の周波数帯の英字によるよび方は国際電気通信条約無線規則による．
** 可視光線の限界ならびに色の境界のつけ方には個人差がある．

図1.2 放射の波長，振動数と名称（国立天文台編：理科年表，丸善）

1 eV（電子ボルト，electron volt）＝1.60217733×10^{-19} J は真空中において，1 V の電位差を横切ることによって電子の得る運動エネルギー．1 eV は 2.41798836×10^{14} Hz の放射のエネルギーに相当する．

のなかで紫外線の波長領域に含まれているエネルギーはわずかである．太陽放射エネルギーの大部分は $0.2\sim4\,\mu\mathrm{m}$ の波長領域にあり，全放射エネルギーの約半分は可視光領域にある（第5章）．しかしそのわずかなエネルギー量の紫外線でも地表上の生物にとって有害であり，地球大気による紫外線の吸収という保護の下にのみ生物が存在していることは以下に述べるとおりである．

1.2 惑星の大気

　いうまでもなく地球は太陽系の惑星の1つである．表1.1に本書の記述に必要な範囲内で惑星の特性が示してある．ふつう，共通の特性に注目して，太陽系の惑星を地球型惑星と木星型惑星に分ける．水星・金星・地球・火星は地球型惑星に属し，木星・土星が木星型惑星の代表である．一般的に木星型惑星にくらべると地球型惑星は，大きさも質量も小さく，密度は大きく，太陽から近いので温度が高く，固体表面をもち，環（リング）はもたず，衛星の数は少ない．惑星大気の化学組成にも大きな違いがある．もっと細かく見ると，表1.2に示したように，地球型惑星の間にもいろいろ違いがある．表1.1や1.2に出てくる術語の説明や，数値がどんな意味をもっているのかをこれから順々に述べていくわけである．

　この節で考えるのは惑星の大気の化学組成であるが，その前に原子と分子に

表1.1 太陽系の惑星の特性

	水星	金星	地球	火星	木星	土星	天王星	海王星
太陽からの平均距離（10^6 km）	57.9	108.2	149.6	227.9	778.3	1,427	2,869.6	4,496.6
太陽からの平均距離（天文単位）	0.387	0.723	1	1.524	5.203	9.539	19.18	30.06
公転周期	88日	224.7日	365.26日	687日	11.86年	29.46年	84.01年	164.8年
自転周期	59日	－243日 逆行	23時間 56分 4秒	24時間 37分 23秒	9時間 50分 30秒	10時間 14分	－11時間 逆行	16時間
赤道半径（km）	2,440	6,050	6,380	3,390	71,400	60,000	25,900	24,700
質量（地球＝1）	0.055	0.815	1	0.108	317.9	95.2	14.6	17.2
体積（地球＝1）	0.06	0.88	1	0.15	1,316	755	67	57
密度（水＝1）	5.4	5.2	5.5	3.9	1.3	0.7	1.2	1.7
扁平率	0	0	0.003	0.009	0.06	0.1	0.06	0.02
大気（主な成分）	なし	二酸化炭素	窒素，酸素	二酸化炭素，アルゴン(?)	水素，ヘリウム	水素，ヘリウム	水素，ヘリウム，メタン	水素，ヘリウム，メタン
表面重力（地球＝1）	0.37	0.88	1	0.38	2.64	1.15	1.17	1.18

表1.2 地球型惑星大気の特性比較

	水 星	金 星	地 球	火 星
質量($\times 10^{23}$ kg)	3.29	48.7	59.8	6.43
表面気圧(hPa)	$<10^{-2}$	92000	1013	6
表面温度(K)	560	720 ± 20	280 ± 20	180 ± 30
大気組成(%)		CO_2(96.5)	N_2(78.1)	CO_2(95.3)
		N_2(3.5)	O_2(20.9)	N_2(2.7)
		$H_2O(10^{-3})$	^{40}Ar(0.93)	^{40}Ar(1.6)
		^{40}Ar(20 ppm)	CO_2(0.03)	O_2(0.13)
			O_3(0.5 ppm)	CO(0.07)
			H_2O(0.1～1)*	H_2O(0.03)*

*印はかなりの範囲で変わる．ppm は大気中の微量なガスの量を表す単位で，1 ppm は 1 part per million すなわち百万分の1の濃度に相当する．

ついて簡単に復習しておこう．

　気体・液体・固体を問わず，すべての物質は原子およびその集合体である分子から成る．おのおのの原子は，陽子と中性子が詰めこまれた原子核と，そのまわりを回転している電子で構成されている．原子核にある陽子の数は元素によって違う．水素の陽子の数は1，炭素が6，酸素が8，鉄が26である．たいていの元素では中性子の数は陽子の数に等しい†．陽子は正の，電子は負の電荷をもっており，中性子は電気的に中性である．ふつう原子は全体としては電気的に中性であるが，ときにより1個ないし数個の電子が原子からはじきだされることがある（2.3節）．このとき残りの原子は正の電荷をもったイオンとなる．1個の電子の質量は，陽子や中性子の質量の約1,836分の1しかない．したがって1個の原子の質量はその原子核にある陽子と中性子の和にほぼ等しい．一番軽い原子は水素（H）である．ふつうの水素原子は1個の陽子と1個の電子から成り，その質量は1.67×10^{-27} kgである．次に軽いのがヘリウム

---

† たとえば，ほとんどすべての水素原子核は1個の陽子だけをもち中性子をもたない，これがふつうの水素原子で軽い水素であり，^1Hと書く．しかし原子核に中性子が1個入っているもの（重水素であり，^2Hと書く）と，中性子が2個入っているもの（トリチウムといい，^3Hと書く）とがある．天然における存在比は$^1H:^2H:^3H=100:0.0156:10^{-7}$である．このように同じ元素でも違った原子核の構造をしているものを同位体（isotope）という．太陽の中心部では圧力は2500億気圧，温度は1550万Kであり，核融合反応により4個の陽子^1Hからヘリウム原子核^4Heがつくられている．このとき，質量の0.7%が失われて，これが前述の莫大なエネルギーとなっているわけである．

表1.3 固体地球と太陽の化学組成（重量比較）

元　　素	(a)地殻	(b)全地球	(c)太陽
水素(H)	微量	0.0053	77.3
ヘリウム(He)	微量	微量	21.4
酸素(O)	46.6	29.5	0.84
炭素(C)	微量	0.05	0.35
珪素(Si)	27.7	15.2	0.07
マグネシウム(Mg)	4.09	12.7	0.06
ニッケル(Ni)	微量	2.4	0.007
イオウ(S)	微量	1.9	0.04
カルシウム(Ca)	3.63	1.1	0.007
アルミニウム(Al)	8.13	1.1	0.006
鉄(Fe)	5.0	34.6	0.115
ナトリウム(Na)	2.83	微量	微量
カリウム(K)	2.59	微量	微量

(He) 原子で，原子核は2個の陽子と2個の中性子から成り，2個の電子をもつ．

いくつかの原子が集まって分子をつくる．たとえば酸素の分子（O_2）は2個の酸素原子から成る．おのおのの酸素の原子核は8個の陽子と同数の中性子から成る．話を進めるのに，いろいろな分子の相対的な重さを知っておくことが必要で，これを表すのに分子量（molecular weight）という量を使う．酸素分子1個の重さを32としたとき，他の分子1個の重さに相当する．たとえば水の分子（H_2O）は2個の水素分子と1個の酸素原子から成り，その分子量は18.02である．

さて，やや退屈な復習はこれくらいにして本題に入ろう．地球を含めて太陽系の惑星は太陽と同じように，宇宙にただよう軽い原子（水素やヘリウム）の星間ガスや微塵が次第に凝集して生成したと思われている（1.3節）．地球の誕生はいまから約46億年前である．ところが表1.3や1.4に見るように，現在の地球の化学的組成は太陽のそれと全く違う．まず表1.3の(a)によると，地殻すなわち固体地球の表面近くの部分は主に酸素と珪素からなっていることがわかる．このことは，たいていの岩石や鉱物が珪素（シリコン）の酸化物であり，これに鉄・アルミニウム・ナトリウム・カルシウム・カリウム・マグネシウムなどの金属が加わったものであることから容易に了解できる．たとえば砂は主に二酸化珪素（SiO_2）でできており，粘土は珪素と酸素とアルミニウムで

表1.4 地表付近の大気組成

成分	分子式	分子量	存在比率 (%) 容積比	存在比率 (%) 重量比
窒素分子	N_2	28.01	78.088	75.527
酸素分子	O_2	32.00	20.949	23.143
アルゴン	Ar	39.94	0.93	1.282
二酸化炭素	CO_2	44.01	0.03	0.0456
一酸化炭素	CO	28.01	1×10^{-5}	1×10^{-5}
ネオン	Ne	20.18	1.8×10^{-3}	1.25×10^{-3}
ヘリウム	He	4.00	5.24×10^{-4}	7.24×10^{-5}
メタン	CH_4	16.05	1.4×10^{-4}	7.25×10^{-5}
クリプトン	Kr	83.7	1.14×10^{-4}	3.30×10^{-4}
一酸化二窒素	N_2O	44.02	5×10^{-5}	7.6×10^{-5}
水素分子	H_2	2.02	5×10^{-5}	3.48×10^{-6}
オゾン	O_3	48.0	2×10^{-6}	3×10^{-6}
水蒸気	H_2O	18.02	不定	不定

　できている．ところが表1.3の(b)に示したように，固体地球全体の化学組成は，地殻のそれとはかなり違う．鉄が全固体質量の約3分の1を占める．すなわち固体地球では中心に主として重い鉄やニッケルから成る核があり，その外を主に珪素の酸化物からなるマントルと地殻がとりまいているわけである．一方表1.3の(c)によれば，太陽の全質量の99%が水素とヘリウムからできている．事実宇宙全体として見ても，その全質量の99%は同じく水素とヘリウムであるという．

　次に地球大気の化学組成が表1.4に示してある．ただし地球大気には水蒸気が含まれており，その量は場所と時間によって（特に高度によって）非常に違う．一方水蒸気を除いた空気（これを乾燥空気とよぶことにする）の組成は高度約80 kmまでほとんど変わらない．表1.4は乾燥空気の組成である．おおまかにいえば，容積比で大気の約78%が窒素分子，約21%が酸素分子である．太陽の組成にくらべれば，水素やヘリウムが極端に少ない．このように太陽と地球は同じ星間ガスや微塵から生成されたといわれるのに，どうして現在ではこれほど違うのだろうか．

　この問題は次節で考えることにして，他の惑星の大気はどうだろうか．近年アメリカ合衆国や旧ソビエト連邦（現ロシア）および欧州の無人宇宙船による

観測の結果，この方面の知識は飛躍的に増大しつつある．まず金星である．1960年ごろまでは，金星は地球の双生児と思われていた．金星は太陽系のなかで地球に最も近い隣人であり，その大きさと密度も地球のそれにほぼ等しい．ところが近年の観測によると，金星の大気は地球大気とかなり違う．金星は厚く濃い大気におおわれ，表1.2に示したように，金星の表面における気圧は地球表面気圧の90倍もある．地球の海洋中では，約10 m海中にもぐるにつれ，圧力は1気圧ずつ増す．したがって海中約900 mの深さにおける圧力と同じだけの圧力が金星の表面にかかっていることになる．その金星大気の組成の約96%が二酸化炭素（CO_2）であり，残りの大部分は窒素ガス（N_2）である．また金星表面は約720 Kという高温である．

反対に火星の空気は薄く，その表面における気圧は地球のそれの0.6%くらいしかない．化学組成は約95%までがやはり二酸化炭素で，残りが窒素とアルゴンである．表面温度は約180 Kという低温である．このため極地方は氷でおおわれている．氷といっても主にCO_2が凍結したドライアイスで，水が凍結した氷はごくわずかしかない．CO_2の氷の一部は夏季に昇華し，冬季に再び凍結する．

木星型惑星のうち，木星と土星は特に大きい．木星の大気上層部の主成分は90%の水素と10%のヘリウムである．微量成分としてはメタン（CH_4），アンモニア（NH_3）などがある．この組成は太陽のそれとほぼ同じである．また木星大気の下は固体の表面でなく，液体化した水素の層である．木星には強い磁場もあるし，太陽から受ける放射エネルギーの約2倍のエネルギーを自ら放射している．木星が太陽になりそこなった惑星といわれているゆえんである．

1.3 地球大気の起源と進化

前節で述べたように，現在の地球型惑星の大気の化学組成は太陽のそれと全く違うし，地球大気の組成は金星や火星のそれともかなり違う．地球の大気がどのような歴史を経て現在の姿になったかという問題は現在活発に研究が進められている領域である．

宇宙空間は，水素とヘリウムなどの軽い元素を主成分とする星間ガスと，

1.3 地球大気の起源と進化 —— 15

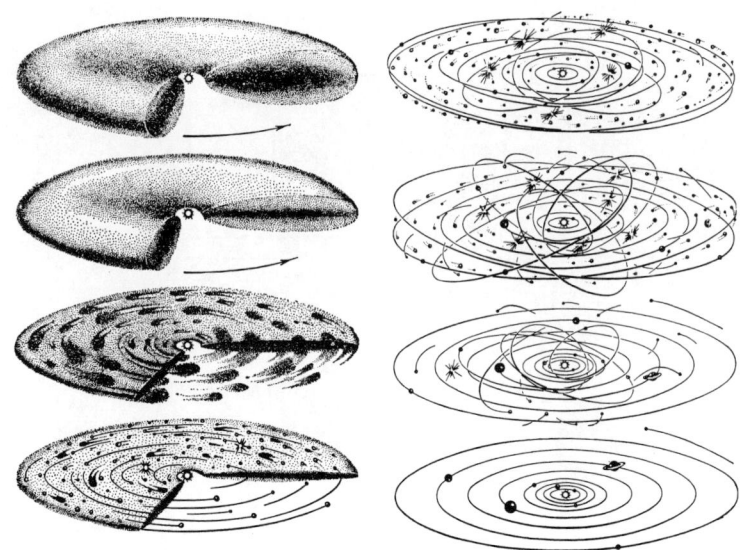

図1.3 原始太陽系星雲と微惑星,惑星の形成（模式図）（小森長生,1995：太陽系と惑星,東海大学出版会）
左：ガスと塵の雲のなかで微惑星がつくられていく様子,右：原始惑星や微惑星の衝突と,惑星が形成されていく様子.

0.1 μm 以下の固形微粒子である星間塵（宇宙塵）から成る星間物質で満たされている．宇宙塵は前世代の星が寿命を終え爆発したとき宇宙にばらまかれた塵である．炭素より重い元素（重元素という）がこの塵に含まれている．星間物質の密度も動きも一様ではなく，ゆらぎがある．密度のゆらぎが特に大きいところでは質量が集中しており，質量が大きければ引力により周囲の星間物質を引きつけてますます大きくなる．その内部では自らの重力で収縮する．圧縮により温度が上昇する．ある臨界値に達したところで核融合が始まる．新しい恒星の1つとして太陽はこうして誕生した．

その間，太陽のまわりの星間物質も動き，回転運動もあった．この原始太陽系星雲のなかのゆらぎによって原始惑星が生まれる．惑星にまでならなくても，星間物質のなかの固体微粒子は接触し集積して，少しずつ星間物質の塊ができる．これを微惑星という．小さなものは数 mm の大きさであるが，およそ100万年の間に平均して大きさは 10 km，質量は 10^{15} kg まで成長する（図1.3）．

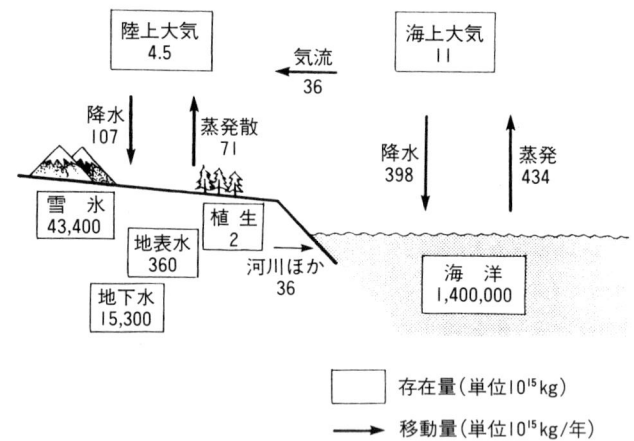

図1.4 地球表層の水の量（武田喬男，1992：水の気象学，東京大学出版会）

　惑星と微惑星は接触・衝突・集積を繰り返し，現在の8個の惑星ができあがった．地球が現在の質量になったのは約46億年前と考えられている．この太陽系の形成については，なぜ太陽をはじめ惑星がほぼ同じ方向に自転しているのか，なぜ惑星は太陽の自転の方向に公転しているのか，なぜすべての惑星はほぼ太陽の赤道面上に位置しているのかなど，興味ある問題があるが，本書の主題からはずれているのでここでは触れない．

　原始地球は太陽と同じく水素とヘリウムを主成分とする大気をまとっていたと思われるが，確かなことはわからない．いずれにしても，この原始地球大気は，太陽進化のある時期に特に強かった太陽風という太陽から吹きだす電気を帯びた微粒子の流れによって吹き飛ばされた．現在の地球大気は，そのあとで二次的に固体地球表層から脱出したガスから進化したものである．

　固体地球からガスが脱出する過程（脱ガス，degassing という）としては2つ考えられている．1つは地球の進化の初期（おそらくは10億年以内）に，多数の微惑星が落下衝突して（月の表面のクレーターはその痕跡である），そのさいの衝撃で脱ガスが起こったとする．もう1つは地球史を通じて現在まで連続的に続いている火山爆発である．現在の火山の噴出ガスの化学組成は分圧比（3.1節）でいって，（採集資料によってばらつきがあるが）約88%の水蒸気（H_2O），6%の二酸化炭素（CO_2），2%の窒素（N_2），それぞれ1〜2%の

硫黄（S_2）と鉄（Fe_2），0.3％の塩素（Cl_2），0.1％以下のアルゴンなどである．酸素がほとんどないことを除けば，この噴出ガスに現在の地球大気の材料が含まれていることは，あとで示すとおりである．

　まず水蒸気の行方から見よう．図1.4に示すように，現在の地球表面にはいろいろな形の水分が存在する，一番多いのが海水で，全体の97％を占める．次は南極大陸や北極海にある氷で2.4％に達する．淡水（地下水）が0.6％，淡水（湖沼，河川など）が0.02％である．これにくらべると地球大気中の水蒸気の量はほんの僅かで，全体の0.001％にすぎない．これは3.7節で述べるように，大気が含みうる水蒸気の量には限度があるからである．したがって脱ガスにより多量の水蒸気が大気中に放出され，この限度を越えると余分な水蒸気は雲となり，雨や雪を降らせる．これが冷えつつある地球表面の凹地にたまって海となった．海がいつできたかは，まだ確定できないが，約38億年前の古い堆積岩を源岩とする変成岩があることなどから，当時すでにかなりの規模の海洋があったと考えられている．

　海ができると，それ以後の地球大気は同じ地球型惑星である金星や火星の大気とは劇的に違った進化の道をたどりはじめる．まず脱ガスでできた大気の微量成分である硫黄や塩素の化合物（亜硫酸ガスや塩酸ガスなど）がすぐに海に溶けこむ．原始海洋はいわば酸性の溶液だったのである．酸性の海には炭酸ガスは溶けない．窒素ガス（N_2）はもともと化学的に不活発なガスであり水に溶けにくい．それゆえ，そのころの大気はCO_2を主成分とするCO_2・N_2系の大気であって，現在の金星や火星などの大気に似ていた．しかし，激しい降水とともに陸上のカルシウム，マグネシウム，ナトリウム，カリウムなどの金属イオン（Ca^{2+}，Mg^{2+}，Na^+，K^+）が海に流れこむ．これらの正の金属イオンは，水に溶けると塩基性を示し，酸性の海を中和する．中和した海にこんどは大気中のCO_2が溶けこみはじめる．海洋中に溶けたCO_2はいくつかの化学反応の後，海洋中に溶けているカルシウムと反応して炭酸カルシウム（$CaCO_3$）をつくる．この$CaCO_3$は海水に溶けず，30数億年前に登場したサンゴ虫の仲間の殻のなかに固体として固定される．この殻がやがて海底に沈殿し堆積してできた岩が石灰岩（limestone）である．現在地球上にあり，建築材としても使われている石灰岩はほとんどこのような過程でつくられたものである．

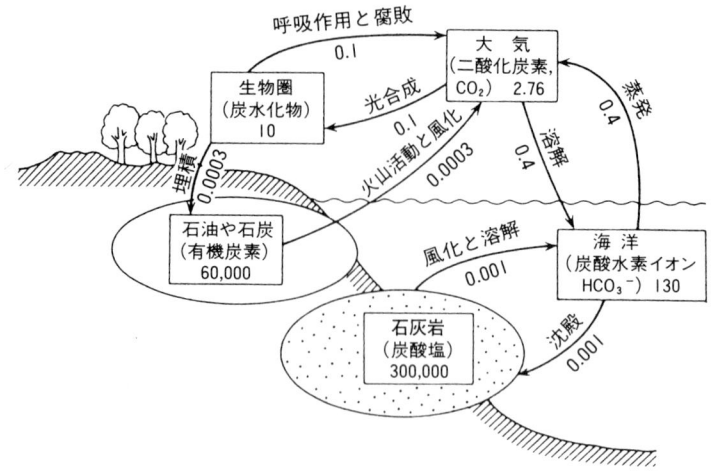

図1.5 二酸化炭素の存在量と循環
存在量の単位は 10^{15} kg, 移動量の単位は 10^{15} kg/年 (日本気象学会編, 1998: 新教養の気象学, 朝倉書店).

金星や火星にくらべると，現在の地球大気中の CO_2 の割合は小さい（表1.2）．実は地球には炭素は多量にある．今日の炭素の存在量と二酸化炭素の循環の様子は図1.5に示してあるが，大気中の CO_2 の約60倍がイオンとして海中に溶けている．それよりも桁違いに多くの炭素が炭酸塩岩石（前に述べた石灰岩など）のなかに含まれている．つまり地球表面上には海という液体の水があったからこそ石灰岩のなかに炭素が固定されてしまったのである．かりに，石灰岩や有機炭素化合物（石油や石炭）に含まれている炭素がすべて二酸化炭素として大気中に放出され，それだけで大気を構成したとすると，68気圧となる（1気圧=1,013.25 hPa）．現在，地球表面にある 1.459×10^{21} kg の水と氷をすべて水蒸気にして，それだけで大気を構成すると277気圧となる．それで，この水蒸気と二酸化炭素が混合した大気の気圧は345気圧である．これに現在の窒素とアルゴンの総量が混合した大気を考えると，水蒸気・二酸化炭素・窒素・アルゴンの分圧比は，90.7%，9.1%，0.2%，および0.002%となる．これは前に述べた火山ガスの成分比にほぼ等しいといってよい．

このように炭素の存在量とその循環に興味と関心が寄せられているのは，最近の地球の温暖化に関連してのことである（10.2節）．5.5節で述べるように，

二酸化炭素は強い温室効果をもつガスの1つである．人工的に多量の二酸化炭素が毎年大気中に放出されている．そのうちの何％を海が引きとってくれるのか，重要な問題であり，現在も研究が続けられている．

このようにして，地球大気で二番目に多い構成物質である酸素を除けば，現在の大気の姿ができあがった．それでは酸素ガスはどのように生成されたか．水蒸気は波長が$0.1\sim0.2\,\mu m$の紫外線を吸収して，水素原子と酸素原子に解離する（2.2節で述べる光解離）．水素原子は軽いので地球から脱出してしまう（2.5節）．酸素原子は結合して酸素分子（O_2）となる．地球史の初期にはこのようにして酸素ガスが生成された．しかし，この過程でつくられる酸素の量は少ないし，できた酸素は地球上でいろいろな酸化物（たとえば酸化鉄）をつくるのに使われてしまって，現在の酸素の量を説明するのには十分でない．

現在の酸素を生成したのは，緑色植物による光合成反応である．すなわち，葉緑素が太陽放射のなかで可視光の波長領域の部分を吸収して，水と二酸化炭素から生物に有用な有機物の糖類をつくる反応である．

$$H_2O + CO_2 \longrightarrow HCHO + O_2 \qquad (1.1)$$

この反応では，O_2は廃棄物なわけである．

古生物や地質学によると，地球上で最初に生命形態が生まれたのは，中和された海のなかで，酸素を必要としないバクテリアであるという．そして約38億年から35億年前に，ついにある種のバクテリアが光合成する能力を獲得しはじめた．このバクテリアは進化して，20億年前までには海洋中に藍藻類が発生した（こうした年代は研究者によって多少の違いがある）．

最初の生物が海洋中に発生したということは意味がある．太陽光線のなかの紫外線（特に波長$0.28\sim0.32\,\mu m$の領域）は生物に致命的な害を与える．ところが太陽光線は海のなかをあまり透過しない．たとえば空中ならば地上から高度$10\,km$の巻雲や飛行機雲はよく見える．ところが海面から$100\,m$下の海底を見ようとしても見えない．そこは太陽光線が届かない暗黒の世界である．だから原始的な藻は海面からある深さ，海水によって紫外線の影響を避けるのに十分な深さ，しかしまた光合成によって生命を維持するのに十分な深さ（$10\,m$くらい）に生存していたと考えられている．海中で生成された酸素は大気中に移る．酸素からオゾンが生成される（2.2節）．大気中にオゾン層が発達

すると，紫外線はオゾン層で吸収されるので，地表面に到達する紫外線の量が減少する，それとともに生物もしだいに海面近くで繁殖できるようになる．そうなれば．より多くの可視光が受けられるので光合成はさらに活発となり，大気中の酸素の量が増す．地表面の紫外線はさらに弱くなる．こうした過程を経て約4億2,000万年前についに陸上に生物が出現し，3億8,000万年前には森林が現れ両棲類が登場したと考えられている．

表1.2で示した金星大気の状態では，金星には生物は生存できそうもない．火星表面の環境では，なんらかの形の生物が存在できるかも知れないが，まだ存在は確認されていない．そして地球大気にくらべると，金星や火星の大気中の酸素の量は，ほんの微量である．このことは地球大気中の酸素は植物の光合成によってつくられたということの証拠の1つとされている．

火星の場合には表面温度が低く，水分は液体として存在できない．だから海がない．したがって火星大気のCO_2が海に溶けこむということがないので，結果として火星大気の大部分はCO_2から成ると信じられている．反対に金星の場合には表面温度が高すぎて，水分は液体あるいは固体（氷）の形では存在できそうもない．気体としての水蒸気は紫外線により光解離し，水素原子は宇宙空間に脱出し，酸素は金星表面の岩石の酸化に使われたので，金星大気には水分は少ない．それにしても海がないので，やはり金星大気中のCO_2を取り除く源がない．それに加えて，金星表面のように高温の場合には，$CaCO_3$は分解してCaOとCO_2になりうる．現在の金星では

$$CaCO_3 \rightleftharpoons CaO + CO_2$$

という化学反応が平衡状態を保っていると考えられている．

【課外読み物】小森長生『太陽系と惑星』(1995，東海大学出版会) は太陽系の形成から惑星・衛星・環・彗星までを述べた一般向け教養書．住明正ほか共編著『地球惑星科学入門』(1997，岩波講座地球惑星科学1) は大学生向け教科書．

第2章
大気の鉛直構造

2.1 対流圏と成層圏

　大気の温度・湿度・圧力など大気の状態を表す物理量の値は水平方向にも変化しているが，鉛直方向にもっと激しく変化する．真夏の暑さにあえぐとき，数千 km も旅をして北極圏にいかなくても，わずか 10 km も上に昇れば，そこは気温が零下数十度という世界である．気象学では記述の便宜上，大気を鉛直方向にいくつかの層に区分する．この区分の仕方も大気のどの物理量に着目するかで違うが，ふつう使われているのは図 2.1 に示すように，温度の高度分布に基づいた区分である．

　一番下の層は対流圏 (troposphere) とよばれ，平均して約 11 km の厚さをもつ†．"トロポ"というのは，回るとか混ざるという意味のギリシア語である．対流圏内では名前のとおり，いろいろな運動によって圏内の空気が上下によくかき混ぜられているのが特徴である．雲が立ち雨が降るなど目に見える気象現象をはじめとして，温帯低気圧・前線・台風など，日々の天気の変化をもたらす大気の運動はほとんどすべて対流圏内で起こっている．この圏内では温度は 1 km について約 6.5℃ の割合で高度とともに減少する（表 2.1）．この減少は平均して高度約 11 km まで続くが，そこからは高度とともに温度はほとんど変わらなくなる．ここが成層圏 (stratosphere) の下部である．

---

† 対流圏界面の高さは赤道付近では約 16 km，高緯度帯では約 8 km である．中緯度帯でもその高さは一定ではなく，温帯低気圧に伴って低く，高気圧に伴って高くなり，その差は数 km に達する（図 7.15）．

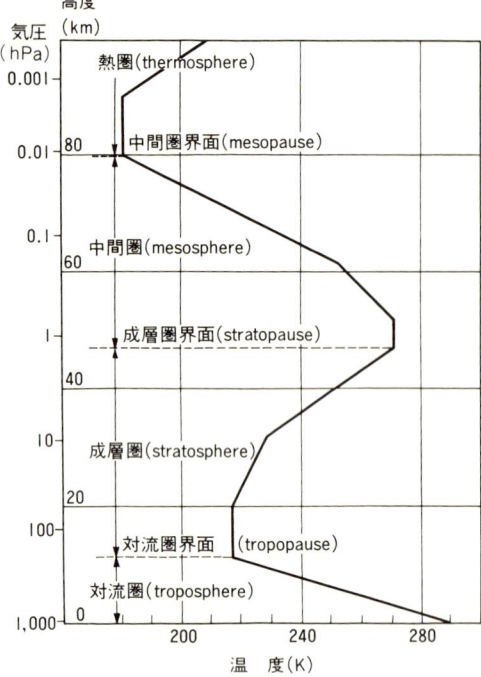

図2.1 温度の高度分布と大気層の区分

　対流圏の上に現在成層圏とよぶ層があることが発見されたのは，もう約1世紀も前のこととなった．無人の気球に温度計をつけて飛揚させ，その気球が高空で破裂して落下した記録を回収し，温度の高度分布を直接測定するという方法で，成層圏の存在が確認されたのは1902年のことである．それまでは，対流圏と同じく，温度はそのまま大気の果てまで下降していくと信じられていた．それだけに，対流圏の上に温度がほぼ一様な層があるという発見は大きな驚きであり，等温層と名づけられた．しかしその後スイスの物理学者ピカール(A. Piccard)が1931年自分でつくった気球にのって16 kmの高度に達したり，第二次大戦後はロケットなどによる観測が行われた．その結果等温層の上では温度は高さとともに逆に上昇し，約50 kmで270 Kくらいの極値に達するということがわかって，等温層という言葉は捨てられ，代りに高度約11 kmから50 kmまで，温度が高度とともに上昇している層を成層圏とよぶようになった．

表2.1 諸物理量の各高度における値(米国標準大気モデル, 1976)

高度 z(km)	気温 T(K)	気圧 p(hPa)	密度 ρ(kg m^{-3})	重力加速度 g(m s^{-2})	数密度 n(m^{-3})	平均分子量 M	オゾン 数密度 n(m^{-3})
0	288.15	1.013(3)*	1.225(−0)	9.807	2.547(25)	28.964	7.50(17)
5	255.68	5.405(2)	7.364(−1)	9.791	1.531(25)	28.964	5.68(17)
10	223.25	2.650(2)	4.135(−1)	9.776	8.598(24)	28.964	1.12(18)
15	216.65	1.211(2)	1.948(−1)	9.761	4.049(24)	28.964	2.63(18)
20	216.65	5.529(1)	8.891(−2)	9.745	1.849(24)	28.964	4.75(18)
25	221.55	2.549(1)	4.008(−2)	9.730	8.334(23)	28.964	4.27(18)
30	226.51	1.197(1)	1.841(−2)	9.715	3.828(23)	28.964	2.51(18)
35	236.51	5.746(0)	8.463(−3)	9.700	1.760(23)	28.964	1.39(18)
40	250.35	2.871(0)	3.996(−3)	9.684	8.308(22)	28.964	6.04(17)
45	264.16	1.491(0)	1.996(−3)	9.669	4.088(22)	28.964	2.20(17)
50	270.65	7.978(−1)	1.027(−3)	9.654	2.135(22)	28.964	6.60(16)
60	247.02	2.196(−1)	3.097(−4)	9.624	6.439(21)	28.964	7.30(15)
70	219.59	5.221(−2)	8.283(−5)	9.594	1.722(21)	28.964	5.36(14)
80	198.64	1.052(−2)	1.846(−5)	9.564	3.838(20)	28.964	
90	186.87	1.836(−3)	3.416(−6)	9.535	7.116(19)	28.91	
100	195.08	3.201(−4)	5.60(−7)	9.505	1.189(19)	28.40	
110	240.00	7.104(−5)	9.71(−8)	9.476	2.114(18)	27.27	
120	360.00	2.538(−5)	2.22(−8)	9.447	5.107(17)	26.20	
150	634.39	4.542(−6)	2.08(−9)	9.360	5.186(16)	24.10	
200	854.56	8.474(−7)	2.54(−10)	9.218	7.182(15)	21.30	
300	976.01	8.770(−8)	1.92(−11)	8.943	6.509(14)	17.73	
400	995.83	1.452(−8)	2.80(−12)	8.680	1.056(14)	15.98	
600	999.85	8.21(−10)	1.14(−13)	8.188	5.950(12)	11.51	
1,000	1,000.0	7.51(−11)	3.56(−15)	7.322	5.442(11)	3.94	

* $A(b)$は$A\times 10^b$を表す.

　成層圏と命名した理由はこうである. 3.9節で述べるように, 温度が高度とともに増加している大気層は安定であって, その層のなかでは上下の混合が起こりにくい. 一般に種類の違う液体をよく混ぜてから放置しておくと, 重い液体は下に沈み, 上のほうに軽い液体が浮かぶ. 海底油田から噴出した石油が海面に広がるのがその例である. 気体でも同じことで, 上下に混合させなければ重力の作用で重い (すなわち分子量の大きい) 気体と軽い気体の分離が起こる. 対流圏とは違い, 成層圏内では上下の混合がないであろうから, この気体の分離が起こり, 空気は層を成して静かに存在しているものと考えられたわけである. しかしその後の研究により, これはとんでもない思い違いであることがわ

かってきた．第9章で述べるように，いろいろの形態の運動が絶えず起こっているのである．その結果として，大気の化学組成は高度約 80 km までほぼ一様である．

対流圏と成層圏の境界面を対流圏界面（tropopause）という．本来"ポーズ"は止まるとか限界を表す．その意味でトロポポーズを止対流面と訳していた時代もあったが，現在では対流圏界面に統一されている．

図 2.1 に示したように高度約 50 km で温度は極大になる．これは 2.2 節で述べるように，オゾンが太陽からの紫外線を吸収するからである．この高度から温度は再び高度とともに低下しはじめ，高度約 80〜90 km で極小となる．この層を中間圏（mesosphere）といい，成層圏と中間圏の境界面を成層圏界面（stratopause）という．中間圏の上端が中間圏界面（mesopause）で，その上に熱圏（thermosphere）がある．

すでに述べたように高度約 80 km までは乾燥空気の化学成分の割合は高度によらない．しかしそれより高度が増すにつれ重力による分離がはじまり，空気の成分には軽い（すなわち分子量の小さい）気体の分子や原子の割合が増大していく．100 km くらいまでは窒素が主成分であったが，170 km くらいからは酸素原子が空気の主な成分になり，さらに 1,000 km くらいではヘリウムが多くなる．そのさらに上では一番軽い水素が大部分になる．

このように空気の組成が違うことを表すのに便利な量が空気の平均分子量である．空気はいろいろの気体の混合物であるから，空気の分子というものはない．一般に空気のような混合気体の分子量というときには，その混合気体を構成する各気体の分子量に，その気体が全混合気体の何 % の割合を占めているかの重みをつけて平均する．大気の下層では表 1.4 に示したように窒素が 78%，酸素が 21%，アルゴンが 1% を占めているから，

$$空気の平均分子量 = 28 \times 0.78 + 32 \times 0.21 + 40 \times 0.01 = 28.96$$

となる†．空気にはその他の気体が含まれているが，その量は少ないので，平均分子量を計算するときには無視してもよい．こうして下層大気の平均分子量は約 29 であり，窒素の 28 に非常に近い．これは窒素が 78% も占めているか

---

† 3.1 節ではこれと少し違った平均のとり方をした平均分子量を定義している．

ら当然である．

　表2.1にはいろいろの高さにおける空気の平均分子量が示してある．100 km くらいの高度から次第に軽い分子が占める割合が多くなり，空気の平均分子量が減少していく様子がよくわかる．

　またこの表にはいろいろの高さにおける空気の圧力や密度も示してある．下の方の空気ほど，その上にある空気に圧縮されるので密度は大きい．またある高度の圧力は，それより上にある空気の重量に比例すると考えてよいから，上にいくほど圧力は減少する．このような圧力や密度の高度分布については，3.2節で詳しく述べる．

2.2 オゾン層とオゾンホール

　表2.1に示したように，高度約 25 km を中心としてオゾンが多く含まれている層があり，オゾン層とよばれている．オゾン層が気象学で特に問題にされている理由は，強い紫外線は人間はじめ地球上の生物にとって有害であるが，オゾン層が太陽からの紫外線をほとんど吸収してくれるからである．オゾンが多量に存在しているといっても表2.1でわかるように，高度約 20 km でいろいろの気体の分子 100 万個のうちの 1 個がオゾン分子であるという程度である．重量比からいっても，オゾンは全地球大気の 10^{-6} の程度にすぎない．しかしこの微量なオゾンが人類を太陽紫外線から保護しているのである．

　そのオゾンはどのような過程を経て生成維持されているのか．酸素分子は紫外線（$0.24\,\mu$m 以下の波長領域）を吸収して，2 つの酸素原子に分裂する性質がある．これを光解離（photodissociation）という．すなわち，化学反応式で書けば

$$O_2 + 光(紫外線\ 0.24\,\mu m\ 以下) \longrightarrow 2O \qquad (2.1a)$$

と書ける．この酸素原子（O）が酸素分子（O_2）と結合してオゾン（O_3）ができる．ところがこの結合が実際に起こるためには，第 3 の分子が介在しなければならないことがわかっている．この第 3 の分子（M と記号する）はなんでもよい．その役割は結合を促進するための，いわば触媒に相当する．実際の大気では N_2 や O_2 がその役目をする．結局次のような三体衝突の結果オゾンが

生成される．

$$O_2+O+M \longrightarrow O_3+M \qquad (2.1b)$$

式 (2.1b) を 2 倍したものを式 (2.1a) と辺々足し合せると，

$$3O_2 \longrightarrow 2O_3 \qquad (2.2)$$

となるから，3 個の酸素分子から 2 個のオゾン分子ができたことになる．

　式 (2.1b) の三体衝突が起こるチャンスは，それぞれの成分 O_2, O, M が数多くあるほど大きい．2.1 節で述べたように高さ 80 km までは大気の化学組成はほぼ一様であり，また空気密度は下層ほど大きい．したがって O_2 や M の数も下層ほど大きい．反対に，成層圏や中間圏では，上にいくほど O の数が多い．この両者のかねあいで衝突のチャンスは高さ 25 km あたりで最大となる．

　ところが図 2.1 に示したように，温度の極大は高度約 25 km でなくて約 50 km である．これは太陽紫外線が大気中を通過するさい，上層のオゾンにまず吸収されて次第に弱まりながら下層に達するので，加熱率が極大になるのはオゾン密度が極大になる高さより少し上になるからである．また単位体積の大気の熱容量は空気の密度に比例するから，高度とともに急速に減少している．したがって温度の極大はオゾン密度の極大よりずっと高い 50 km 付近に現れるのである．

　こうしてオゾンが生成されるが，そのままではオゾン量は増加するばかりである．一方で成層圏には酸素分子はいつも豊富に存在している．だから O_3 を O_2 に再変換する過程が同時になければならないことは明らかである．まず O_3 は紫外線を吸収すると簡単に解離して O と O_2 をつくる．

$$O_3 + 光(紫外線\ 0.32\mu m\ 以下) \longrightarrow O+O_2 \qquad (2.1c)$$

(ちなみにこの過程で吸収された紫外線が成層圏界面の高温をつくる．) そして，

$$O+O_3 \longrightarrow 2O_2 \qquad (2.1d)$$

によって安定な酸素分子に戻ると考えられた．

　式 (2.1a, b, c, d) によるオゾンの生成・消滅の化学反応を，1930 年にこれを提案したチャップマン (S. Chapman) の名をとってチャップマン反応という．あるいは酸素だけが含まれる反応なので純酸素理論という．この理論に基づいてオゾン量の高度分布を計算して実測と比較したところ，だいたいの傾向は一

致しているものの,いくつかの不一致も見いだされた.その1つは高度約20 kmより上ではオゾン量の実測値の方が理論値よりかなり小さいのである.これは式 (2.1d) によるオゾンの消滅作用が十分でない証拠である.それで現実の大気中では式 (2.1d) に代わって,触媒サイクルとよばれる次の反応がオゾンの消滅に有効であることが25年ほど前からわかってきた.すなわち触媒となる原子(分子)があり,それをZとすると

$$Z+O_3 \longrightarrow ZO+O_2 \qquad (2.3a)$$
$$ZO+O \longrightarrow Z+O_2 \qquad (2.3b)$$

という反応が起こる.両辺を足し合わせると,

$$O+O_3 \longrightarrow 2O_2 \qquad (2.4)$$

となり,形式的には式 (2.1d) と同じになる.結局Zは変化しないで式 (2.1c) の酸素原子とオゾンを反応させ,効率よくオゾンを壊すのである.

触媒となるZは,大気中の次の3種類の微量成分ガスの分子が紫外線を受けて解離したときの片割れである(片割れは化学的に活発なので触媒になりやすい).①大気中には一酸化窒素(NO)と二酸化窒素(NO_2)という窒素酸化物がある.これを総称してNO_x(ノックス)という.NO_xは地中のバクテリアにより生成され自然に存在するが,窒素肥料の大量使用や車・航空機の排ガスなどから人工的にも生成されている.これが紫外線により光解離を起こしてZの作用をするNOを遊離させる.このことがあるので,超音速旅客機が成層圏を飛ぶようになったとき,NO_xによるオゾン層の破壊が心配された.②HO_x(水素酸化物)もZとなるHOを遊離させる.③オゾンホールに関連していま問題となっているフロンなどの塩素化合物ClO_xから遊離した塩素ClもZの働きをする.フロンは正式にはクロロフルオロカーボン(CFC,クロロは塩素,フルオロはフッ素,カーボンは炭素)といい,冷蔵庫などの冷媒,ヘアスプレーや殺虫剤スプレーなどの噴霧ガス,半導体の洗浄などに広く使用されてきた.人間に無害で,全く変質せず,不燃性の安全なガスである.ところがこのガスが上空に運ばれ成層圏に入ると,紫外線によって光解離を起こしClを遊離して式 (2.3) の反応によりオゾンを壊すのである.結局式 (2.3) のZとして,NO, HO, Clのいずれかを代入すればよい.

以上述べたような化学反応によりオゾンは生成・消滅するが,ある地点ある

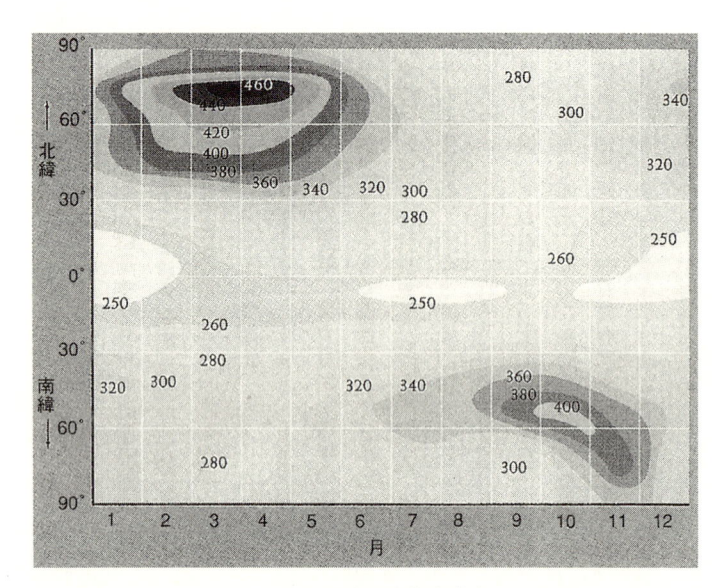

図2.2 大気柱内のオゾン全量の緯度−季節変化(J. M. Wallace and P. V. Hobbs, *Atmospheric Science*, ⓒ1977 by Academic Press, Inc.)
オゾンの量はドブソン単位(DU)で表現される.1 DU=2.69×10^{16}O$_3$分子/cm^2.100ドブソン単位のオゾン量は,気柱内のすべてのオゾンを0℃,1気圧にしたときに,1mmの厚さをもつオゾン層に相当する.

高度のオゾン量はその場所の生成・消滅量だけでは決まらない.オゾンは大気中でどのように分布しているか,またその季節変化はどうかを示したのが図2.2である.これを見ると不思議なことに気がつく.オゾンは太陽放射に含まれている紫外線によって生成されるから,日射量の多い低緯度でオゾン量は極大となりそうなのに,極大は北極や南極に近い高緯度である.しかも極大は日射量の多い夏季でなくて北半球ならば3月,南半球ならば10月という春である.これはどうしたことか.

その説明はかなり込みいった話になるので,9.2節で記述するが,一口でいうと,成層圏下部には低緯度から高緯度に向かう流れがあり,これが低緯度の成層圏で生成されたオゾンを冬半球の極域(冬極)に運ぶ.これに惑星規模の波動や拡散の影響が加わる.これが冬の間中続いてオゾンが蓄積され,結局冬極の春ごろオゾン量は最大となるということになる.

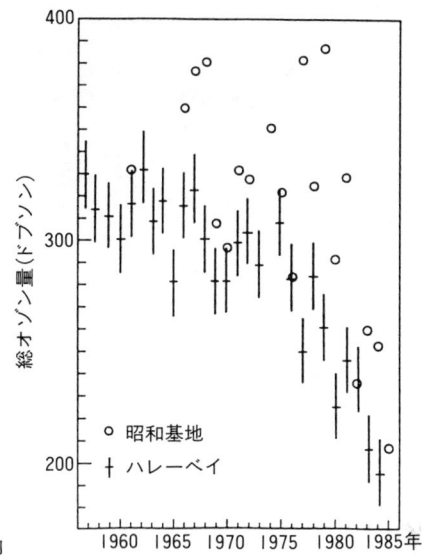

図 2.3 南極昭和基地(69°S)とハレーベイ(76°S)において観測された総オゾン量の 10 月の月平均値 (Chubachi and Kajiwara, 1986: *Geophys. Res. Letters*, **13**.)
縦軸は地上から大気圏上限までの鉛直気柱内に含まれるオゾンの総量（ドブソン単位）.

【オゾンホール】70 年代後半から南極上空の春にオゾン全量（地表から大気の上端までの空気柱内の総量）が小さい領域が現れ，しかもそれが年々拡大しかつ深まりつつあることが，南極大陸でのオゾン観測や米国のニンバス衛星からの観測などにより 80 年代半ばに明らかになった（図 2.3）．地表の生物を紫外線から守っているオゾン全量の減少は社会的に大きな関心をよび，オゾンホールと名づけられた．90 年代に入ると，オゾンホール内でのオゾン全量の減少は 30% を越え，下部成層圏ではオゾンが実質的にゼロとなる層も観測されるようになった（図 2.4）．

オゾンホールが起こるメカニズムは複雑な化学反応を含む．ここでその化学反応を詳しく解説する余裕はないし，まだ完全に理解されてはいないが，主役はやはりフロンから解離した塩素である．ただし，新しい脇役として極成層圏雲（Polar Stratospheric Cloud, 略して PSC）が登場した．これは氷晶あるいは氷の微粒子からなる一種の雲である．一般的に，氷晶のような固体粒子表面上では化学反応が急速に起こることが知られている．空気中では分子が衝突してはじめて反応が起きるため，濃度が低いと反応が起こりにくいものでも，固体粒子表面上では，ある分子が吸着された後に別の分子が吸着されるということが起こり，反応が非常に速くなるのである．

下部成層圏の水蒸気量から考えると，水蒸気が飽和して PSC ができる温度は $-90°C$ 以下なのであるが，硝酸（HNO_3）が混入すると飽和点が上がって $-80°C$ 程度でも雲ができると考えられている．冬季南極域の下部成層圏の温度は近年低下しつづけており，$-80°C$ 以下となってきた．フロンから遊離された塩素原子はメタン，HO_2，水素（H_2），二酸化窒素（NO_2）と次々に化学反応を起こし（そのある反応は氷晶の表面上で爆発的

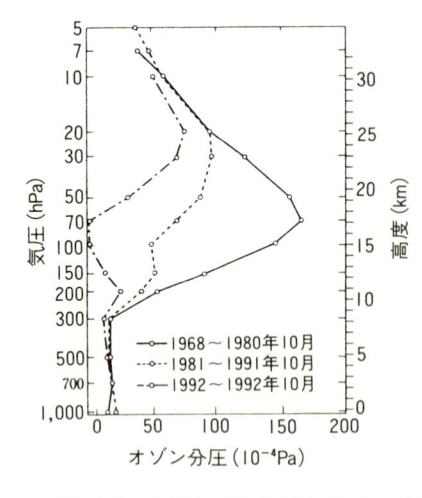

図2.4 ゾンデ観測による南極昭和基地上空の 10月のオゾン高度分布(気象庁)

1980年以前（オゾンホール出現以前）の平均，拡大期の81年から91年の平均，そして92年の10月平均の観測結果を示す．92年には100 hPa 周辺にほとんどオゾンのない層が観測されている．

に起こり），大気中に塩素分子（Cl_2）が放出される．春になって太陽光が南極域にあたるようになると，Cl_2 は光解離して塩素原子を生み，それからは式 (2.3a, b) の代りに，

$$O_3 + Cl \longrightarrow O_2 + ClO \tag{2.5a}$$

$$ClO + ClO + M \longrightarrow Cl_2O_2 + M \tag{2.5b}$$

$$Cl_2O_2 + 光（紫外線 0.32 \mu m 以下）\longrightarrow Cl + OClO \tag{2.5c}$$

$$OClO + M \longrightarrow Cl + O_2 + M \tag{2.5d}$$

という一連の触媒反応が起こる．その結果

$$2O_3 + 光 \longrightarrow 3O_2 \tag{2.6}$$

となり，オゾンが破壊されるというシナリオである．

最近では北半球の中・高緯度でもオゾンの減少が報告されている．それにしても南半球ほど減少していないのは，北半球ではプラネタリー波の振幅が大きく，南半球の極夜ほど温度が低くならないためと考えられている（9.2節）．

【課外読み物】オゾンホールを含むオゾンに興味のある読者は島崎達夫『成層圏オゾン 第2版』(1989, 東京大学出版会)，川平浩二・牧野行雄『オゾン消失（読売科学選書23）』(1989, 読売新聞社)，岩坂泰信『オゾンホール─南極から眺めた地球の大気環境』(1990, 裳華房)，富永健・巻出義紘・F. S. ローランド『フロン─地球を蝕む物質』(1990, 東京大学出版会)，関口理郎『成層圏オゾンが生物を守る』(2001, 成山堂書店)などを参照していただきたい．また T. E. グレーデル・P. J. クルッツェン著・松野太郎監修・塩谷雅人・田中ingle幸・向川均訳『気候変動─21世紀の地球とその後』(1997, 日経サイエンス社) はオゾンのみならず大気化学の見地から過去と近・遠未来の気候変動について述べている．ちなみに上で名前の出でたローランド（F. S. Rowland）とクルッツェン（P. J. Crutzen），それにモリナ（M. J. Molina）を加えた3氏は成層圏光化学分野における先駆的研究により1995年のノーベル化学賞を受賞している．

2.3 電離層

　地球大気では高さ 100 km くらいから上の層には電子がたくさんある．この層では窒素や酸素の原子・分子が太陽光線に含まれる波長約 $0.1\,\mu\mathrm{m}$ 以下の紫外線を吸収し，その光のエネルギーが原子核のまわりを回転している電子を原子からたたきだす．これを光により原子がイオン化したとか光電離 (photoionization) したといい，この電離状態にある層を電離層 (ionosphere) という．
　地上から発信された電波が電離層内に進入すると屈折する．この様子は光線が空気中から水中に進入したとき屈折するのと同じようなものである．電離層の場合，電波の屈折の度合は次の2つの要因で決まる．1つは電子数密度，すなわち単位容積中に存在する電子の数である．他の1つは電波の波長，あるいは周波数である．電子数密度が上空にいくにつれ増している場合には，地上からある角度で発射された電波は電離層に入って次第に屈折し，図 2.5 に示したように再び地上に戻ってくることがありうる．これを電波が全反射したという．自動車で旅行しながらラジオを聞いていると，ある放送局からの放送は次第に聞きにくくなっていくが，数百 km 以上も離れてから再びよく聞こえてくることがある．地形などの影響を除けば，これは電波が電離層で全反射され，電波の直達距離よりも遠い地点にまで到達したのである．この現象はあとで述べる理由によって夜間に特に著しい．
　図 2.6 は観測による電子数密度の高度分布を示す．電子数密度が特に大きい層が3つあり，下から順に E 層，F_1 層，F_2 層と名づけられている．たとえば

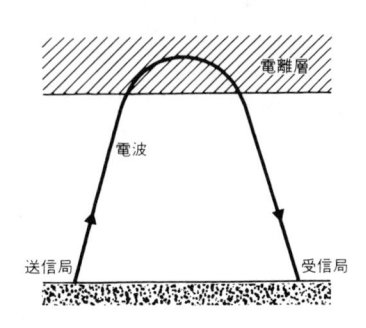

図2.5 地表面から発射された電波が電離層で屈折し，地表面に戻ってくる模式図

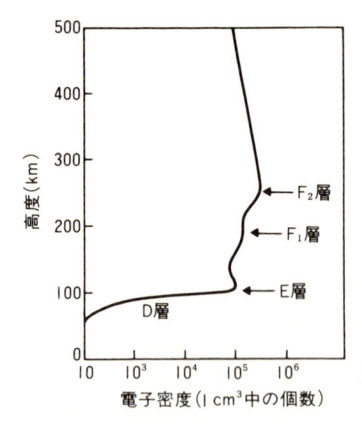

図2.6 電子数密度（1 cm^{-3} に含まれる電子の個数）の高度分布

高さ約 100 km にある E 層では，1 m^3 の容積のなかに約 10^{11} 個の電子がある．しかし表 2.1 に見るように，この高さでは空気の原子や分子が約 10^{19} 個 m^{-3} もあるから，1 億個について 1 個くらいの割合で電離しているにすぎない．しかし電離している割合は高さとともに急増し，300 km では 1,000 個に 1 個くらいの割合になり，500 km では 100 個について 1 個くらいになる．

また図 2.6 に示したように，E 層の下にも弱いながら電離状態にある層があり，これを D 層という．この層の高さの空気の密度は，E 層や F 層のそれにくらべると非常に大きい．このことは紫外線の吸収により生成された電子が周囲の分子と衝突するチャンスが非常に大きいことを意味する．それで電波が下から D 層に入射してきて，電子が振動しても，その振動のエネルギーは周囲の分子との衝突に使われてしまう．このことは，電波は D 層を通過するさいに吸収されて，弱くなることにほかならない．生き残った電波はその上の E 層や F 層で反射され返ってくるが，帰途再び D 層で吸収されてしまう．夜間は太陽からの紫外線の照射がないので，D 層はほとんど消失する．したがって（E 層や F 層の電子数も夜間減少することはあっても），電波は直達距離より遠くまで到達しやすくなるのである．

前に述べたように電離層内の電子は空気の成分ガスの分子や原子が波長 0.1 μm 以下の紫外線を吸収してできたものである．太陽から放射された紫外線は地球大気中に入ってくると次第に吸収され，高さ 100 km くらいに達するころにはかなり弱くなっている．その間大気を電離させているわけであり，その点

だけからいえば上層ほど電子数が多いわけである．その反面下層ほど空気の密度は大きいから，同じ強さの紫外線に照射されれば，下層ほど電子数が多いわけである．このかねあいで，ある高さの層で電子数密度は極大となり，その上下で減少することになる．これに加えて，紫外線で生成された電子が，電子を失った分子・原子（すなわちイオン）と衝突して結合し，もとの分子・原子に戻るということも起こっている．すなわちある高さの電子数密度は，電子がどのくらいの割合で生成され，消滅するかに依存するわけである．

　以上述べたように太陽の紫外線が入射してくるから電離層が存在しているのである．したがって太陽の活動度に鋭敏に反応して，電離層が変動するのは当然である．特に太陽面の爆発（solar flare）が起こるときには，波長が $0.1\mu m$ 以下の紫外線やX線の強度が増加し，E層やD層の電離も増加する．その結果D層での電波の吸収も増大し，電離層伝播を利用する短波の国際通信が一時的に途絶することも起こる．これをデリンジャー（Delinger）現象という．しかし最近の国際通信は電離層の影響を受けないような短い波長の電波を，通信用の静止衛星を使って中継させている場合が多いので，デリンジャー現象の影響は小さくなっている．

2.4 熱　圏

　図2.7は熱圏内の温度の高度分布を示す．熱圏の特徴は名前どおり温度が高いことである．これは主として波長が $0.1\mu m$ 以下の紫外線を熱圏にある窒素や酸素が光電離で吸収するためである．あとで図5.8で示すように，太陽からの放射エネルギーのうち紫外線が占める量は約10万分の1くらいしかない．しかし同時に熱圏にある空気の量も大気の総量の10万分の1くらいしかない．したがって微量の紫外線でも熱圏の温度を十分高めることができる．熱圏の底の中間圏界面あたりでは吸収すべき $0.1\mu m$ 以下の紫外線はほとんど残っていない．一方空気は赤外放射（第5章）で熱を絶えず失っているので，中間圏界面で温度が極小となる．ある程度の温度を保っていられるのは主として中間圏を通って熱が上方に輸送されているからである．

　表2.1からわかるように，高度200 kmでは空気の密度は地表面近くのそれ

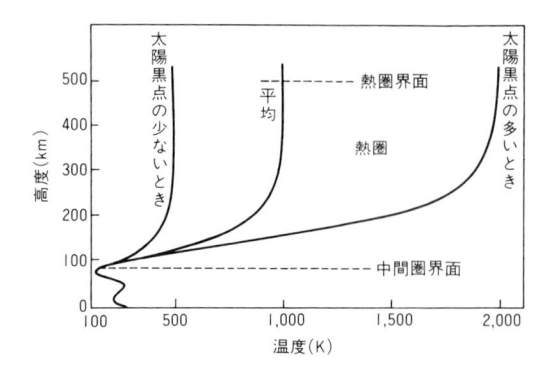

図2.7 熱圏内の温度の高度分布

の10億分の1以下で,ほとんど真空状態に近い.このような稀薄な気体が高温であるといっても,温度というのはいったい何であろうか.考えてみる価値がある.温度計で測ったものが温度であるというのは答にならない.

気体分子論によれば,一般に気体は多くの分子から成り立っており,その分子は互いに衝突しながらあらゆる方向に,いろいろの速さで不規則に飛び回っている.ここである分子の運動エネルギーという量を考える.これはその分子の質量を m,速さを v としたとき

$$運動エネルギー = \frac{1}{2}mv^2 \tag{2.7}$$

で与えられる.そして,ある容積の気体を考え,その容積内にあるすべての分子の運動エネルギーの平均がその容積内の気体の温度に比例すると定義するのである.すなわち分子の数が同じならば気体分子が活発に動き回っているほど気体の温度は高い.

次に密度を考えよう.容積 V のなかに質量 m をもつ分子が N 個あったとすれば,密度すなわち単位容積当りの質量 ρ は

$$\rho = \frac{Nm}{V} \tag{2.8}$$

である.次が圧力である.すごい速さで飛んできたボールを受けとめると,その衝撃によって,後ろに押しやられる.同じように,気体のなかに剛体の板を立てると,この板に何百万個の気体分子がぶつかり衝撃を与える.1つ1つの分子による衝撃は小さいが,分子の数が多いので,その衝撃の和が圧力として

感じられる．ただし板の反対側の面にも同じ強さの圧力がかかっているから，板が押しやられることはない．しかし高度1万〜1万数千mを巡航中のジェット旅客機の機壁に突然穴があいたら，話は別である．機内の乗客はその穴から機外に"吸い出"されてしまうだろう．対流圏上部を飛ぶ旅客機の内部は圧力700〜800 hPaをもって気密にしてある．ところが巡航高度では，機外の圧力は200 hPaくらいしかない．したがって機内の空気分子は穴から機外に逃れ出ようとし，その空気の流れ道にいた人間は空気の圧力によって機外に押しだされる．吸いだされるのではない．

　こうして気体の分子が活発に動いているほど（すなわち温度が高いほど），そして単位容積のなかの気体分子の数が多いほど（すなわち密度が大きいほど），気体がおよぼす圧力は強いことになる．このことから気体の温度・密度・圧力の間にはある関係があることが考えられる．事実気体分子1つ1つの運動を追わず，その統計的な平均だけを（すなわち気体を巨視的に）見るとき，この3者の関係を表すのが3.1節で述べる気体の状態方程式である．

　話をもとに戻そう．熱圏は高温であるが空気も非常に稀薄である．したがって，われわれがそこにいたとしても，われわれの皮膚に衝突する分子や原子の数は少なく，熱いと感ずることはないであろう．また分子や原子が相互に衝突することも少なくなり，どこかの高度で一度衝突すると，あとはかなりの距離を衝突せずに飛び回ることができる．熱圏の上部にはこのようにして下層で一度衝突しただけでやってきた分子や原子が大部分である．つまり下層にいたときの温度（分子運動のエネルギー）をそのまま保存して上層にやってくるから，図2.7に示したように熱圏の上部は等温なのである．

　このように衝突による移動はなく，また本来熱圏が高温なのは太陽の紫外線を吸収した結果であるから，熱圏の温度がそのときどきの紫外線の強さに直接支配されるのは当然である．たとえば日中と夜間では数百度の温度差がある．また図2.7に示したように，太陽の活動がさかんで紫外線強度が強い年には約2,000 Kにもなるのに，太陽活動が弱い年には約500 Kしかない．

　これまでに述べたことをおおまかに整理すると，まず，熱圏において波長約$0.1\mu m$の紫外線が光電離により吸収される．その結果ヘリウム・窒素・酸素などのイオン（記号で書くとHe^+, N_2^+, O^+など）や電離した電子からなる電

離層ができる．高度約 110 km を中心として，波長 $0.1\,\mu$m から $0.2\,\mu$m の紫外線が酸素分子の光解離により吸収され，酸素原子ができる．波長 $0.2\,\mu$m から $0.3\,\mu$m の紫外線はオゾン層で吸収される．このように，いろいろの層が紫外線を吸収して，地表面の生物を保護しているわけである．

2.5 外気圏と地球脱出速度

　熱圏の上に外気圏 (exosphere) がある．"エクソ"というのはギリシア語で外側を意味する．もともと大気の物理量は高度とともに連続的に変化しているから，熱圏と外気圏の境目はどの高さか厳密にいうのは意味がないが，ふつう 500 km くらいとしている．

　外気圏では分子・原子が他の分子・原子と衝突するチャンスはきわめて稀なので，個々の分子・原子は地上で発射された弾丸のような軌道を描いて運動している．なかには速度が速くて，地球の引力を振りきって宇宙に脱出するものもあろう．脱出するためには，地表面から高さ h にあった分子は少なくとも次式で与えられる脱出速度 (escape velocity) V 以上の速度をもたなければならない．

$$V = \sqrt{\frac{2Gm_e}{R+h}} \qquad (2.9)$$

ここで G は万有引力の定数とよばれる定数 ($=6.668\times10^{-11}\,\mathrm{kg^{-1}\,m^3\,s^{-2}}$)，$m_e$ は地球の質量，R は地球の半径である．

　【脱出速度】式 (2.9) の V は次のようにして求めることができる．図 2.8 において 2 つの物体の質量をそれぞれ m_e および m とする．前者は地球，後者は空気の分子を考えている．2 つの物体の中心を結ぶ方向に座標軸 z をとる．ニュートンの万有引力の法則によれば，質量 m をもつ物体におよぼす質量 m_e の引力 F は，2 物体の質量の積に比例し，2 物体間の距離 (z) の自乗に逆比例する．その比例定数を G とすれば

$$F = \frac{Gmm_e}{z^2} \qquad (2.10)$$

である．厳密にいうと式 (2.10) は物体の容積が無限小であるような仮想的な質点に適用すべきであるが，地球のようにほぼ球形をした物体については，地球の全質量が地球の中心に集中しているとして差し支えない．

　ここで位置のエネルギー (potential energy) という概念を導入しよう．地球表面お

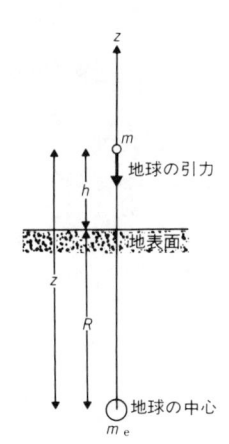

図2.8 地球の引力と位置のエネルギーの説明図

およびそれより上方にあるすべての物体には地球引力Fが働いている．その引力に逆らって，単位質量をもつ物体を小さな距離Δzだけ鉛直上方に移動させるためには，$F \times \Delta z$だけの仕事をしなければならない．そして行われた仕事は，位置のエネルギーとしてその物体に蓄積されている．つまり地球の引力圏にある物体は，ただ高いところにあるというだけで，その高さに比例した位置のエネルギーをもっているのである．たとえば地面から高さhにある物体を自由に落下させれば，物体は次第に速度をはやめながら落下していく．この現象に対して次のように2つの違った表現をすることができる．第1の表現は，はじめの落下速度は0であったが，この物体には絶えず下向きに地球引力が働いているから，下向きに加速され次第に落下速度が増大する．第2の表現は，落下しはじめて高度が低くなると，それだけ物体のもっていた位置のエネルギーが減る．落下の途中の空気の摩擦の影響を考えなければ，減少した分だけの位置のエネルギーが運動エネルギー（式2.7）に変換される．運動エネルギーは速度の自乗に比例するから，はじめ0であった運動エネルギーが次第に増加するということは，すなわち落下の速度が増大していくということにほかならない．水力発電はダムに貯めた水を落下させ，発電機のタービンを回して発電する．これは高所にある水の位置エネルギーをまず水の運動エネルギーに変換し，それをタービンの運動エネルギーに変え，結局は電気エネルギーに変換させているわけである．

さて地表面から高さhの位置にあった分子が，分子運動に伴うある速度をもって上方に飛び上がって地球外に脱出するためには，分子が最初もっていた運動エネルギーが地球の引力の圏外における位置エネルギーに等しければよい．後者はいわば無限に遠い点の位置エネルギーと地表から高さhにおけるそれとの差であるから

$$\text{位置エネルギーの差} = \int_{R+h}^{\infty} \frac{Gmm_e}{z^2} dz \tag{2.11}$$

となる．Rは地球の半径である．すなわち，

$$位置エネルギーの差 = Gmm_e \left[-\frac{1}{z} \right]_{R+h}^{\infty} = \frac{Gmm_e}{R+h}$$

したがって脱出速度 V を決める式は

$$\frac{1}{2}mV^2 = \frac{Gmm_e}{R+h} \tag{2.12}$$

この式から容易に式 (2.9) が求められる.

　地球についていえば，表1.1と表1.2に与えてある m_e と R の値を使い，地表から500 kmの高さにいる空気分子について脱出速度を計算すると，

$$V = \sqrt{\frac{2 \times 6.668 \times 10^{-11} \times 6 \times 10^{24}}{6.38 \times 10^6 + 5 \times 10^5}} = 10.8 \text{ km s}^{-1}$$

となる.参考までに表1.1の値を使い，他の惑星や月の表面 ($h=0$) からの脱出速度を計算してみると表2.2のようになる.その計算において，G はすべての惑星に共通である.

　こうして地球から脱出するのには約 11 km s^{-1} という大きな速度で飛び立つことが必要だとわかった†.外気圏の気体の分子はこれだけの速度をもっているのだろうか.2.4節において，気体の分子はいろいろ違った速度で不規則に飛び回っていること，分子運動の運動エネルギーの平均が温度に比例することを述べた.気体分子論によれば，分子速度の平均値 v_0 と温度 T の間には次の関係がある.

$$v_0 = \sqrt{\frac{2kT}{Mm_H}} \tag{2.13}$$

ここで k はボルツマンの定数（Boltzmann's constant）$= 1.38 \times 10^{-23}$ J K^{-1}，T は絶対温度，M は分子量，m_H は水素原子1個の質量（1.67×10^{-27} kg）である.この v_0 は全部の分子についての平均値であって，個々の分子のもつ速度はさまざまである.統計的に見ると，v_0 という速度をもつ分子の数が最も多く，分子運動の速度がこの v_0 からはずれるほど，そのような分子の数は少なくなる.たとえば $2v_0$ より大きな速度をもつ分子の数は，全体の分子数の2%しかない.$3v_0$ を越す分子数は全体の 10^4 分の1である.以下同様にして，

---

† この速度は地球引力圏外に脱出するのに十分ではあるが，火星にまで到達することはできない.地球も火星も太陽の引力圏にあるからである.火星に到達するためには約 28 km s^{-1} の速度で地球を脱出しなければならない.

表 2.2　いろいろな惑星からの脱出速度

	月	水星	金星	地球	火星	木星	土星
脱出速度($km\ s^{-1}$)	2.4	4.3	10.4	11.2	5.1	61.0	36.7

$4v_0$ 以上の速度をもつ分子は全体の 10^6 分の1，$10v_0$ のものは 10^{50} 分の1，$15v_0$ は 10^{90} 分の1にすぎない．

　分子が脱出する外気圏の下部の温度は 600 K くらいである．そして水素原子 ($M=1$) の場合，式 (2.13) で計算してみると v_0 は約 $3\ km\ s^{-1}$ である．したがって各衝突ごとに水素原子が脱出する確率は，上に述べたことから 10^{-5} より少し大きい程度である．これに対応して，地球大気中の水素が全部地球から脱出するに要する時間を推定した結果によると，水が分解して水素ができる割合を考慮しても，まだ地球の年齢よりもはるかに短いと結論されている．これに反して酸素原子 ($M=16$) の場合には，式 (2.13) によると v_0 は約 $0.8\ km\ s^{-1}$ であるから，脱出する確率は 10^{-84} くらいである．だから水素原子は地球から脱出してしまっても，酸素原子は残っているわけである．また表 2.2 によると，木星や土星では脱出速度はきわめて大きい．これに加えてこれらの木星型惑星の大気の温度は低いことを考慮すると，水素などの軽い気体が多量に残っていることも理解できる．反対に火星では脱出速度が小さく，したがって火星大気は薄い．

第3章
大気の熱力学

3.1 理想気体の状態方程式

　一般に気体の圧力・温度・密度は相互に無関係なものではなく，状態方程式 (equation of state) という関係式で結ばれている．いろいろの気体について，広い実験条件のもとで測定した結果によると，容積 V をもつ気体について，その質量を m，圧力を p，温度を T とすると，

$$pV = mRT \tag{3.1}$$

という関係がある．この式を理想気体の状態方程式という．ここで R はいま考えている気体に特有な定数で，気体定数 (gas constant) という．気体の密度 (ρ) は $\rho = m/V$ で定義されるから，式 (3.1) は

$$p = R\rho T \tag{3.2}$$

と書ける．あるいは密度の代りに比容 $\alpha (=1/\rho)$ を用いれば，

$$p\alpha = RT \tag{3.3}$$

である．
　式 (3.1) の特別な場合を考えよう．まず気体の温度が変わらないようにしながら気体の圧力を変えてみる（これを等温変化という）．式 (3.1) によれば，等温変化のとき気体の容積は圧力に逆比例して変化する．これがボイルの法則 (Boyle's law) である[†]．次に式 (3.1) によれば，ある気体の圧力を一定に保ちながら温度を変えると（これを等圧変化という），その気体の容積は温度に

[†] Sir Robert Boyle (1627〜91) は近代化学の父といわれている物理学者・化学者で，この有名な法則を 1662 年に発見している．

比例して変化する．また逆に容積を一定に保つときには，気体の圧力は温度に比例する．この2つがシャルルの法則（Charles' law）である[†]．

ここで気体のキロモル（kilomole, kmol）という量を導入しよう．キロモルは物質の量を表す単位で，国際単位系 SI の基本単位の1つである．分子量 M の気体が m kg 存在するとき，その気体のキロモル数 n は，

$$n = \frac{m}{M} \quad \text{（キロモル）} \tag{3.4}$$

であるという．したがって，分子量がそれぞれ M_1, M_2 である2つの気体の同じ1キロモルをとり，その気体の質量をそれぞれ m_1, m_2 とすると，

$$\frac{m_1}{M_1} = \frac{m_2}{M_2}$$

である．このように同じキロモルだけとれば，2つの気体の質量の比は分子量の比に等しい．だからこの2つの気体には同じ個数の分子が含まれていることになる．これを一般化すれば，どんな気体についても，その1モルのなかに含まれている分子の数は同じでなければならない．この分子の数をアボガドロの定数（Avogadro's number）という．その値は $N_A = 6.022 \times 10^{23}$ である．

さてアボガドロの仮説（Avogadro's hypothesis）というものがある[††]．現在ではアボガドロの法則という．同じ数の分子を含む気体は同じ圧力・同じ温度のもとでは同じ容積を占めるというのである．この法則によると，1キロモルの気体については（その中には同じ数の分子があるから），pV/T という量は，気体の種類に関係なく一定でなければならない．その一定値を R^* と書き，一般気体定数とよぶ．このことと式 (3.1) を組み合せると，1キロモルの気体について，

$$\frac{pV}{T} = mR = MR = R^* \tag{3.5}$$

が成立つ．したがって分子量 M の気体の気体定数 R と R^* の間には，

$$MR = R^* \tag{3.6}$$

[†] Jacques A. C. Charles (1746～1823) はフランスの物理・化学者かつ発明家．
[††] Amedeo Avogadro (1776～1856) ははじめ法律家であったが，26歳のとき科学に転向した．1811年にこの有名な仮説を出したが，この説が学界で認められるまでに半世紀かかった．

という関係がある．

$T=273.15$K，$p=1$ 気圧 $=1013.25$hPa のとき，1 キロモルの気体の容積は $V=22.4135\text{m}^3$ と実測されているから，式 (3.5) により $R^*=8.3143\times 10^3\text{J K}^{-1}\text{kmol}^{-1}$ となる（J については付録 1 参照）．

いろいろな式や定数を導入してきたが，この節の目的は乾燥空気の状態方程式を導くことである．ところが乾燥空気はいろいろな気体の混合気体であるから，もう一段だけ準備がいる．便宜上混合気体を構成する成分気体に番号をつける．i 番目の成分気体が，いま考えている混合気体と同じ温度で同じ容積を占めているときの圧力を p_i と書く．これを i 番目の気体の分圧という．ダルトンの法則（Dalton's law）によると，混合気体の圧力 p は各成分気体の分圧の和に等しい．すなわち

$$p = \sum_i p_i \tag{3.7}$$

理想気体の状態方程式は混合気体の各成分気体についても成立する．i 番目の成分気体の分子量を M_i，容積 V のなかにある成分気体の質量を m_i とすれば，

$$p_i V = m_i T \frac{R^*}{M_i}$$

であるから

$$p = \frac{TR^*}{V} \sum_i \frac{m_i}{M_i} \tag{3.8}$$

となる．混合気体の質量は $\sum_i m_i$ であるから，混合気体の比容 $\alpha = V/\sum_i m_i$ である．したがって式 (3.8) は

$$p\alpha = R^* T \sum_i \frac{m_i}{M_i} \Big/ \sum_i m_i$$

となる．混合気体の平均分子量 $\bar{M}$，1 kg の混合気体の気体定数 $\bar{R}$ をそれぞれ

$$\bar{M} = \sum_i m_i \Big/ \sum_i \frac{m_i}{M_i}, \quad \bar{R} = \frac{R^*}{\bar{M}} \tag{3.9}$$

で定義すれば，混合気体に対する状態方程式は

$$p\alpha = \bar{R}T \tag{3.10}$$

である．この式を乾燥大気に応用しよう．表 1.4 に基づいて乾燥空気の平均分子量（M_d）を計算すると，

$$M_d = \cfrac{1}{\cfrac{0.755}{28} + \cfrac{0.231}{32} + \cfrac{0.013}{40}} = 28.97$$

である．したがって 1 kg の乾燥空気に対する気体定数 R_d は

$$R_d = R^*/M_d = 287 \text{ J K}^{-1} \text{ kg}^{-1} = 287 \text{ m}^2 \text{ s}^{-2} \text{ K}^{-1} \tag{3.11}$$

である．

【問題 3.1】 金星の大気では容積比で CO_2 が 95％，N_2 が 5％ を占めているとして，金星大気の平均分子量および 1 kg の金星大気の気体定数を求めよ．ただし C, O, N の原子量はそれぞれ 12, 16, 14 とする．

(答) 平均分子量＝43.2, 気体定数＝192.5 J K^{-1} kg^{-1}.

【問題 3.2】 容積 0.01 m³ まで耐えられる気球に質量 0.01 kg の乾燥空気をつめて，高度 5 km で放球したら気球は破裂するか．この高度の気圧は 540 hPa，気温は -17°C とする．

(答) このような問題で最も注意すべきことは，式のなかの物理量の単位を正しくそろえることである．540 hPa は 540×10^2 Pa であり，-17°C は 256 K である．式 (3.1) により高度 5 km における気球の容積 V は

$$V = \frac{mR_d T}{p} = \frac{0.01 \times 287 \times 256}{5.4 \times 10^4} = 0.0136 (\text{m}^3)$$

したがって気球は破裂する．

3.2 静水圧平衡

地球の引力によって大気は地球に引きつけられている．したがって地表に近づくほど大気は圧縮されて密度は大きいし，また気圧も大きくなる．この節は高度とともに気圧や密度がどう変わるか定量的に調べるのが目的である．

図 3.1 に示すように，大気中に単位面積を底とする鉛直な気柱をとり，高さ z とそれより少し高い $z + \Delta z$ との間にはさまれた直方体を考える．その容積は 1 m² × Δz だから，この直方体内の空気の密度を ρ とすれば質量は $\rho \Delta z$ である．重力加速度を g で表すと，この直方体に下向きに働いている重力は質量と加速度の積すなわち $g \rho \Delta z$ である（6.1節参照）．これだけの重力が働いているのになぜ直方体内の空気が下に落ちないのかといえば，いうまでもなく高さ z の水平面に働いている圧力の方が，高さ $z + \Delta z$ の水平面に働いている圧力より大きいからである．この圧力の差を Δp と書く．この Δp は負の値をもつ．大気

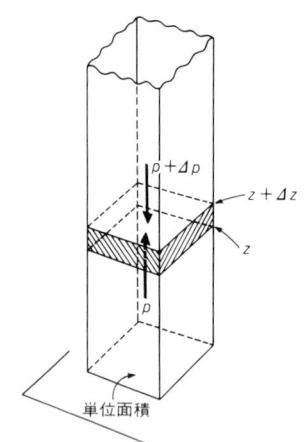

図3.1 鉛直方向の気圧傾度力

は絶えず運動をしているが，多くの場合に（第7章で述べる大規模な運動の場合に），重力による下向きの力が鉛直方向の圧力傾度に釣り合っているとしてよい．この状態を大気は静水圧平衡あるいは静力学平衡（hydrostatic equilibrium）の状態にあるという．この場合には

$$\Delta p = -g\rho \Delta z \tag{3.12}$$

という関係が成り立つ．これを静水圧平衡の式という．ある高度における気圧はそれより上にある大気の重さに等しいということを表す式である．以下，特に断わらない限り本書では g は一定の値 $g = 9.81$ m s^{-2} をとるとする.

【問題3.3】地表面での気圧を 1,000 hPa とするとき，次の2地点において気圧が 950 hPa になる高さを求めよ．第1の地点では温度は高く密度は 1.1 kg m^{-3}，第2の地点では温度が低く密度は 1.3 kg m^{-3} である.

（答）50 hPa = 5000 Pa であるから，第1の地点では $5 \times 10^3 = 9.81 \times 1.1 \times \Delta z$ が成り立つ．したがって $\Delta z = 463$ m．同様にして第2の地点では $\Delta z = 392$ m．このように空気の密度が大きいほど同じ気圧差をつくる高度差は小さい.

式 (3.12) の ρ に乾燥空気の状態方程式を代入すると，

$$\frac{\Delta p}{\Delta z} = -\frac{pg}{R_\mathrm{d} T} \tag{3.13}$$

が得られる．式 (3.12) と (3.13) は重要な式で気象学でしばしば用いられる．たとえば地上天気図というものがある．毎日の新聞やテレビの天気予報でおなじみのものであるが，これは毎日一定時刻に世界各地の気象官署（測候所な

3.2 静水圧平衡 ── 45

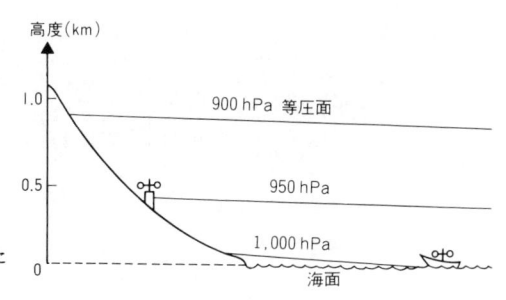

図3.2 海面上にない測候所で測った気圧の海面補正

ど）がいっせいに観測した地表面での気象状態を記入したものである．その一例は第8章の図8.21である（天気図の記号については付録3参照）．この地上天気図に必ず引いてある等圧線（気圧が等しい点を結んだ線）については少し説明が必要である．よく発達した台風や例外的な温帯低気圧を除けば，ふつうの温帯低気圧や移動性高気圧の中心における気圧は，地表面における平均の気圧（約1,000 hPa）からたかだか30 hPa くらいしか違わない．ところが問題3.3で見たように，海面の気圧が1,000 hPa であっても，高さが400 m も上にいけば気圧は約950 hPa に減ってしまう（図3.2）．山岳地方に設置されている測候所もあるのだから，もし各測候所で測定した気圧の値をそのまま天気図に記入して等圧線を引くと，その等圧線は高・低気圧の存在を示すよりは地図の等高線と同じようなものになってしまう．これを避けるために，海面上にない測候所で測った気圧には，すべて補正を加えて海面上の気圧の値に引き直すということをしている．これを海面補正という．

【問題3.4】海抜500 m にある測候所で測った気圧が940 hPa，気温が15℃ であった．この地点における海面補正をしたときの海面での気圧を求めよ．ただし大気の温度は100 m につき0.65℃ の割合で高さとともに減少していると仮定せよ．

　（答）海面における気温は仮定により18.25℃ であるから，海面から高さ500 m までの大気の層の平均気温は16.6℃ である．
　　式(3.13)により，海面と高さ500 m までの気圧差 Δp は
$$\Delta p = \frac{pg}{R_d T} \Delta z = \frac{940 \times 10^2 \times 9.81 \times 5 \times 10^2}{287 \times 289.8} (\text{Pa}) = 5543 \text{ Pa} = 55.43 \text{ hPa}$$
したがって海面における気圧は995.4 hPa である．もっと計算の精度を上げるには，500 m までの高さをたとえば100 m ずつの高さの層に分ける．高さ400 m と500 m の間の層の平均気温は15.3℃ であるから，上と同様の計算をすると，高さ400 m における気圧は951.1 hPa となる．以下この計算を繰り返すと海面

表3.1 国際標準大気(国際民間航空機関)

ジオポテンシャル高度(km)	気温(°C)	気圧(hPa)	密度(kg m^{-3})	重力の加速度(m s^{-2})
0	15.00	1013.25	1.2250	9.8066
0.5	11.75	954.61	1.1673	9.8051
1.0	8.50	898.75	1.1116	9.8036
1.5	5.25	845.56	1.0581	9.8020
2.0	2.00	794.95	1.0065	9.8005
3	−4.5	701.09	0.9091	9.7974
4	−11.0	616.40	0.8191	9.7943
5	−17.5	540.20	0.7361	9.7912
6	−24.0	471.81	0.6597	9.7881
7	−30.5	410.61	0.5895	9.7851
8	−37.0	356.00	0.5252	9.7820
9	−43.5	307.42	0.4664	9.7789
10	−50.0	264.36	0.4127	9.7758
11	−56.5	226.32	0.3639	9.7727
12	−56.5	193.30	0.3108	9.7697
13	−56.5	165.10	0.2655	9.7666
14	−56.5	141.02	0.2268	9.7635
15	−56.5	120.45	0.1937	9.7604
16	−56.5	102.87	0.1655	9.7573
17	−56.5	87.87	0.1413	9.7543
18	−56.5	75.05	0.1207	9.7512
19	−56.5	74.10	0.1031	9.7481
20	−56.5	54.75	0.0880	9.7450
21	−55.5	46.78	0.0749	9.7420
22	−54.5	40.00	0.0637	9.7387
23	−53.5	34.22	0.0543	9.7358
24	−52.5	29.30	0.0463	9.7327
25	−51.5	25.11	0.0395	9.7297
26	−50.5	21.53	0.0337	9.7266
27	−49.5	18.47	0.0288	9.7235
28	−48.5	15.86	0.0246	9.7204
29	−47.5	13.63	0.0210	9.7174
30	−46.5	11.72	0.0180	9.7143

における気圧は996.7 hPaとなる.

微積分の計算に慣れた読者は,次のようにして答を求めることができる.式(3.13)を微分で書くと,

$$\frac{dp}{p} = -\frac{gdz}{R_d T} \tag{3.14}$$

高さ 0 と z_1 における気圧をそれぞれ p_0, p_1 と書くと，上式を積分して

$$\ln \frac{p_1}{p_0} = -\frac{g}{R_d} \int_0^{z_1} \frac{dz}{T} \tag{3.15}$$

となる．温度が高さに比例して減少している場合，温度の高度分布は $T_0 - \Gamma z$ と表現できる．T_0 は $z=0$ における T の値である．この問題では $T_0 = 291.4$ K, $\Gamma = 0.65$ K$(100$ m$)^{-1}$ である．したがって

$$\ln \frac{p_1}{p_0} = -\frac{g}{R_d} \int_0^{z_1} \frac{dz}{T_0 - \Gamma z} = \frac{g}{R_d \Gamma} \ln \frac{T_0 - \Gamma z_1}{T_0} \tag{3.16}$$

となり，次のようになる．

$$p_1 = p_0 \left(\frac{T_0 - \Gamma z_1}{T_0} \right)^{g/R_d \Gamma} \tag{3.17}$$

$p_1 = 940$ hPa, $z_1 = 500$ m を代入すると，$p_0 = 996.2$ hPa である．

この問題で見るように，静水圧平衡にある大気中では海面における気圧と気温の高度分布がわかっていれば，高度とその高度における気圧とは1対1の関係にある．ふつう航空機にのせてある高度計は実は気圧計である．地表面での気圧を測って高度計のゼロ点を決めてから，飛行中気圧を測って高度を計算する．そのためには大気中の温度の高度分布について標準的なものを決めておくと便利である．表3.1は国際的な標準大気の気温・気圧・密度の高度分布を示す．ただし高度としては海面からの高度 z の代りにジオポテンシャル高度という量を使っている．ある高度 z のジオポテンシャル（位置のエネルギー）は $\int_0^z g dz$ で与えられ，これを標準重力加速度 (9.80665 m s^{-2}) で割ったものがジオポテンシャル高度である．

3.3 高層気象観測と高層天気図

毎日2回定時に（日本では9時と21時）世界各地の気象観測所では，レーウィンゾンデ (rawin sonde) で高層の大気の状態を観測する．これはラジオゾンデ (radiosonde) と風 (wind) の略語である．高層の気圧・気温・湿度を自動的に測るセンサーと小型無線発信器を一組にしたものがラジオゾンデで，これを水素またはヘリウムをつめた気球につけて飛揚させる．気球は毎分 300

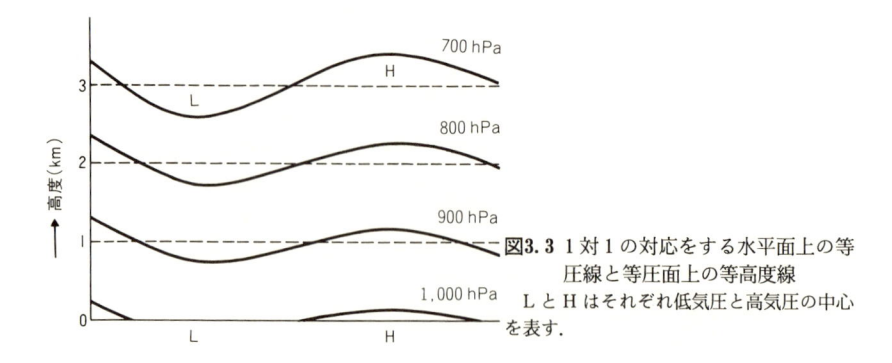

図3.3 1対1の対応をする水平面上の等圧線と等圧面上の等高度線
L と H はそれぞれ低気圧と高気圧の中心を表す．

〜400 m の速さで上昇し，測定された気象要素を時々刻々送信する．これを地上受信器で受け，信号を解読する．地上の気圧の値はわかっているから，高層の気圧・気温の値から静水圧平衡の式を用いて高度を計算する．こうして気圧・気温・湿度の高度分布がわかる．また上昇中の気球の位置を地上の無線方向高度探知機で時々刻々測定し，その位置のずれから各高度の風向・風速を求める．このレーウィンゾンデにより，ふつう高さ約 30 km までの気圧・気温・湿度・風を測定することができる．

こうして世界各地で測定した値を地図上に記入すれば高層天気図ができる．ふつうは，ある高度（たとえば 5 km）の水平面上で各地の気象要素の値を記入する代りに，ある気圧をもった面（たとえば 500 hPa 面）上での値を記入する．つまり気圧は高さとともに必ず減少するから，たとえば気温を高度の関数として見る代りに，気圧の関数と見るわけである．それで高層天気図では等圧線の代りに等高度線（指定した気圧をもつ高度が等しい点を結んだ線）を引く．図 3.3 に示したように，たとえば高度 3 km の水平面上で気圧の低いところは，700 hPa の等圧面では高度が低い．また水平面上で等圧線が密集している地域では，等圧面上でも等高度線の間隔が狭い．だから水平面上の等圧線と等圧面上の等高度線とは 1 対 1 の対応がある[†]．

毎日の気象業務では，ふつう表 3.2 に示した気圧をもつ面で天気図を描く．

[†] 等圧面上で高層天気図を描いた方が便利な点の1つは，上述のように高層気象観測はある気圧のところで気温がいくら湿度がいくらと測定するから，それをそのまま等圧面上に記入すればいいからである．

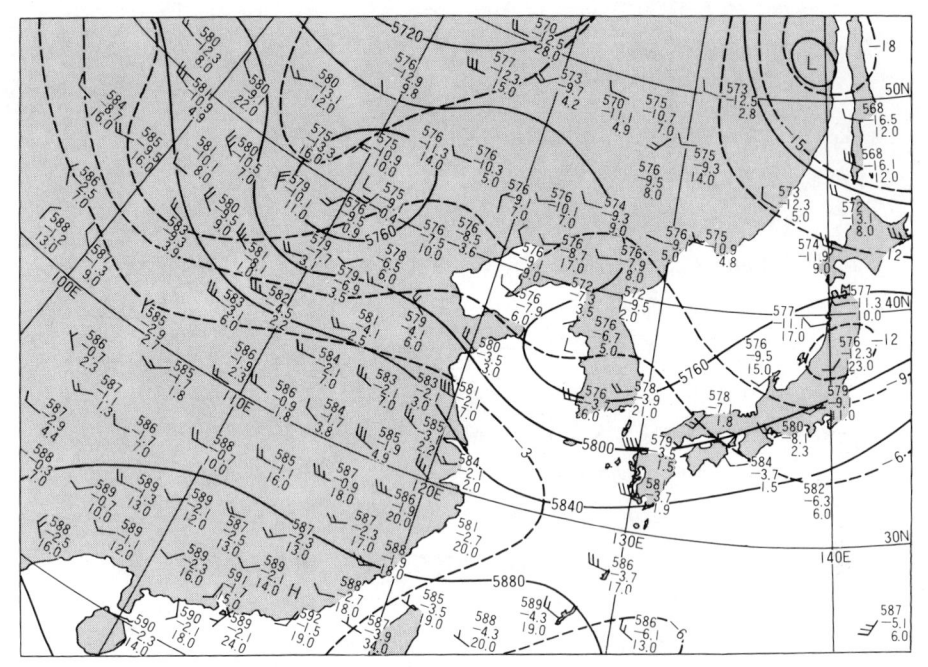

図3.4 1982年7月23日21時の500hPa天気図
実線が40mおきに描いた等高度線，破線が3℃おきに描いた等温線，長い矢羽根が5ms^{-1}，短い矢羽根が2.5ms^{-1}の風速，HとLはそれぞれ高気圧と低気圧の中心の位置を示す．

表3.2 高層天気図の等圧面の例とその等圧面の大体の高度

等圧面(hPa)	100	200	300	500	700	850
高 度(km)	約15	約12	9〜10	5〜6	約3	1〜2

図3.4に高層天気図の例を示す†．この高層天気図を見て気がつくことは，
(1) 高度は一般に極の方にいくにつれ低くなる．
(2) 風は等高度線にほぼ平行に吹く．
(3) 等高度線の間隔がせまい地域では風速が強い（たとえば九州上空）
などである．こうしたことについては第6章でもっと詳しく述べる．

---

† この天気図は8.6節で詳しく述べる1982（昭和57）年7月23日長崎地方に降った豪雨のときのもので，同時刻における700hPaと地上の天気図が図8.19に示してある．

3.4 熱力学の第一法則

2.5 節において気体分子が地球から脱出できる速度を議論するさい,気体分子がもつ位置のエネルギーと運動エネルギーについて述べた.もっと巨視的に見て,質量 m をもつ気体の塊が全体として v という速さで動いていれば,その空気塊は $mv^2/2$ という運動エネルギーをもつ.この空気塊が地表面から z という高度にあれば,地球の重力にうちかって z という高さにいるのだから,それだけで地表面にいたときよりも mgz だけ余計に位置のエネルギーをもっている.g は重力加速度である.ところがこの空気塊はもう1つ別の形のエネルギー,ここでいう内部エネルギー (internal energy) というものをもっている.話の例として自動車のエンジンを考えよう.シリンダーのなかで空気とガソリンの混合気体に点火して爆発させる.すなわちガソリンが燃えて熱を出す.この熱は2つのことをする.1つはシリンダー内の気体を膨張させピストンを押し上げる.このピストンの運動が車輪の回転運動に変えられ車が動く.すなわち仕事をするわけである.熱がもう1つすることは,望ましいことではないが,エンジンを熱くすることである.だから絶えずエンジンのまわりに水か空気を循環させてエンジンを冷却しなければならない.熱力学の第一法則は要するに,ある物体(われわれの場合は空気)に熱が加えられた場合,その物体がどれだけの仕事をし,かつどれだけ温度が上がるかを決める法則である.

ある物体に Q という量の熱を加えたとしよう.上に述べたように,この熱はある量の仕事をする.その量を W としよう.かりにその物体の運動エネルギーや位置のエネルギーが変化しなくても,Q がすべて W に変換されるとは限らない.したがって

$$Q - W = u_2 - u_1 \tag{3.18}$$

と書く.ここで u と書いたのが内部エネルギーに相当するもので,u_1 は熱を加える前の内部エネルギーの量,u_2 は熱を加えた後の内部エネルギーの量である.すなわち Q という熱のうち,一部は仕事 W をするのに使われ,残りが内部エネルギーを u_1 から u_2 に増加させるのに使われたと見るのである.いまわずかな熱量 $\varDelta Q$ が物体に加えられ,その熱が微小量 $\varDelta W$ だけの仕事をし,

微小量 Δu だけ内部エネルギーが増大したとすれば，
$$\Delta Q = \Delta W + \Delta u \tag{3.19}$$
と書くことができる．この式が熱力学の第一法則 (first law of thermodynamics) である．

しかしこれだけでは，熱力学の第一法則がどう役に立つのかわからない．ところが次のようにすると，なぜ空気の塊が上昇すると雲ができるのか理解できるのである．まず仕事から考えよう．一般に単位質量の物体に力 F が働き，そのため物体がその力の方向に距離 l だけ動いたとすれば，その力がした仕事の量は Fl である．次にたとえば風船のなかの気体のように，球形をした空気の塊を考える．その圧力を p，空気の塊の表面積を A としよう．もしこの空気塊の半径 r が Δr という微小量だけ増加したとすれば，表面積に働いていた力は pA であるから，仕事の量 $\Delta W = pA\Delta r$ となる．ところが $A\Delta r$ は空気塊の容積の増加であるから
$$\Delta W = p\Delta V \tag{3.20}$$
となる．この式は一般的なもので，どんな物質についても容積の変化による仕事の量を表す．したがって単位質量をもつ空気塊を考え，式 (3.20) の容積 V の代りに比容 α をとれば，α が $\Delta\alpha$ だけ増加したときの仕事は
$$\Delta W = p\Delta\alpha \tag{3.21}$$
となる．これを式 (3.19) と結びつけると
$$\Delta Q = \Delta u + p\Delta\alpha \tag{3.22}$$
となる．

次に内部エネルギーである．ここでジュール (James Prescott Joule, 1818〜1889) という英国の物理学者が登場する．彼は19世紀最大の実験物理学者の1人といわれ，現在ではエネルギーの単位に彼の名をつけているほどの人である．彼は多くの実験を繰り返して，気体（厳密にいえば理想気体）の内部エネルギーというものは，その気体の温度だけに依存することを発見した．いいかえれば，ある量の気体をとると，その気体がどんな容積を占めようとも，その温度が同じならば，内部エネルギーも同じであるというのである．したがって温度が ΔT という微小量だけ変化したときの内部エネルギーの変化は
$$\Delta u = C_v \Delta T \tag{3.23}$$

と書くことができる．こうして式 (3.22) は

$$\varDelta Q = C_v \varDelta T + p \varDelta \alpha \tag{3.24}$$

となる．この式から式 (3.23) で導入した C_v という定数の意味がわかる．すなわち物体の容積が変化しないようにしつつ（$\varDelta \alpha = 0$），$\varDelta Q$ だけの熱を加えたら温度が $\varDelta T$ だけ変化したのであるから，C_v はいわゆる定容比熱（specific heat at constant volume）を表す．

次に圧力が $p + \varDelta p$，比容が $\alpha + \varDelta \alpha$ のとき温度が $T + \varDelta T$ になったとすれば，気体の状態方程式は

$$(p+\varDelta p)(\alpha+\varDelta \alpha) = RT\left(1+\frac{\varDelta T}{T}\right) = p\alpha\left(1+\frac{\varDelta p}{p}+\frac{\varDelta \alpha}{\alpha}+\frac{\varDelta p}{p}\frac{\varDelta \alpha}{\alpha}\right)$$

である．ここで $\varDelta p/p$ と $\varDelta \alpha/\alpha$ は1より十分小さい量であるとして，$(\varDelta p/p)(\varDelta \alpha/\alpha)$ の項を $\varDelta p/p$ や $\varDelta \alpha/\alpha$ に対して無視すれば

$$\frac{\varDelta T}{T} = \frac{\varDelta \alpha}{\alpha} + \frac{\varDelta p}{p} \tag{3.25}$$

と近似することができる．この $\varDelta \alpha$ を式 (3.24) に代入して整理すると，

$$\varDelta Q = C_p \varDelta T - \alpha \varDelta p \tag{3.26}$$

が得られる．ここで

$$C_p = C_v + R \tag{3.27}$$

である．式 (3.26) において気体の圧力が変化しないようにしつつ（$\varDelta p = 0$），$\varDelta Q$ だけの熱を加えると温度が $\varDelta T$ だけ変化するわけだから，C_p は定圧比熱（specific heat at constant pressure）を表す．乾燥空気についていえば，$C_v = 717 \text{ J K}^{-1} \text{ kg}^{-1}$，$C_p = 1004 \text{ J K}^{-1} \text{ kg}^{-1}$ である．$C_p - C_v$ はちょうど乾燥空気の気体定数 $R_d = 287 \text{ J K}^{-1} \text{ kg}^{-1}$ に等しい．

内部エネルギーに関連して，気象学ではエンタルピー（enthalpy）という量を用いることがある．単位質量当りの内部エネルギーを u とすると，

$$\text{エンタルピー} = u + p\alpha \tag{3.28}$$

で定義される．すなわち内部エネルギーと体積仕事の和であり，単位は J kg^{-1} である．$u = C_v T$ と気体の状態方程式 (3.10) と (3.27) の関係式を代入すると，

$$\text{エンタルピー} = C_p T \tag{3.29}$$

となる．エンタルピーのことを顕熱（sensible heat）ともよぶ．あとで述べる水蒸気の潜熱（3.6節）に対比した言葉である．大気中の熱の収支決算を考えるときなどに顕熱は登場する（5.8節や7.6節など）．

3.5 乾燥断熱減率と温位

熱力学の第一法則の式（3.26）の右辺第2項に静水圧平衡の式（3.12）を代入すると，

$$\varDelta Q = C_\mathrm{p} \varDelta T + g \varDelta z \tag{3.30}$$

が得られる．空気塊に熱の出入りがないときには（これを断熱変化という），式（3.30）において $\varDelta Q=0$ とすれば

$$-\frac{\varDelta T}{\varDelta z} = \frac{g}{C_\mathrm{p}} \equiv \varGamma_\mathrm{d} \tag{3.31}$$

となる．この式の意味は，空気塊が断熱的に上昇すれば周囲の気圧が低くなるので空気塊は膨張し，それに要する仕事は自分の温度を下げ，内部エネルギーを消費することによって補う．その温度が下がる割合が $\varGamma_\mathrm{d}$ で与えられるというのである．この $\varGamma_\mathrm{d}$ を乾燥断熱減率（dry adiabatic lapse rate）という．地球大気の場合 $\varGamma_\mathrm{d}=0.00976\,\mathrm{K\,m^{-1}}$ となる．すなわち断熱的に1km上昇するごとに温度は約10K下がる．逆に断熱的に下降すれば，約 $10\,\mathrm{K\,km^{-1}}$ の割合で温度が上がる．

次に式（3.30）において $\varDelta Q=0$ とすれば

$$\varDelta(C_\mathrm{p}T+gz) = 0 \tag{3.32}$$

である．すなわち断熱変化をしている空気塊では，乾燥静的エネルギー（dry static energy）h_d とよばれる量

$$h_\mathrm{d} \equiv C_\mathrm{p}T + gz \tag{3.33}$$

が保存されることを示す．この量はエンタルピー（$C_\mathrm{p}T$）と位置のエネルギー（gz）の和である．さらに別のいい方もある．すなわち次のように定義された温位（potential temperature）θ は断熱変化をしている空気塊では保存される．

$$\theta = T\left(\frac{p_0}{p}\right)^{R_\mathrm{d}/C_\mathrm{p}} \tag{3.34}$$

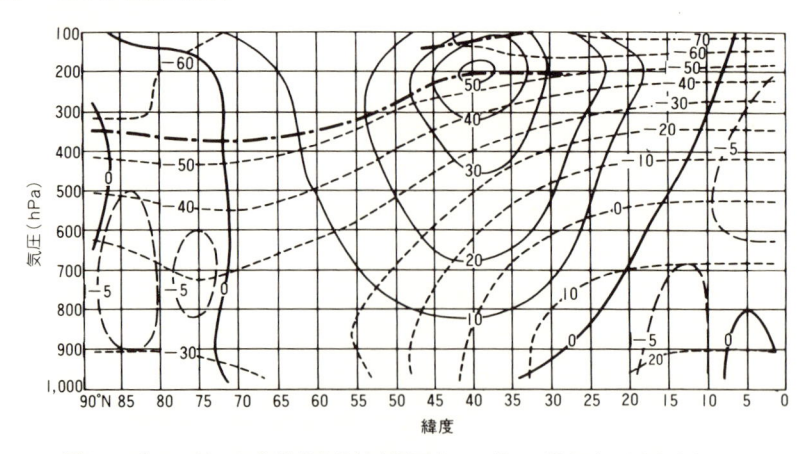

図3.5 80°W に沿った北半球南北鉛直断面上の1月の平均温度と風速分布 (A. Kochanski, 1955: *J. Meteor.*, **12**, 95-106.)
破線は等温線 (°C), 実線は東西方向の風速成分が等しい点を結んだもの, 単位は m s^{-1} で, 正の値は西風を表す. 一点鎖線は対流圏界面を示す.

ここで p_0 は標準の気圧（ふつう 1,000 hPa にとる）である. 温位は空気塊を断熱的に標準気圧のところまで下降（あるいは上昇）させたとき, 空気塊がもつ温度である（図 3.11 参照）.

【問題 3.5】乾燥断熱変化をしている空気塊では温位が保存されることを示せ.

（答）はじめの温度と圧力 (T と p) が微小量 $\varDelta T$ と $\varDelta p$ だけ違ったため温位が $\varDelta\theta$ だけ変化したとすれば, θ の定義の式 (3.34) から

$$\theta\left(1+\frac{\varDelta\theta}{\theta}\right) = T\left(\frac{p_0}{p}\right)^{R_\mathrm{d}/C_\mathrm{p}}\left(1+\frac{\varDelta T}{T}\right)\left(1+\frac{\varDelta p}{p}\right)^{-R_\mathrm{d}/C_\mathrm{p}} \tag{3.35}$$

である. 一般にある実数 x と γ について, x が 1 より十分小さいときには

$$(1+x)^\gamma \simeq 1+\gamma x \tag{3.36}$$

と近似できる. したがって式 (3.35) は

$$\frac{\varDelta\theta}{\theta} = \frac{\varDelta T}{T} - \frac{R_\mathrm{d}}{C_\mathrm{p}}\frac{\varDelta p}{p} = \frac{1}{TC_\mathrm{p}}(C_\mathrm{p}\varDelta T - \alpha\varDelta p) \tag{3.37}$$

となる. ところが式 (3.26) により断熱変化をしているときには上式の右辺は 0 である. すなわち $\varDelta\theta=0$ となり, θ が保存されることがわかる.

いま 2 つの空気の塊を考える. 第 1 の空気塊は地表面にあり温度は 30°C である. 第 2 の空気塊は高度 10 km にあり温度は -50°C である. どちらの空気塊が暖かいか. この質問はばかげて見える. 第 1 の空気塊の方が暖かいに決まっている. しかし地表面で 30°C あった第 1 の空気塊を高度 10 km まで断熱的

3.5 乾燥断熱減率と温位——55

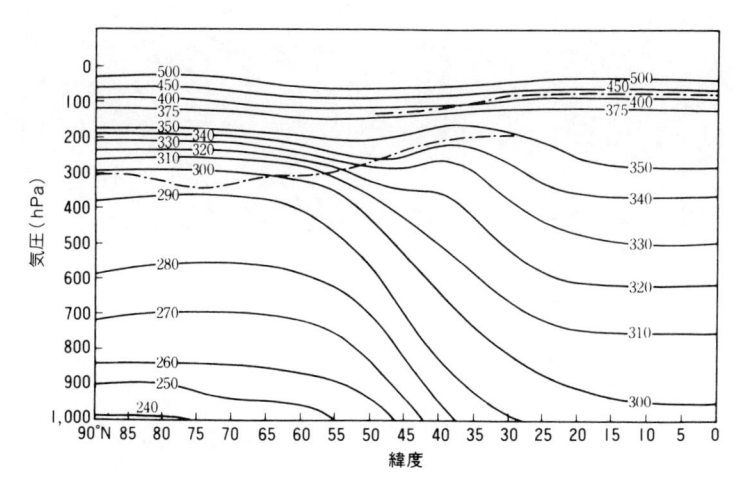

図3.6 80°Wに沿った北半球南北鉛直断面上の1月の平均温位の分布図
(Dutton, J. A., 1976: *The Ceaseless Wind*, McGraw-Hill Book Co.)

に持ち上げると，温度は－68℃となってしまう．同じ高度でくらべれば第1の空気塊の方が冷たいのである．つまり温度でなく温位でくらべると，第1の空気塊の温位は303 Kであり，第2の空気塊のそれは約321 Kであるから，第1の空気塊の方が冷たいのである．

図3.5と図3.6に実測の結果に基づいた南北鉛直断面上の温度と温位の分布が示してある．気温が最も高いのは常識でわかっているように熱帯地方の下層であり，最も温度が低いのは同じく熱帯地方の対流圏界面付近である．ところが温位が最も低いのは極地方の下層であり，どの緯度についても高度とともに温位が増加している．殊に等温位線は対流圏界面付近で密集している．このことは3.9節で述べるように大気の静力学的安定度に大きな意味をもつ．また40°N付近で等温線・等温位線ともに急激に傾いている．すなわち温度・温位ともに南北方向の傾度が大きい．そしてその緯度で東西方向の風速が大きい．これは偶然ではなく，6.4節で述べるようにちゃんとした理由があるのである．

3.3節において，ある一定の気圧（たとえば500 hPa）をもつ面上に気象要素を記入して高層天気図をつくることを述べた．同じようにして，ある温位たとえば305 Kという温位をもつ面を考え，この等温位面上に，その高度における風・気温・湿度などを記入した天気図を描くことも行われている．これを

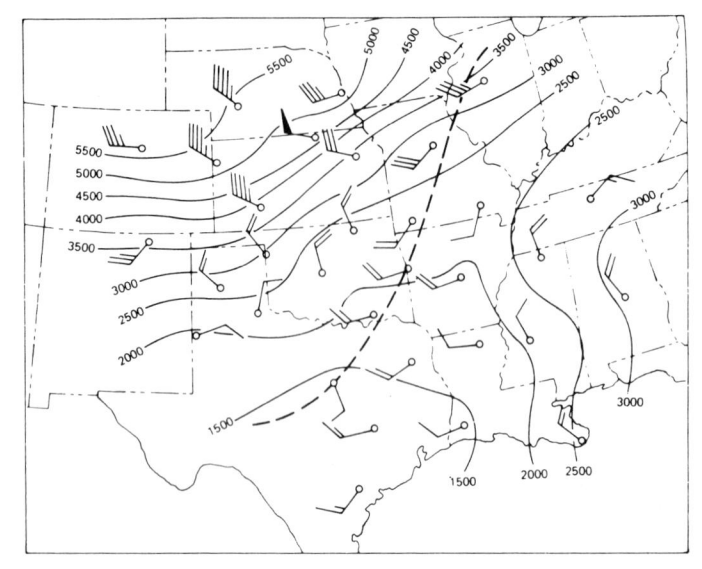

図3.7 1979年4月26日2世界協定時，米国中西部上の温位305 K をもつ等温位面の高度分布（単位はm）(Y. Ogura and D. Portis, 1982: *J. Atmos. Sci.*, **39**, 2773–2792.)
短い矢羽根は$2.5\,\mathrm{m\,s^{-1}}$，長い矢羽根は$5\,\mathrm{m\,s^{-1}}$，黒くぬりつぶした矢羽根は$25\,\mathrm{m\,s^{-1}}$，破線は地表面における寒冷前線の位置を示す．

等温位面解析（isentropic analysis）という．図3.7はその一例である．もし大気の運動が完全に断熱的に起こっているときには，おのおのの空気塊の温位は変化しない．したがって図3.7の場合，温位305 Kをもつ空気塊は断熱変化をしている限りこの等温位面上を風とともに動くが，この面を離れることはない．この点で等温位面解析は，空気塊の動きを追跡するのに適している．図3.7は発達した寒冷前線がある気象状況を表し，図の中央部分に地表面における寒冷前線が北北東から南南西にかけて走っている．前線から北西にいくにつれ等温位面の高度が大きくなっているのは，前線の北西部に冷たい空気のドームがあることの反映である．殊に注意してほしいのは，等高度線が3,500 mから4,500 mに増加するあたりで風が等高度線を横切って，高度が低い地域に向かって吹いていることである．このことは空気塊が305 Kという等温位面に沿って吹き降りていること，すなわちその地域では下降気流があることを示す．

一般に上昇気流があるところでは雲が発生し天気が悪く，下降気流があるところでは雲は消え天気がよい．ところで6.1節で詳しく述べるように，温帯低気圧や移動性高気圧に伴う上昇・下降運動は，その速さが小さいためレーウィンゾンデでは直接測定できない．したがって現在はいろいろ間接的方法で鉛直方向の運動の速さを見積もっているわけであり，等温位解析はその方法の1つである[†]．

3.6 相変化

天気予報でわれわれの関心事の1つは晴れるか曇るか，雨が降るかであろう．この節からいよいよ大気中の水蒸気について考えていく．

一般に物質は固体か液体か気体かの形をとる．水蒸気が気象学で特に重要な理由の1つは，地球大気に存在する温度の範囲内で，気体・液体・固体と形を変えるからである．固体内では分子は電磁気的な力で相互に結合されているが，少しばかり振動することはできる．液体内部では分子は互いどうし滑り形を変えることはできるが，その液体全体から逃れ出ることはできない．気体内では分子は相互に結合されておらず，不規則に飛び回っては他の分子と衝突している．固体の温度を上昇させるにつれて，固体内の分子の振動は次第に激しくなり，ついには融解しはじめる．この状態で熱を加え続けると，全部の固体が融解するまで温度は上がらない．加えた熱は固体内の分子の配置状態を変えるのに使われているからである．全部の固体が融解してからさらに加熱すると，分子は他の分子との結合を断ちきるのに十分なエネルギーを得て自由の身になる．これが気化である．この経過を逆にして，物質を冷やすことによって気体から液体へ，さらに固体へと変化させることができる．このような変化を相の変化

[†] しかし等温位解析は大気が断熱的に運動しているという仮定が満足されているときのみ有効であるから，個々の場合には十分注意する必要がある．たとえば実際の地表面付近の大気中では乱れによる空気の混合が著しい（6.6節）．また雲が発生している地域では水蒸気の凝結に伴う潜熱の放出や雲粒・雨粒からの蒸発もあり，断熱変化という仮定はあまり適さない．それ以外にも対流圏の大気は絶えず放射によって熱を失っている（第5章参照）．ただしこの放射は比較的ゆっくりした過程であるから，鉛直運動が比較的強い場合には等温位解析は有効である．

(phase change) という．

　上述のことから想像できるように，相の変化はエネルギー（熱）を伴う．たとえば氷を融解させるには 3.34×10^5 J kg^{-1} の融解熱を必要とする．液体の水を蒸発させ水蒸気にするのには 2.50×10^6 J kg^{-1} の蒸発熱が必要である．反対に水蒸気が凝結して液体の水になるときには同量の凝結熱を放出する．一般に相変化に伴う熱を潜熱（latent heat）という．固体（氷）から直接気体（水蒸気）になるとき，すなわち昇華の潜熱は 2.83×10^6 J kg^{-1} である．水分子が固体から逃げ出すときには液体から逃げ出すときよりも多量の熱を必要とする．

　容器の一部に水を入れて密閉し，また容器全体を一定の温度に保ったとしよう．水面からは水分子どうしの結合を断った分子が飛び出していくが（蒸発である），一方水面には絶えず水蒸気の分子が衝突してきて，水面で捕捉される．水面の単位面積を通って単位時間に入ってくる分子数と出ていく分子数は一般的には相互に無関係である．入ってくる分子数は，水面近くの単位容積当りの水蒸気分子数と分子運動の速度による．この速度の平均は式（2.13）により温度だけで決まる．一方水面から出ていく分子の数は，水のなかの分子相互の結合力を断つのに必要なエネルギー量に依存し，これも温度だけで決まる．

　はじめ容器のなかの空気中に水蒸気分子がなければ，水面から蒸発が起こり，水蒸気分子の数は次第に増加する．それとともに水面に衝突する水蒸気分子数も次第に増加していき，やがて水面から出ていく分子数と入ってくる分子数がちょうど同じになる状態に達する．このとき液相の水と気相の水が平衡状態に達したという．あるいは空気が水蒸気で飽和（saturation）したともいう．このときの水蒸気の密度を飽和水蒸気密度といい，水蒸気がおよぼす圧力（水蒸気の分圧）を飽和水蒸気圧という．

　飽和水蒸気密度あるいは飽和水蒸気圧は温度だけの関数である．また容器中に水蒸気以外の気体があっても，それは水と水蒸気の平衡状態には何も関係しない．すなわち3.1節で述べた水蒸気の分圧だけを問題にすればよい．同じようにして，固体の水（氷）と平衡状態にある水蒸気の密度あるいは圧力を定義することができる．

　表3.3はいろいろの温度における飽和水蒸気圧と飽和水蒸気密度を示す．この表で注意すべきことが2つある．第1は温度とともに飽和水蒸気密度（気

表3.3 氷・水面に対する飽和水蒸気圧および飽和水蒸気密度の温度依存性

温度(°C)	飽和水蒸気圧(hPa)		飽和水蒸気密度(g m^{-3})	
50	123.3		82.1	
48	111.5		75.6	
46	100.9		68.8	
44	91.1		62.5	
42	82.0		56.6	
40	73.7		51.2	
38	66.2		46.3	
36	59.4		41.8	
34	53.2		37.6	
32	47.5		33.8	
30	42.43		30.4	
28	37.78		27.3	
26	33.65		24.4	
24	29.82		21.8	
22	26.40		19.4	
20	23.37		17.31	
18	20.61		15.37	
16	18.16		13.65	
14	15.98		12.09	
12	14.03		10.68	
10	12.28		9.41	
8	10.73		8.29	
6	9.35		7.27	
4	8.13		6.37	
2	7.05		5.56	
0	6.105		4.85	

温度(°C)	過冷却水に対して	氷に対して	過冷却水に対して	氷に対して
0	6.105	6.105	4.85	4.85
−2	5.27	5.17	4.22	4.14
−4	4.54	4.37	3.66	3.53
−6	3.90	3.69	3.17	3.00
−8	3.34	3.10	2.74	2.54
−10	2.86	2.60	2.36	2.14
−12	2.44	2.18	2.03	1.81
−14	2.07	1.80	1.74	1.51
−16	1.75	1.51	1.48	1.28
−18	1.48	1.25	1.26	1.06
−20	1.24	1.04	1.07	0.892
−22		0.854		0.738
−24		0.702		0.612
−26		0.576		0.506
−28		0.468		0.414
−30		0.381		0.340
−32		0.310		0.279
−34		0.205		0.227
−36		0.202		0.185
−38		0.163		0.151
−40		0.131		0.122

圧)が急激に増えることである．温度が8°C高くなるごとに飽和水蒸気圧は約2倍になる．第2は表に出てくる過冷却水ということである．一般に0°Cは氷点とよばれ，液体の水が氷になる温度とされている．しかし水の温度をゆっくり下げていくと，0°Cをすぎても水はなかなか凍らない．0°C以下の温度で液体でいる水を過冷却水という．したがって0°C以下では過冷却水に対する飽和水蒸気圧と氷面に対する飽和水蒸気圧と2つあることになる．このことが雨を降らすのに重要な役割をするのである(4.6節参照).

飽和水蒸気圧は水の沸騰点を決めるのに役立つ．水はその飽和水蒸気圧がまわりの気圧と同じになるような温度で沸騰する．水の沸騰点が100°Cであるというのは，地表面で平均の気圧に対して決めた値である．だから高い山の頂上では熱いコーヒーは飲めないし，料理をするのに圧力鍋が必要となる．

【問題 3.6】人間の血液が水であるとし体温を37°Cとすれば，体内の血液が沸騰するのは高度何kmか．

(答) 37°Cに対する飽和水蒸気圧は約62 hPaである．これを気圧とする高度を表3.1から読みとると約19.4 kmとなる．これが答である．ごくおおざっぱには次のようにしてもよい．大体の目安としては高度が5.5 km増すごとに気圧は約半分になる(このことを表3.1から確かめよ)．したがって地上の気圧を1,000 hPaとすれば，高度 5.5 kmで気圧は 500 hPa, 11 km で 250 hPa, 16.5 km で 125 hPa, 22 km で 62.5 hPa となる．

3.7 大気中の水分

ある地点である時刻に大気中にどれだけの水蒸気があるか，大気がどれだけ湿っているかを表すためには，いろいろの量が使われている．

(1) 相対湿度 (relative humidity)

単位容積内の水蒸気の量とその時点の温度に対応する飽和水蒸気密度の比である．ふつうパーセントで表す．

【問題 3.7】次の3つの地点における単位容積中の水蒸気の量を求めよ．(a)サハラ砂漠のある地点で気温40°C，相対湿度20%，(b)熱帯海洋上のある地点で気温30°C，相対湿度80%，(c)南極大陸のある地点で気温-40°C，相対湿度80%．

(答) (a)10.2 g m^{-3}, (b)24.3 g m^{-3}, (c)0.1 g m^{-3}．第8章で述べるように降雨量はいろいろの気象現象によって違うが，大気中の水蒸気の量によって大きく左右される．この量はこの問題に見るように気温と相対湿度に依存する．

(2) 混合比（mixing ratio）

水蒸気密度（単位容積の空気に含まれている水蒸気の質量，絶対湿度ともいう）と乾燥空気の密度の比である．前者を ρ_v，後者を ρ_d と書くと，混合比 w は，

$$w = \frac{\rho_\mathrm{v}}{\rho_\mathrm{d}} \tag{3.38}$$

である．水蒸気の分圧を e，湿った空気（すなわち乾燥空気と水蒸気の混合気体）の圧力を p とすると，乾燥空気の分圧は $p-e$ である．水蒸気も理想気体の状態方程式 (3.2) にしたがうから，

$$e = R_\mathrm{v}\rho_\mathrm{v}T \tag{3.39}$$

と書ける．ここで R_v は水蒸気に対する気体定数である．水の分子量 $M_\mathrm{v} = 18.016$ であるから，式 (3.6) により

$$R_\mathrm{v} = \frac{R^*}{M_\mathrm{v}} = 461 \text{ J K}^{-1}\text{ kg}^{-1} \tag{3.40}$$

したがって

$$\frac{R_\mathrm{d}}{R_\mathrm{v}} = \frac{M_\mathrm{v}}{M_\mathrm{d}} \equiv \varepsilon = 0.622 \tag{3.41}$$

である．一方 1 kg の乾燥空気の状態方程式は

$$p-e = R_\mathrm{d}\rho_\mathrm{d}T \tag{3.42}$$

である．したがって

$$w = \frac{e}{p-e}\frac{R_\mathrm{d}}{R_\mathrm{v}} = 0.622\frac{e}{p-e} \tag{3.43}$$

となる．ふつう e/p は 0.04 を越えることはないから，上式の分母で p にくらべて e を省略して

$$w \simeq 0.622\frac{e}{p} \tag{3.44}$$

としてもよい．飽和空気の混合比は

$$w_\mathrm{s} \simeq 0.622\frac{e_\mathrm{s}}{p} \tag{3.45}$$

である．e_s は飽和水蒸気圧で温度だけの関数であるが，w_s は温度と気圧の関数である．

【問題 3.8】気圧 1,000 hPa，温度 20°C，相対湿度 50% の空気の混合比を求めよ．
(答) 7.3×10^{-3} kg kg^{-1}．

乾燥空気と水蒸気の混合気体である湿潤空気の気体定数 R_m は式 (3.6) により

$$R_\mathrm{m} = R_\mathrm{d} \frac{1+\frac{w}{\varepsilon}}{1+w} \simeq R_\mathrm{d}\left[1+\left(\frac{1}{\varepsilon}-1\right)w\right] = R_\mathrm{d}(1+0.61\,w) \tag{3.46}$$

である．したがって湿潤空気の状態方程式は次式のように書ける．

$$p\alpha = R_\mathrm{d} T_\mathrm{v} \tag{3.47}$$

ただし T_v は

$$T_\mathrm{v} = (1+0.61\,w)T \tag{3.48}$$

で定義され，仮温度 (virtual temperature) とよばれる．仮温度は混合比 w をもつ湿潤空気と同圧・同比容の乾燥大気がもつべき仮想的な温度である．T_v を導入すれば湿潤大気の状態方程式は見かけ上乾燥大気のそれと同じ形をもつ．w は 0.03 を越すことはあまりない．簡単化のため本書では湿潤大気に対しても乾燥大気の状態方程式を用いることにする．

(3) 露点温度 (dew point temperature)

水蒸気を含む空気の温度が下がっていって，その水蒸気密度を飽和水蒸気密度とする温度に達すると空気は飽和し，露を結ぶ．その温度が露点温度 (T_d) である．露点温度が高いほど空気中の水蒸気量は多い．またある温度に対しては，露点温度が高いほど相対湿度は高い．

(4) 湿球温度 (wet bulb temperature)

相対湿度を測る測器の 1 つが乾湿温度計である．1 つの水銀温度計の水銀溜の部分を湿ったガーゼで包み風にあて，十分ガーゼから水を蒸発させてから読みとった値が湿球温度である．空気が乾いているほどガーゼからの水の蒸発が盛んであるから，乾球温度（ガーゼで包まないほうの温度計の示度）と湿球温度の差が大きい．

湿球温度 (T_w) は露点温度 (T_d) に似ているが，明らかに両者は違う．湿球温度計に吹いてくる空気の混合比を w とすると，w を飽和混合比とする温度が T_d である．一方湿球を離れる空気は湿球のまわりのガーゼからの蒸発により混合比が w' となっており，w' を飽和混合比とする温度が T_w である．$w < w'$ であるから $T_\mathrm{d} < T_\mathrm{w} < T$ である．$w'-w$ だけの蒸発によって温度が T か

3.7 大気中の水分 —— 63

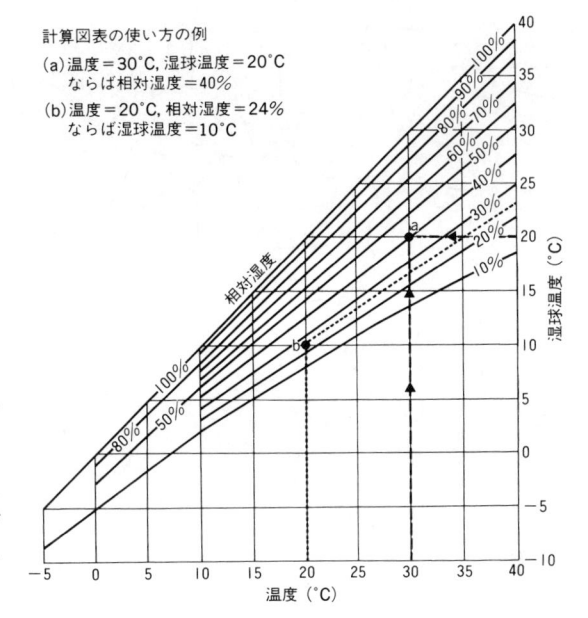

図3.8 温度・湿球温度・相対湿度の相互関係を表す計算図表 (S. D. Gedzelman, 1980: *The Science and Wonders of the Atmosphere*, John Wiley and Sons.)

計算図表の使い方の例
(a) 温度=30°C, 湿球温度=20°C ならば相対湿度=40%
(b) 温度=20°C, 相対湿度=24% ならば湿球温度=10°C

ら T_w にまで下がったわけであるから，蒸発の潜熱を L と書けば，

$$L(w'-w) = C_p(T-T_w) \tag{3.49}$$

が成り立つ．あるいは T_w に対応する飽和水蒸気圧を e_s とすれば，式 (3.44) から，

$$e_s - e = \frac{C_p p}{\varepsilon L}(T-T_w) \tag{3.50}$$

となる．e_s は T_w の関数であるから，与えられた p のもとで，T と T_w を知って e を求めることができる．すなわち相対湿度がわかる．図3.8 は T と T_w と相対湿度の間の関係の計算図表である．

　ふつうわれわれは水泳後，水から出ると冷たく感ずる．皮膚についた水が蒸発するので，皮膚の温度が湿球温度まで下がるからである．暑いときには汗をかく．汗が蒸発すれば冷たく感ずる．しかし空気の湿球温度が体温（約37°C）より高い場合には，汗がひいても冷たく感じないであろう．幸いにして地球表面上，湿球温度が37°C 以上ということはめったにない．気温は40°C を越えても湿度が低いので湿球温度は37°C よりかなり低いのである．

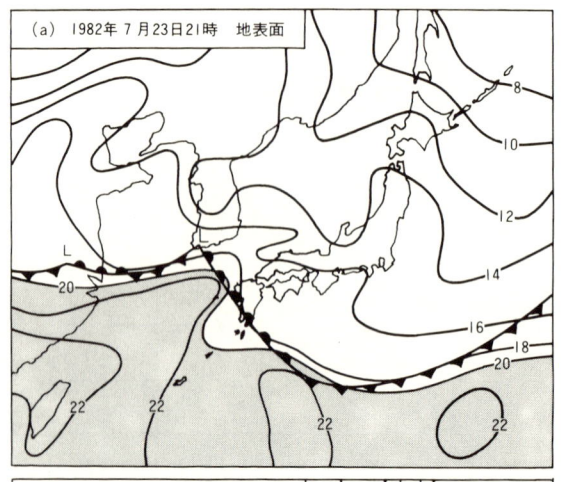

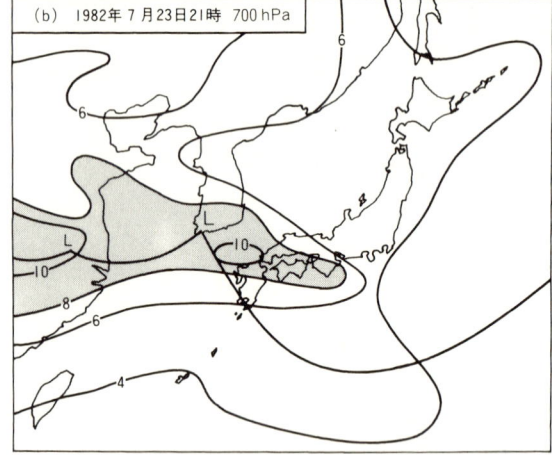

図3.9 1982年7月23日（長崎豪雨の日）21時における混合比（単位は g kg^{-1}）の水平分布
等値線は2 g kg^{-1}おきに引いてあり，(a)図で影をつけてあるのは混合比が20 g kg^{-1}より大きい地域で，(b)図のそれは8 g kg^{-1}より大きい地域．記号Lは地表面における低気圧の中心の位置で，地表面における前線の位置も記入してある．湿舌が(a)図では南西の方向から九州に延び，(b)では西の方向から九州に延びていることに注意．

【問題 3.9】 プールから上がったとき，次の2つのどちらの場合に余計冷たく感ずるか．
(a) $T=40°C$ で相対湿度=10%，(b) $T=25°C$ で相対湿度=80%．

（答）図3.8によれば(a)の場合は $T_w=18.5°C$，(b)の場合は $T_w=22.5°C$．したがって気温が40°Cあっても風が吹いていて蒸発がよく起これば(a)の場合の方が余計冷たく感ずる．

気象学では混合比をしばしば用いる．その理由はこうである．風とともに空気の塊は移動していく．上昇気流があるところでは空気の塊も上昇していく．

それに伴って空気塊の温度も圧力も変化するが次の条件が満足されれば，その空気塊の混合比は変化しない．(a)空気塊が不飽和で水蒸気の凝結が起こらない，(b)上方から雨粒が落ちてきて雨粒から蒸発が起こるということがない，(c)まわりの違った混合比をもつ空気と混合しない†．このような条件が満足されているときには，大気中の混合比の分布の変化を見ると，大気がどう動いているか見当をつけることができる．

　図 3.9(a)は梅雨期北九州に豪雨が降っているときの地表面での混合比の分布である．日本付近をほぼ東西に延びる梅雨前線によってその南側にある湿った空気と北側にある乾燥した空気がはっきり区別できる．図 3.9(b)は 700 hPa の高度での混合比である．地表面での梅雨前線に沿って混合比の局所的な極大が東西方向に延びているのが見られる．一般に混合比は地表面に近いほど大きな値をもつ．700 hPa で梅雨前線に沿って混合比の極大があるのは，梅雨前線あるいは低気圧の中心付近に存在する上昇気流のため，下層の湿った空気が持ち上げられたことに関係している．またこの時刻における風の分布は図 8.19(b)に示してあるが，強い西風のベルトが中国南部から九州にまで達している．このことも図 3.9(b)の湿舌が東西に延びている原因となっている．

3.8 湿潤断熱減率

　水蒸気で飽和している空気塊を断熱的に上昇させたとしよう．断熱膨張のため空気塊の温度は下がるが，同時にその下がった温度に対応する飽和水蒸気密度も下がるから，余分な水蒸気は凝結（もし気温が氷点下ならば昇華）する．そのさい潜熱を放出する．この熱が空気塊を暖めるから，上昇運動に伴う空気塊の温度の下がり方は不飽和空気塊のそれより小さい．このように飽和した空気塊が断熱的に上昇するとき，温度が高度とともに減少する割合を湿潤断熱減率（moist adiabatic lapse rate）という．その値は空気塊のはじめの温度や圧力によって違う．温度が高いほど飽和している空気塊が含みうる水蒸気の量

---

† 厳密にいえば空気塊といっても気球のなかの気体のように，まわりの空気から隔絶されているわけではないから，まわりの空気との混合は避けられない．しかし短時間の空気の運動を考えている限りはその影響は比較的小さい．

は大きいから，凝結する水蒸気の量は多く，したがって温度の下がり方は少ない．大体の目安としては，大気下層の暖かい空気塊が上昇した場合は4°C km^{-1}くらいであるが，対流圏中層での典型的な値としては6～7°C km^{-1}である．対流圏上層では温度が低く水蒸気量も少ないので乾燥断熱減率とほとんど変わらない．

　もっと定量的な議論をするために，乾燥空気1 kgの質量をもち水蒸気で飽和している空気塊を微小量Δzだけ断熱的に上昇させたとしよう．この空気塊の圧力と温度はそれぞれはじめのpとTという値から$p+\Delta p, T+\Delta T$に変化し，それに応じて飽和混合比もはじめのw_sという値から$w_s+\Delta w_s$という値になる．この余分の$-\Delta w_s$という量だけの水蒸気が凝結（あるいは昇華）するわけである．凝結熱（あるいは昇華熱）をLとすると$-L\Delta w_s$だけの熱が放出される．w_sの定義式(3.45)から

$$w_s + \Delta w_s = \varepsilon \frac{e_s\left(1+\frac{\Delta e_s}{e_s}\right)}{p\left(1+\frac{\Delta p}{p}\right)} \simeq w_s\left(1+\frac{\Delta e_s}{e_s}\right)\left(1-\frac{\Delta p}{p}\right) \tag{3.51}$$

であるから，近似的に

$$\Delta w_s = w_s\left(\frac{\Delta e_s}{e_s} - \frac{\Delta p}{p}\right)$$

である．ここでe_sはTだけの関数であるから

$$\Delta w_s = w_s\left(\frac{1}{e_s}\frac{\Delta e_s}{\Delta T}\Delta T - \frac{\Delta p}{p}\right) \tag{3.52}$$

と書くことができる．厳密にいえば凝結で放出された潜熱は，水蒸気および凝結でできた水滴を暖めるわけであるが，その影響は小さいから無視する．熱力学の第一法則の式(3.26)において$\Delta Q = -L\Delta w_s$とすれば，

$$-L\left(\frac{\varepsilon}{p}\frac{\Delta e_s}{\Delta T}\Delta T - w_s\frac{\Delta p}{p}\right) = C_p\Delta T - \alpha\Delta p \tag{3.53}$$

となる．両辺をΔzで除し，静水圧平衡式を使い，式を整理すると，湿潤断熱減率Γ_mは次のように求められる．

$$\Gamma_m = -\frac{\Delta T}{\Delta z} = \Gamma_d \frac{1+\frac{Lw_s}{R_d T}}{1+\frac{\varepsilon L}{C_p p}\frac{\Delta e_s}{\Delta T}} \tag{3.54}$$

ここに$\Gamma_d = g/C_p$で乾燥断熱減率である．

【問題3.10】表3.3を用い，気圧700 hPa，気温10°Cで飽和している空気の湿潤断熱減率を求めよ．ただし$C_p = 1004$ J K^{-1} kg^{-1}，凝結の潜熱$L = 2.5\times 10^6$ J kg^{-1}である．
　(答) 表によれば温度10°Cで$e_s = 12.28$ hPa，温度8°Cで$e_s = 10.73$ hPaである．し

たがって $\Delta e_s/\Delta T=0.775\text{ hPa K}^{-1}$ である．また温度 10°C，気圧 700 hPa のときの $w_s=10.9\times10^{-3}\text{ kg kg}^{-1}$ である．この値を式 (3.54) に代入すれば $\varGamma_m=0.49\varGamma_d$，すなわち $\varGamma_m=4.8°\text{C km}^{-1}$ となる．

3.5 節において，乾燥した空気塊が断熱変化をするときには温位 θ が保存されることを述べた．同じように，飽和している空気塊が断熱的に上昇するときには，次のように定義された相当温位 (equivalent potential temperature) という量が保存される．

$$\theta_e = \theta\exp\left(\frac{Lw_s}{C_pT}\right) \tag{3.55}$$

厳密には，乾燥空気の分圧 $p-e$ を用いて定義した乾燥温位

$$\theta_d = T\left(\frac{p_0}{p-e}\right)^{R_d/C_p} \tag{3.56}$$

を用いて，湿潤空気の相当温位 θ_e を

$$\theta_e = \theta_d\exp\left(\frac{Lw_s}{C_pT}\right) \tag{3.57}$$

で定義する．しかし多くの場合に e は p にくらべて小さいので式 (3.55) を用いることができる．

微積分の演算に慣れた読者は次のようにして式 (3.55) の θ_e を導くことができる．まず式 (3.26) と (3.34) から湿った空気塊に dQ という熱量が加えられたとき空気塊の温位が $d\theta$ だけ上昇したとすれば，

$$\frac{dQ}{T} = C_p\frac{d\theta}{\theta}$$

という関係がある．いま飽和している空気塊が少し上昇し，空気塊の温度が dT だけ変化し，飽和混合比が dw_s だけ変化したのであるから $dQ=-Ldw_s$ である．したがって

$$-\frac{L}{C_pT}dw_s = \frac{d\theta}{\theta} \tag{3.58}$$

となる．ところで問題 3.10 において，気圧 700 hPa で温度が 283 K から 281 K に変わると w_s は $10.9\times10^{-3}\text{ kg kg}^{-1}$ から $9.53\times10^{-3}\text{ kg kg}^{-1}$ に変化することを見た．この場合には，

$$\frac{dw_s}{w_s} \gg \frac{dT}{T}$$

である．この関係は対流圏内で一般的に成り立つことを示すことができる．L/C_p という量は温度によってあまり変化しないから

$$\frac{L}{C_pT}dw_s \approx d\left(\frac{Lw_s}{C_pT}\right) \tag{3.59}$$

という近似を用いることができる．この近似式を式 (3.58) に代入し積分すると，

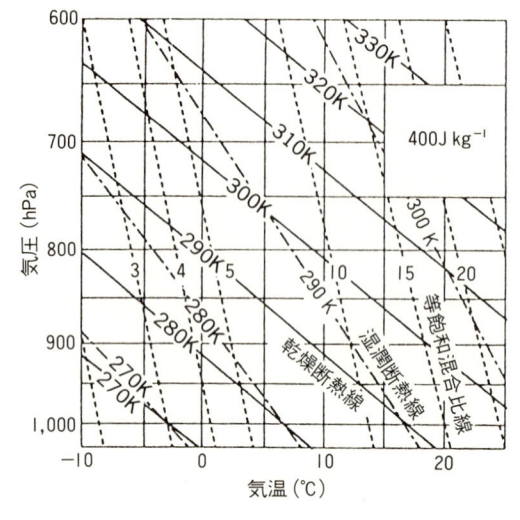

図3.10 エマグラム(部分)

$$-\frac{Lw_s}{C_pT} = \ln\theta + 積分定数 \tag{3.60}$$

が得られる．積分定数として，上層で温度が低い空気については $w_s \to 0$ のときの θ の値を θ_e と書くことにすれば，

$$-\frac{Lw_s}{C_pT} = \ln\frac{\theta}{\theta_e} \tag{3.61}$$

で，この式が式 (3.55) にほかならない．この θ_e の導き方から，θ_e の物理的意味を次のようにいうことができる．まず飽和している空気塊を断熱上昇させ，含んでいた水蒸気を全部凝結させて，湿っていた空気塊がもっていた潜熱を全部放出させる．そして凝結でできた水滴や氷粒は，すべて降水として空気塊から落下させ，放出された潜熱は乾燥空気の温度だけを変化させるのに使う．こうして全く乾燥してしまった空気塊を（上述の $w_s \to 0$ の状況に適合させて），もう一度逆に断熱圧縮しつつ 1,000 hPa の高さまでもってきたとき，その空気塊がもつ温度が相当温位である．

　空気塊は水蒸気を含んでいるが飽和していないときには，まず空気塊を飽和に達するまで乾燥断熱的に上昇させる．その高度で空気塊のもつ温度 T と，その T に相当する θ と w_s を式 (3.55) に代入して計算したものが，その空気塊のもつ相当温位である．

　以上いろいろな温度や温位や相当温位などを導入したので，断熱図を使いながら復習かつ整理をしよう．断熱図は一種の計算図表みたいなもので，座標として何を使うかによっていろいろな種類がある．日本で最もよく使われているのがエマグラムである．実物は大きなカラーの図表であるが，その一部を示したのが図 3.10 である．横軸には温度を等間隔にとり，縦軸には高度の代りに

3.8 湿潤断熱減率──69

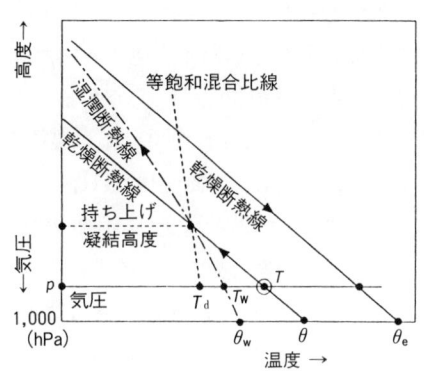

図3.11 エマグラム上で,熱力学のいろいろな量の間の関係

気圧の自然対数 $(-R_\mathrm{d}\ln p)$ がとってある.およそ高度に比例する.そして,左上がりのほぼ直線的な実線が乾燥断熱線群で,これよりやや立っている一点鎖線が湿潤断熱線群である.もとの大きいエマグラムでは上空にいくほど湿潤断熱線が乾燥断熱線に接近しているのがわかる.ほぼ直線的に左上がりの傾きの大きい点線が等飽和混合比線群である.乾燥断熱線群には温位 (θ),湿潤断熱線群には湿球温位 $(\theta_\mathrm{w}$,後述$)$ の値が 10 K ごとに,等飽和混合比線には g kg^{-1} 単位で混合比の値が書き込まれている.飽和混合比は温度と気圧の関数であるから,温度と気圧を両軸にとったエマグラムでは等飽和混合比線を引くことができる.右側の正方形は,このエマグラム上の閉じた線が囲む面積が表すエネルギー(J kg^{-1} の単位)の大きさを表し,この正方形の面積が 400 J kg^{-1} に相当する(本書では使わない).

さてある地点ある高度で空気塊の気圧と温度が測定されたら,その値をエマグラムに図 3.11 のようにプロットする(図の二重丸).この空気塊を断熱的に上方に持ち上げたときの温度の変化は,その点を通る乾燥断熱線を上にたどればわかる.逆に乾燥断熱線を下にたどって $p=1000$ hPa という横軸と交わった点が温位を与える(その乾燥断熱線に温位の値が印刷してある).測定により空気塊の混合比の値が与えられている場合には,乾燥断熱線を上にたどって実測の混合比と等しい値をもつ等飽和混合比線に達した点が,空気塊が飽和する高度(気圧)と温度を与える.この高度を持ち上げ凝結高度という.現実の場合には,これがほぼ雲底の高度に相当する.凝結高度を越えてさらに空気塊

が断熱的に上昇したさいの空気塊の温度の変化は，その交点を通る湿潤断熱線を上にたどればわかる．逆に下にたどって $p=1000$ hPa の横軸に交わった点の温度が湿球温位（θ_w）を与える（その値は湿潤断熱線に沿って印刷されている）．すなわち湿球温位は相当温位と同じく，空気塊がはじめに飽和していてもいなくても，断熱変化では保存される量である．

測定により，ある高度（気圧）の混合比ではなくて露点が与えられている場合には，その露点をエマグラムにプロットし，その点を通る等飽和混合比線の値を読み取ると，その値が空気塊の混合比を与える．このことを含め，図3.11 に露点（T_d），湿球温度（T_w），相当温位（θ_e）が描かれている．これがすでに本文中で定義したものと一致していることを確かめることは，練習問題として残しておく．このように，エマグラムを用いて，いろいろな熱力学の量を計算することができる．また，レーウィンゾンデの観測により高層気象データが与えられているときには，その値をプロットして大気の静的安定度を判定することができる（3.9 節）．

3.9 大気の静的安定度

話を簡単にするために地球大気の代りにビーカーのなかの水を考える．水の運動を見やすくするために水に染料の粒を落とし溶かしておく．次にビーカーの底を氷水につけ，しばらく放置してから水面近くをスプーンでゆっくりかき混ぜてみる．染料は水平方向に広がるが，上下に混ざりにくいことがわかるだろう．底付近の水は重たいので上下の運動が起きにくいのである．このような状態を安定な成層（stable stratification）という．次にビーカーの底を湯につけてみると，スプーンでかき混ぜなくても染料が全体に混ざってしまう．底付近の水の密度が小さくなって，浮き上がってくるからである．このような状態を不安定な成層（unstable stratification）という．水温が高さによらず一定の場合は，安定でも不安定でもないので，中立の成層（neutral stratification）という．このように上下方向の運動の起きやすさは密度の鉛直方向の分布に関係する．この性質を成層の静力学的安定性（hydrostatic stability）あるいは簡単に静的安定性という．

3.9 大気の静的安定度──71

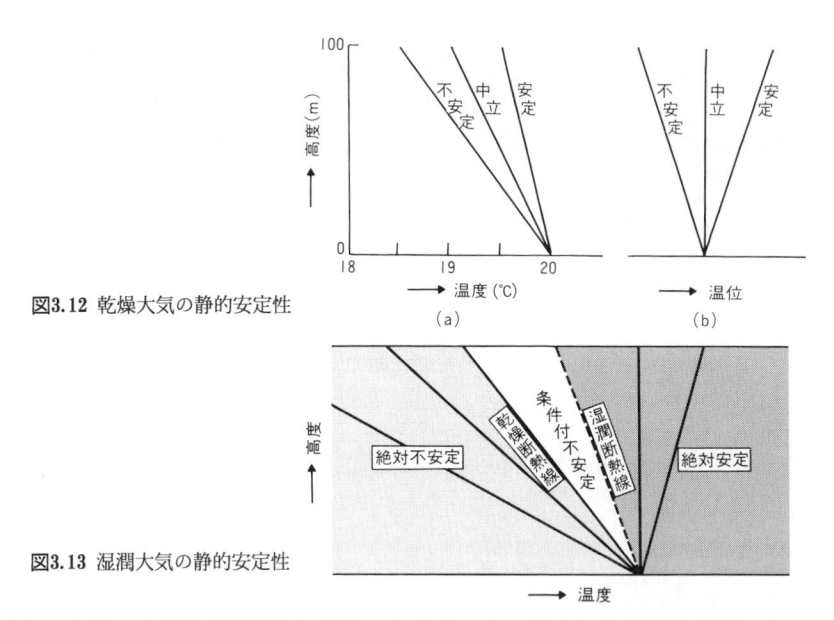

図3.12 乾燥大気の静的安定性

図3.13 湿潤大気の静的安定性

次に大気の安定性を定量的に考えてみよう．水の場合には密度は温度によってほとんど決まってしまうので，話は簡単であったが，空気の場合には密度は温度のみならず気圧にも依存するので，話はもう少し複雑となる．簡単化のため最初は乾燥空気を考える．地表面で温度が20°Cであった空気塊を断熱的に高さ100mまで持ち上げると，その空気塊の温度は19°Cとなる．もしまわりの空気の温度減率（温度が高度とともに減少する割合）Γが，図3.12(a)で安定と記した線のように，乾燥断熱減率Γ_dより小さければ，高度100mにおいて空気塊の温度は同じ高さにおける周囲の空気の温度より低い．このため空気塊には負の浮力が働き，空気塊はもとの位置に戻ろうとする．このように不飽和大気のΓがΓ_dより小さい場合，大気の成層は安定であるという．反対にΓがΓ_dより大きい場合には，断熱的に少し上昇した空気塊の温度は周囲の空気の温度より高いので，空気塊はますます上昇を続ける．この場合大気の成層は不安定である．$\Gamma=\Gamma_d$の場合の成層は中立である．

上に述べた乾燥大気の安定度は，温位を使うと簡単に表現できる．不飽和のままで断熱的に上昇する空気塊の温位は，不変に保たれる．観測された大気の温位が図3.12(b)で安定と記した場合のように，高度とともに増加しているな

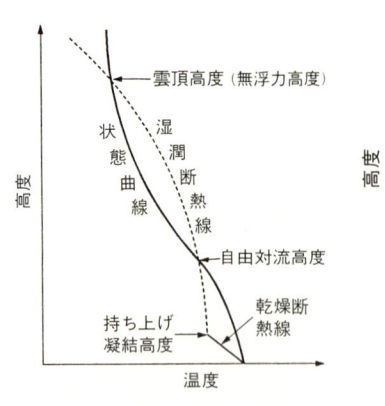

図3.14 自由対流高度の説明図
ある時刻に測定した気温の高度分布が太い実線（これを状態曲線という），未飽和の空気塊が断熱的に上昇するさい，高度とともに空気塊の温度が低下する様子が細い実線（乾燥断熱線），空気塊が飽和している場合が破線（湿潤断熱線）.

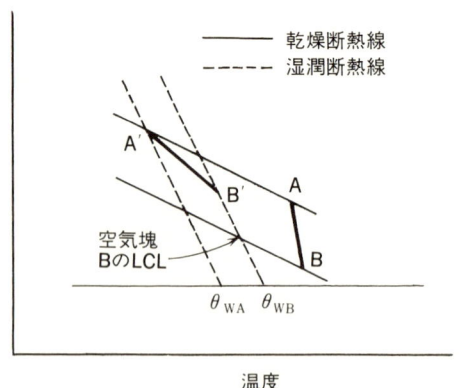

図3.15 対流不安定の説明図

らば，（たとえば）高さ100 mに達したときの空気塊の温位はまわりの空気の温位より低く，したがって温度も低い．したがってこの場合の大気の成層は安定である．反対に大気の温位が高さとともに減少している場合には成層は不安定である．図3.6で見たように，平均してみると大気の温位は高度とともに増大しており乾燥断熱変化に対しては安定な成層をしている．殊に対流圏界面付近から成層圏下部にかけては等温位線が密集している．つまり大気は非常に安定な成層をしている．下から積乱雲が鉛直上方に発達してきても，この非常に安定な成層をした層に接近すると，その層を通過できず雲は水平に広がってしまう．これが積乱雲の頂上付近にできるかなとこ雲（アンヴィル，anvil）である（図4.13(e)参照）．

次に空気塊が水蒸気で飽和している場合を考えよう．この空気塊を上昇させると温度は湿潤断熱減率Γ_mで下がっていく（図3.13）．上に述べたのと同じように考えると，$\Gamma > \Gamma_m$ならば空気はますます上昇するから，そのようなΓをもった大気は飽和している空気塊に対しては不安定な成層をしている．すでに述べたように，一般に$\Gamma_d > \Gamma_m$である．したがってΓはΓ_dより小さいがΓ_m

より大きいという場合がある．この場合には空気塊が飽和していれば不安定であるが，不飽和であるならば安定である．この意味で，このような大気は条件付不安定（conditionally unstable）な成層をしているという．まとめると，

$$\Gamma < \Gamma_m \quad \text{ならば} \quad 絶対安定$$
$$\Gamma_m < \Gamma < \Gamma_d \quad \text{ならば} \quad 条件付不安定 \quad (3.62)$$
$$\Gamma > \Gamma_d \quad \text{ならば} \quad 絶対不安定$$

となる．絶対という文字をつけたのは，水蒸気の凝結が起こっても安定あるいは不安定という意味である．

3.10 対流不安定

前節で求めた式 (3.62) は空気塊をほんの少し上下に移動させたとき，空気塊がもとの位置に戻るかどうかで決めた安定度の判定条件であった．次に，成層は条件付不安定であるが飽和していない大気中の空気塊を，もっと大きく上に移動させたときの状況を考えよう．まず観測された気温の高度分布をプロットしたのが図 3.14 で状態曲線と記した線である．空気塊を持ち上げると，空気塊の温度は乾燥断熱減率で下がっていき，やがて飽和に達する．この高度が図 3.11 で述べた持ち上げ凝結高度（lifted condensation level，略して LCL）である．ほぼ雲底高度に相当する．この高度では空気塊の温度は周囲の気温より低い．

さらに空気塊を持ち上げると，空気塊の温度は今度は湿潤断熱減率で下がっていく．大気の成層は条件付不安定であるとしているから，やがてある高度で，空気塊の温度は周囲の気温と等しくなる．この高度を自由対流高度（level of free convection，略して LFC）という．つまり空気塊はこの高度まで達すれば，それより上では温度は湿潤断熱減率で下がっていくし，周囲の大気の温度減率はそれより大きいから，空気塊の温度はいつも周囲の気温より高く，したがって空気塊は水のなかのコルク栓のように浮力によって自力で上昇できるのである．大気の下層が湿っているほど，凝結高度も自由対流高度も低いので，条件付不安定を解消して対流雲が発生しやすい．

大気の上層で気温減率が湿潤断熱減率より小さい場合には，やがてある高度

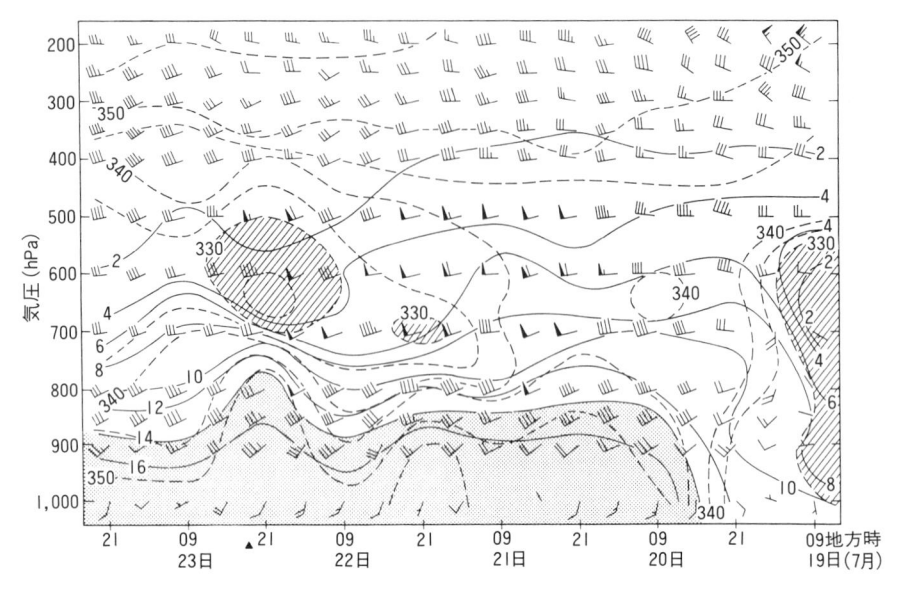

図3.16 対流不安定に伴う集中豪雨時における相当温位の高度・時間分布図の一例
(Watanabe and Ogura, 1987: *J. Atmos. Sci.*, **44**, 661–675.)

福岡における1983年7月19日から23日までの記録．混合比の等値線（実線）は2g kg^{-1}おき，相当温位の等値線（破線）は5Kおき，横軸にある黒の三角印は島根県の浜田・益田地区で豪雨がはじまった時刻．影の部分は混合比が14 g kg^{-1}以上，ハッチの部分は相当温位が330 K以下の領域．短い矢羽根は風速2.5 m s^{-1}，長い矢羽根は5 m s^{-1}，ペナントは25 m s^{-1}．

で空気塊の温度は周囲の気温と等しくなる．この高度から上では，浮力は逆に下を向き，空気塊の上昇は止む．この高度がほぼ雲頂高度に相当する．

上記の説明では空気塊を持ち上げるといったが，実際には人間が手で持ち上げるのではなく，低気圧や前線に伴う上昇流のように，ある程度の広がりをもった上昇流にのって空気塊が上昇することを想定している．しかしその場合，空気塊だけが上昇し，周囲の大気はそのままでいるというのも，少し不自然である．もっと自然に，ある厚さをもった大気層（図3.15のAB）が全体として上昇流にのって飽和に達するまで上昇する場合を考えよう．説明の便宜上大気層の下の部分（点B）は比較的湿っていて，上の部分（点A）は乾いているとする．このとき点Bの空気塊はすぐにLCLに達し，それより上では湿潤断熱的に温度が低下する．一方，点Aの空気塊の温度は，点A′と記したLCL

に達するまでの長い道程を乾燥断熱的に低下していく．それで A′B′ の温度減率は AB のそれより大きい．もし A′B′ の温度減率が湿潤断熱減率より大きければ，その層は不安定である．このように，飽和していないときには安定であった層全体が飽和するまで上昇したとき不安定になるならば，その層は対流不安定（convective instability）な層であるという．そうなるための条件は，図 3.15 からすぐわかるように，点 A の湿球温位 θ_{wA} が点 B のそれ θ_{wB} より小さいことである．そして図 3.11 の相当温位と湿球温位の関係から想像できるように，点 A の湿球温位が点 B のそれより小さいということは，点 A の相当温位が点 B のそれより小さいことと同じである．いいかえれば，相当温位（あるいは湿球温位）が高度とともに減少している層は対流不安定である．

対流不安定のことをポテンシャル不安定（potential instability）ということがある．これは，飽和していなければ安定であるのに，層全体が上昇して飽和に達したとき，大気中に内在していた不安定が顕在化して，積乱雲などが発達するという意味を含めている．

相当温位（θ_e）の定義 (3.55) からわかるように，温度が高くて湿っていれば相当温位は高い．図 3.9 で述べたように，梅雨期に西日本で豪雨が降るときには，下層に湿舌と呼ばれる暖湿な空気が流れ込んで，対流不安定な状態にあるのがふつうである．それに加えて，ときには中層や上層で乾いた（すなわち相当温位の低い）空気が流れ込んで，対流不安定度が強くなり，集中豪雨の危険性が高まることがある．図 3.16 がその一例である．1983 年，85 年，88 年と続いて島根県は浜田市・益田市を中心として梅雨期の豪雨に襲われた．図は 1983 年 7 月 19〜23 日の期間の高層気象状態である．7 月 21 日ごろには，地表から約 750 hPa まで対流不安定な層があるが，やがて 600 hPa 付近を中心として相当温位の小さい空気が流入し，22 日夜半に豪雨となっている．

ちなみに，豪雨のあった時刻を中心として，700 hPa 以下の層では等相当温位線が上方に突出している．これは，相当温位は保存する量であり，豪雨をもたらした積乱雲によって，大気下層の高い相当温位の空気が上方に運ばれたからである．

3.11 逆転層

一般に対流圏内では，気温は高度とともに低くなる．ところが，ときには逆に気温が高度とともに高くなる層が出現する．この層を逆転層という．成因によって次のように分類できる．

76——第3章 大気の熱力学

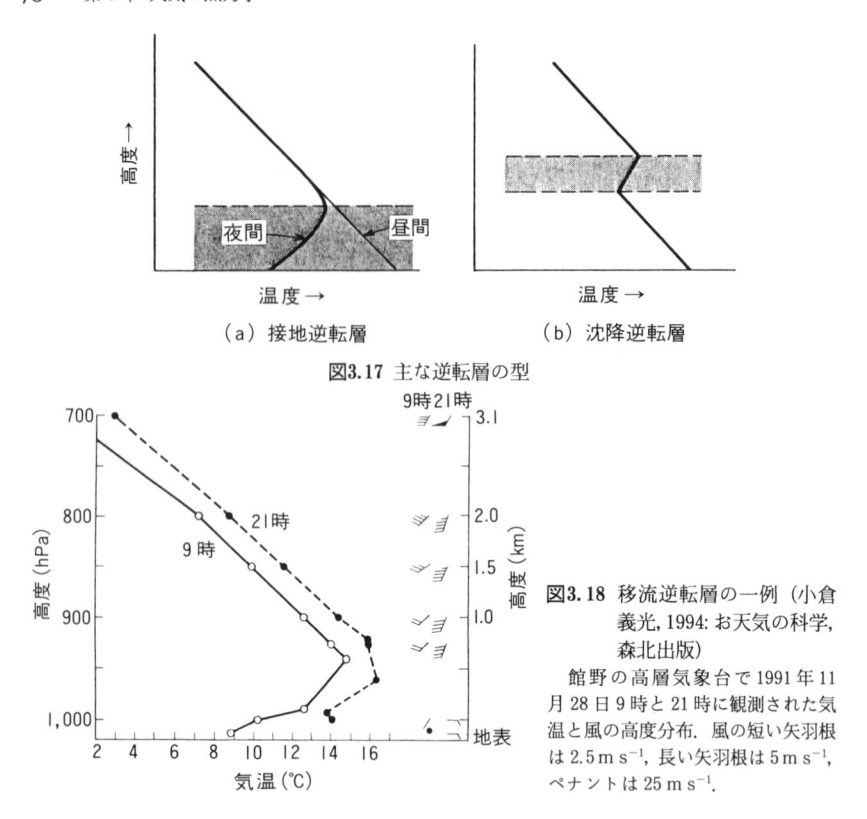

図3.17 主な逆転層の型

(a) 接地逆転層

(b) 沈降逆転層

図3.18 移流逆転層の一例（小倉義光, 1994: お天気の科学, 森北出版）
館野の高層気象台で1991年11月28日9時と21時に観測された気温と風の高度分布．風の短い矢羽根は$2.5\,\mathrm{m\,s^{-1}}$, 長い矢羽根は$5\,\mathrm{m\,s^{-1}}$, ペナントは$25\,\mathrm{m\,s^{-1}}$.

(1) 接地逆転層（図3.17(a)）

夜間の放射冷却により，地表面付近の空気が冷えてできる逆転層である．冬季に雲がない夜，陸上で発生しやすい．霧（放射霧）も発生しやすい．日の出とともに逆転層も放射霧も消えはじめる．同じ型の逆転層は，暖かい空気が冷たい海上を流れてもできる．このときも霧が発生しやすい．初夏ごろ，北海道の太平洋岸を襲う海霧がこれである．

(2) 沈降逆転層（図3.17(b)）

下降流により空気が沈降し，断熱圧縮の昇温によって地表面から離れた高度にできる逆転層である．温位の言葉を使って表現すると，一般に上空の空気の温位の方が高いので，その空気が断熱的に下降してくると，下層の温位の低い空気との境に逆転層を生ずるということになる．逆転層のすぐ上の大気の温度

減率はほぼ乾燥断熱減率となっている．図3.17(b)の下層の温度分布は暖かい海上の高気圧域内で発生しやすい型を表現している．大気下層は下から暖められ，空気がよく混合されて，温位が高度にたいしてほぼ一様になっている状況である．貿易風帯ではたいていこの型の逆転層があり，貿易風帯逆転層とよばれている．冬季，寒波が吹き出す日本海上でも発生しやすい．この場合の逆転層の高度は2km前後で，海上に発生する筋状の雲はこの逆転層によって頭を抑えられている．

(3) 移流逆転層

温暖前線面や寒冷前線面のように，冷たい気団と暖かい気団の境である前線面は逆転層を形成する．図3.18がその一例である．この日関東平野には前日からの冷気が滞留し，その上を接近中の低気圧に伴う暖かい南よりの風が吹き渡って逆転層ができている．

いずれの場合でも逆転層が地表面近くに発生すると，大気汚染や視程障害が起こりやすい．図3.18の場合には，視程障害と強風のため，旅客機のなかには予定した羽田空港に着陸できず，大阪に着陸したものもあった．

第4章

降水過程

4.1 水滴の生成

　水蒸気を含んだ空気の温度を下げていくと，その温度に応じた飽和水蒸気圧も小さくなっていくので相対湿度は増加し，ついに100%に達する．さらに温度を下げていくと，余分な水蒸気は凝結し，温度が氷点以上のときは小さな水滴となる．しかし塵やほこりなどを含まない清浄な空気中では，相対湿度が100%を越えても水滴はなかなかできない．水の表面張力が邪魔をしているからである．

　液体の表面張力は液体の表面積を最小にしようとする作用をもつ（図4.1）．一般に与えられた容積をもつ液体で表面積が最小なのは球形である．草の葉に結ぶ露が球形をしているのはこのためである．さて水蒸気が凝結して水滴ができるという過程は，空気中の水蒸気の分子が衝突し結合することである．この水滴にさらに水蒸気の分子が入り込めば，当然水滴の表面積が増す．表面張力は表面積の増加をさせまいとするので，水蒸気の分子が水滴に入るのが困難になる．同じ数だけの水の分子が水滴に入ることによって起こる表面積の増加の割合は，水滴が小さいほど大きい．このことは次のように考えればわかる．半径 r の球の表面積は $A = 4\pi r^2$ で，体積は $V = (4/3)\pi r^3$ である．ある個数の分子が水滴に入ったため，この水滴の容積が $\varDelta V$ というわずかな量だけ増加したとしよう．この容積の増加に伴って，球形と仮定した水滴の半径も $\varDelta r$ という微小量だけ増加する．$\varDelta V$ と $\varDelta r$ の関係は，

図4.1 水すましの足下で水の表面張力がゴムの弾性のように表面が伸びるのに抵抗している様子（S. D. Gedzelman, 1980: 前出）

$$V + \Delta V = \frac{4}{3}\pi(r+\Delta r)^3 = \frac{4}{3}\pi r^3\left(1+\frac{\Delta r}{r}\right)^3 = \frac{4}{3}\pi r^3\left(1+3\frac{\Delta r}{r}+3\frac{\Delta r^2}{r^2}+\frac{\Delta r^3}{r^3}\right)$$

である．r にくらべて，非常に小さい量 Δr を考えているから，上の式は近似的に，

$$\Delta V = 4\pi r^2 \Delta r \tag{4.1}$$

としてよい．

一方半径が Δr だけ増加したのだから表面積も ΔA だけ増加する．Δr と ΔA の関係は，

$$A + \Delta A = 4\pi(r+\Delta r)^2 = 4\pi r^2\left(1+\frac{\Delta r}{r}\right)^2 = 4\pi r^2\left(1+2\frac{\Delta r}{r}+\frac{\Delta r^2}{r^2}\right)$$

である．再び近似的に，

$$\Delta A = 8\pi r \Delta r \tag{4.2}$$

である．式 (4.1) と (4.2) から

$$\frac{\Delta A}{\Delta V} = \frac{2}{r} \qquad (4.3)$$

となる．すなわち同じ ΔV という容積の増加（つまり水滴に加わる水蒸気分子の数）に対して表面積の増加 ΔA は半径に逆比例する．つまり水滴が小さいほど分子はその水滴に入り込みにくいのである．一方水滴から分子が離れるときには表面積が減ることになるので，分子は比較的自由に水滴から離れる（すなわち蒸発する）．

　本来水蒸気が凝結して水滴になるという過程は確率的なものである．偶然にいくつかの水分子が衝突し凝集して水滴をつくる．しかしその水滴が非常に小さいと，その水滴は不安定で，すぐ蒸発してしまう．偶然多数の分子が結合して，ある程度以上の大きさをもった水滴だけが生き延びることができる．すなわち水滴に入り込む水分子の数と，出ていく水分子の数が等しく，不安定ながら平衡状態にあることができる．表 3.3 にのせた飽和水蒸気密度は実は平面（すなわち半径が無限大である球面）の水面と平衡状態にある水蒸気の密度である．一般に水蒸気密度が平面の水面に対する飽和水蒸気密度より大きい状態にあるとき，空気は水蒸気で過飽和の状態にあるという．その度合を表す量としては，水蒸気圧を e，平面に対する飽和水蒸気圧を e_s とするとき，パーセントで表した過飽和度

$$過飽和度 = \frac{e - e_s}{e_s} \times 100 \qquad (4.4)$$

を使うのがふつうである．上に述べた議論から，小さい水滴ほど過飽和度が高くなければ（すなわち空気中により多くの水分子がなければ），平衡状態として存在できないことがわかる[†]．このことを量的に示したのが図 4.2 である．たとえば半径が $0.01\,\mu m$ という水滴は相対湿度が 112％，すなわち過飽和度が 12％ のとき，はじめて平衡状態になれる．これ以下の相対湿度では蒸発してしまう．半径が $0.1\,\mu m$ の水滴ならば，過飽和度が約 1％ でも平衡状態でありうる．しかし水分子が偶然の衝突を繰り返して，これだけの大きさの水分子の

[†] もっと厳密な議論をするためには表面張力のほかに，気相の水と液相の水の化学エネルギーの差を考える必要がある．

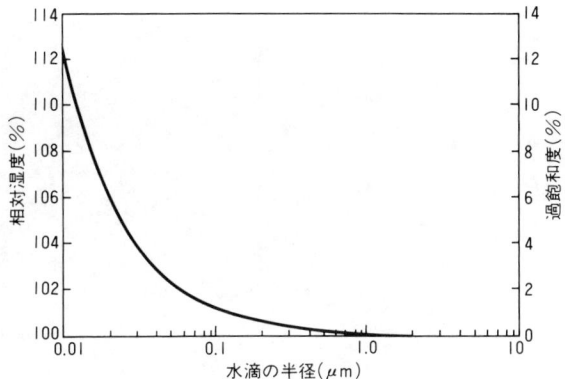

図4.2 平面の水に対して（不安定な）平衡状態にある純粋な水の水滴の半径と相対湿度および過飽和度の関係（5℃の場合）

集団をつくりだす確率はきわめて小さい．そして自然界では1％を越えるような大きな過飽和度が存在することはまれである．というよりも実際の大気中では，次節に述べるような過程によって，もっと容易に，場合によっては相対湿度が100％以下のときにでも半径が1μmやそれ以上の水滴をつくりだしているのである．

4.2 エーロゾルと凝結核

本節以下では大気中に浮遊している微粒子を核として雲粒や氷粒ができ，それから雨粒や雪片ができる過程を述べる．この過程を理解するためには後出の図4.6に示すように，これらの粒の大きさが非常に違うということを念頭に入れておくことが重要である．たとえば観測された雲粒の半径は1〜100μmくらいであり，典型的な雨粒の半径は1,000μmすなわち1mmの桁である．前節で述べたことは，清浄な大気中で水蒸気の分子が偶然衝突し結合するという過程では，半径が1μmくらいの最小の雲粒でもなかなかつくりにくいということであった．

実際の大気中にはいろいろの化学成分と大きさをもつ微粒子が浮遊している（図4.3と図4.4）．これを総称してエーロゾル（aerosol）という．ふつう大きさによって3つのグループに分ける．

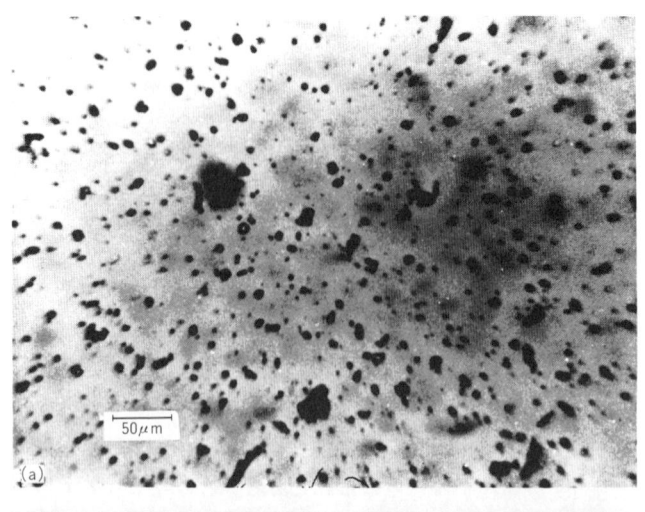

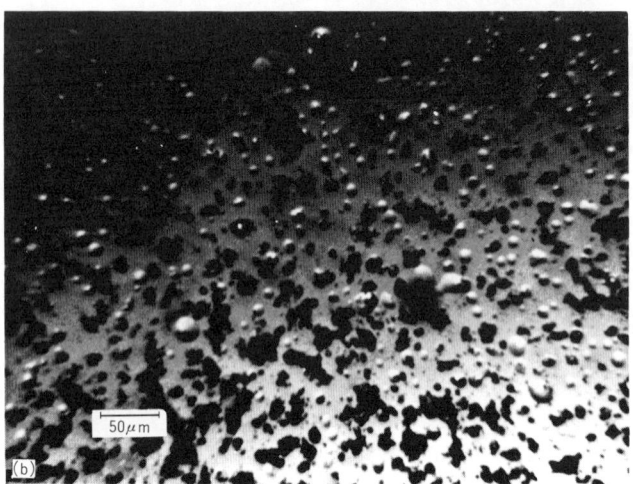

図4.3 大気中に浮遊している微粒子の顕微鏡写真 (S. Twomey, 1977: *Atmospheric Aerosols*, Elsevier Pub. Co.)
(a) 田園地, (b) 市街地.

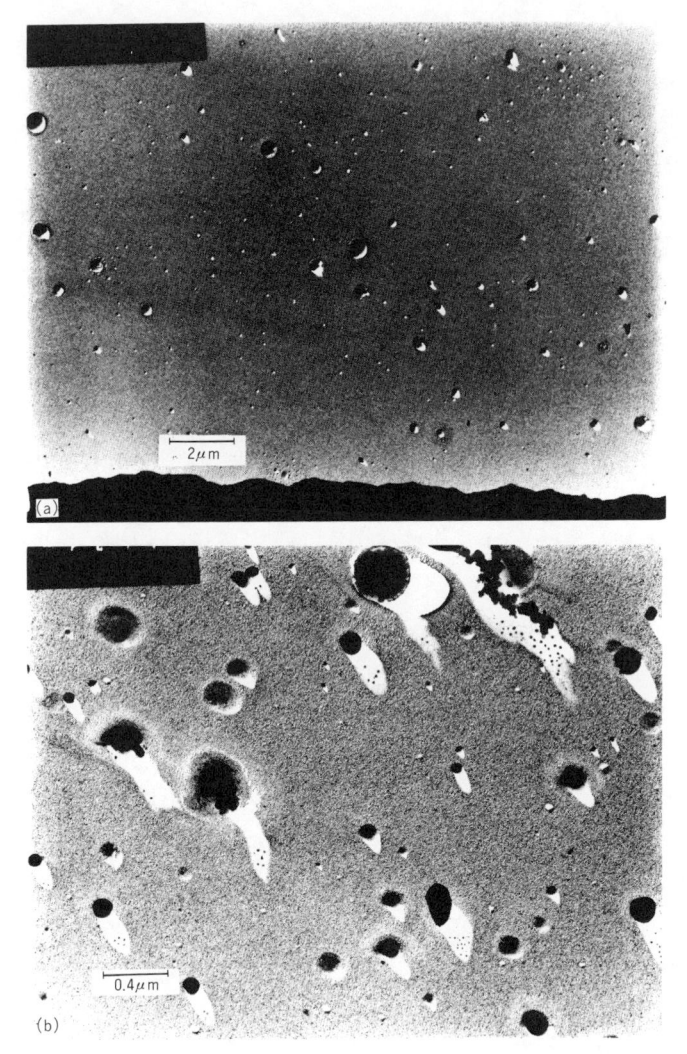

図4.4 大気中の微粒子の電子顕微鏡写真 (S. Twomey, 1977: 前出)
(a) 田園地, (b) 市街地.

(1) 半径 0.005～0.2μm の間にあるエイトケン核（Aitken nuclei）[†]
(2) 半径 0.2～1μm の間にある大核
(3) 半径 1μm 以上の巨大核

　エーロゾルの起源はいろいろある．陸地の地表から吹き上げられた土壌粒子，海面のしぶきから形成された海塩粒子，火山噴火により大気中に放出された粒子，自動車・工場・焼却など人間活動に伴って放出された汚染粒子などがある．また発生源からは気体として大気中に放出されたが，その後の化学反応や光化学反応によって微粒子となったものもある．硫酸アンモニウム粒子，硫酸粒子，硝酸ナトリウム粒子などがそれである．

　地表面付近で測定されたエーロゾルの数は場所によって非常に違う．大体の目安としては海洋上で 10^9 個 m^{-3}，陸上で 10^{10} 個 m^{-3}，市街地で 10^{11} 個 m^{-3} くらいである．そのなかで数からいえばエイトケン核が一番多い．しかし大核もかなりの数存在しており，質量からいえばエーロゾルの大部分は大核が占めている．しかも大核の半径はちょうど可視光線の波長領域（0.4～0.77μm）にあるので，大気の視程や地表面に達する日射量などに大核が重要な影響を与える（5.7節の散乱の項参照）．海洋上には巨大核，それも半径が 20μm にも達するエーロゾルがある．海面のしぶきが蒸発したあとに残った海塩の粒子である．

　もや・霧・雲の発生という点から見て重要なのが吸湿性および水に溶けやすいエーロゾルである．たとえば半径が 0.3μm の吸湿性のよいエーロゾルがあり，その表面が十分に水を吸収して薄い水の被膜でおおわれると，図4.2によればわずか 0.4% の過飽和度で平衡状態にありうることになる．これ以上の過飽和度であれば，さらに水蒸気が凝結してより大きい水滴になるであろう．こうして吸湿性のよいエーロゾルは水蒸気を凝結させるための核（凝結核）の役割をする．

　水に溶けやすいエーロゾルはどういう役割をするか．一般に化学物質が溶け

[†] 大気中のエーロゾルの数を測定する器械にはいろいろあるが，歴史的に一番古く，しかもその改良型が現在でも広く使われているのがスコットランドの物理学者 John Aitken（1839～1919）がつくったものである．これは湿った空気を急激に膨張させ数百%の過飽和度の状態にして，エーロゾルを核として水滴をつくらせ，その霧の濃度を光学的に計測する測器である．

た水（これを溶液ということにする）に対する飽和水蒸気圧は純粋な水のそれより低いという性質がある．たとえば食塩（NaCl）は水によく溶ける．温度が18°Cのとき，純粋な（平面の）水面に対する飽和水蒸気圧は 20.6 hPa である．ところが1 kg の水に 0.1 kg の食塩が溶けた溶液に対する飽和水蒸気圧は 19.6 hPa であり，0.3 kg の食塩が溶けた溶液ではわずか 16.7 hPa である．純粋な水1 kg は 0.357 kg の食塩を溶かすと飽和してしまい，それ以上の食塩を溶かすことはできない．この飽和溶液に対する飽和水蒸気圧は 15.6 hPa，すなわち純粋の水の 76% しかない．したがって相対湿度が 76% 以上あれば食塩の塊の一部は水蒸気を吸収して溶けるわけである[†]．

4.3 凝結過程による雲粒の成長

　湿った空気の塊が上昇すると，3.5節で述べたように断熱膨張のため空気塊の温度は下がる．それとともに相対湿度が上昇し，ついに 100% あるいはわずかに過飽和の状態に達する．この高さを凝結高度という．空気塊のなかに凝結核が含まれていれば，前節に述べた過程を経て水滴ができる．
　できたての雲のなかの雲粒の半径は 1～20 μm の程度である．空気の塊が上昇を続ければ，空気は絶えず過飽和の状態にあり，雲粒は凝結過程により成長する．この過程は水蒸気で過飽和になった空気のなかで，水蒸気分子が水滴に向かって拡散し，水滴の上に凝結していく過程である．水滴の質量を M とするとき，水蒸気の凝結過程によって M が単位時間に増加する割合（dM/dt）は，その水滴の半径（r）と過飽和度に比例することがわかっている．数式で書けば，

$$\frac{dM}{dt} = 4\pi r D \rho_v \frac{e - e_s}{e_s} \quad (4.5)$$

となる．ここで e_s はその水滴（あるいは溶液滴）に対する飽和水蒸気圧，e は水蒸気圧，ρ_v は水蒸気の密度である．D は水蒸気分子の空気中の拡散係数と

[†] ただしこの議論は平面の溶液に対するものである．エーロゾルが溶けて液滴となったときの飽和水蒸気圧を考えるには，前節で述べた液滴の曲率（球面の場合には曲率は球の半径に等しい）の影響を加えなければならない．

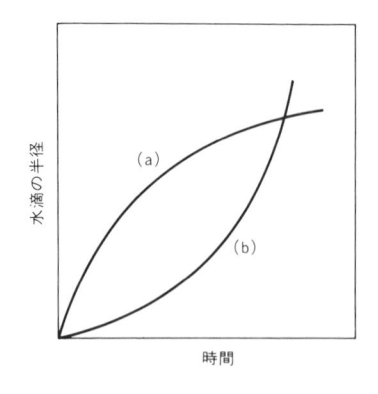

図4.5 水蒸気の凝結過程(a)と水滴の併合過程(b)によって水滴の半径が時間とともに増大する様子を示す模式図

表4.1 水滴と氷粒子の凝結過程による成長の速さの例（ひょうの終端速度はひょうの形状や濡れ具合，空気密度などでかなり違う）

最初の直径 (μm)	終端速度 (m s^{-1})	10分間の直径の増加	
		水滴の成長(%)	氷粒子の成長(%)
1	0.00003	1,900	13,900
2	0.00012	910	6,900
5	0.00075	310	2,700
10	0.003	125	1,320
20	0.012	41	615
50	0.075	11	200
100	0.30	2	73
200	0.80	0.5	22
500	2	0.08	4
1,000	4	0.02	1
2,000	7	0.005	0.25
5,000	10	0.0008	0.04
1 cm ひょう	9	—	—
2 cm ひょう	16	—	—
5 cm ひょう	33	—	—
10 cm ひょう	59	—	—

* 計算に用いた仮定は，気温=$-10°$C，水平面に対する相対湿度=100.25%．

いわれている量で[†]，空間に水蒸気の密度差があった場合，どのくらい速く水蒸気が拡散するかの度合を表す．液体の密度をρ_wとすれば$M=(4/3)\pi r^3 \rho_w$であるから，式 (4.5) は

[†] 空気中の水蒸気の拡散係数の値は圧力や温度によって違うが，1,000 hPa で 20°C のとき約 2.4×10^{-5} m^2 s^{-1} である．

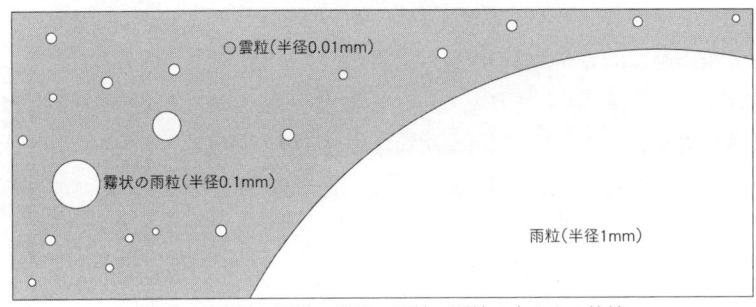

図4.6 代表的な雲粒・霧状の雨粒・雨粒の大きさの比較

$$\frac{dr}{dt} = \frac{D}{r}\frac{\rho_v}{\rho_w}\frac{e-e_s}{e_s} \tag{4.6}$$

と書き直すことができる．すなわち過飽和度 $(e-e_s)/e_s$ が一定ならば，半径の小さい水滴ほど単位時間に半径が増大する割合は大きい．したがって凝結過程によって半径が時間とともに増加する様子を図にすれば図 4.5 の曲線(a)のようになる．すなわち半径は最初急激に増大するが，時間が経つにつれて，遅くなってしまう．それに加えて雲のなかには多数の雲粒があり，そのおのおのが空気中の水蒸気を奪い合って成長しようとする．そのさい，できたての雲粒の大きさは凝結核の大きさが違うこともあって，まちまちであるが，小さい水滴ほど速く成長するので，やがて雲粒の大きさは一様になってしまう傾向がある．つまり大きな雲粒ができにくいのである．

　実際の大気中でありそうな状況のもとで，凝結過程によってどのくらい速く水滴が成長するものか計算した例が表 4.1 にあげてある．たとえば半径が 10 μm であった水滴は 10 分間経っても半径が 14 μm にしかならない（表 4.1 は直径についてリストしていることに注意）．はじめ 25 μm あった水滴の半径は 10 分間経っても約 27 μm である．ところが実際に降ってくる雨粒の半径は 1,000 μm の桁である．その大きさの違いは図 4.6 に示したとおり莫大なものである．10 μm の半径の雲粒が，半径 1 mm の雨粒になるためには容積が 100 万倍も増えなければならないのである．一般に雲のなかの温度がどこも 0°C より高く氷粒を含んでいないような雲を暖かい雲（warm cloud）という．そのような雲からでも雨はよく降る．これを暖かい雨（warm rain）といい，熱

帯地方でよく降る．しかも雲が発生してから30分か1時間後には降り出す．つまり凝結過程による雲粒の成長は雨粒をつくるのにはおそすぎる．多数の小水滴ばかりが成長してしまうのである．暖かい雲のなかでごく少数の雲粒だけが急速に成長し雨粒になる過程が次節で述べる併合過程である．ちなみに氷粒が関与している雨を冷たい雨（cold rain）という．4.5節と4.6節で述べる．

4.4 併合過程による雨粒の成長

　併合過程について述べる前に，空気は粘性をもっているために，水滴が空気中を落下する速度は水滴の大きさによって違うということを知っておく必要がある．一般に半径 r をもつ球形の物体が粘性をもつ流体のなかを速さ v で運動しているとき，r または v が小さいときには，流体の粘性のためにその物体が受ける抵抗力の大きさは，r と v に比例する．数式で書けば，

$$物体が受ける抵抗力 = 6\pi\eta rv \tag{4.7}$$

である．この比例定数 η は流体の粘性係数（あるいは粘度）といわれている量で，流体がサラサラしているか，粘っこいかの度合を表す[†]．

　一方で地球上のすべての物体は地球引力を受けている．2.5節で述べたように，空気中で静止していた物体を落下させると，地球引力のため絶えず加速されているので，はじめは落下速度は次第に増す．ところが式（4.7）によれば速度が増すにつれ物体が受ける抵抗力も増す．このためある速度に達したところで，その物体に働く重力と逆方向に働く抵抗力が釣り合い，以後落下速度は一定となる．このときの速度を落下の終端速度（terminal velocity）という．物体の質量を m，重力加速度を g で表すと，この物体に働く重力は mg である．したがって終端速度 V を決める式は

$$mg = 6\pi r\eta V \tag{4.8}$$

である．水滴が球形の場合には $m=(4/3)\pi\rho_w r^3$ である．ρ_w は水の密度．したがって，

$$V = \frac{2\rho_w r^2 g}{9\eta} \tag{4.9}$$

[†] 空気の粘性係数は1気圧，20℃のとき約 $1.8\times10^{-5}\,\mathrm{N\,s\,m^{-2}}$ である．

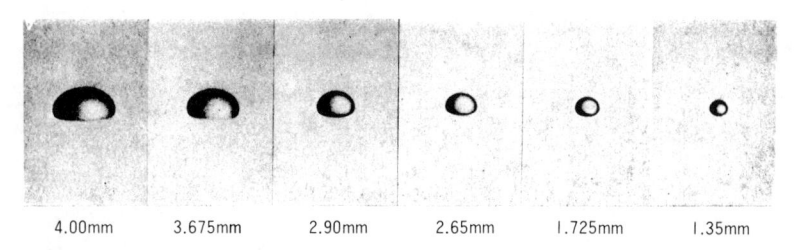

図4.7 風洞実験で求めた落下中の雨粒の形 (H. R. Pruppacher and K. V. Beard, 1970: *Quart, J. Roy. Meteor. Soc.*, **96**.)
図中の数字は相当する水滴の半径.

となる．$g=9.8\mathrm{~m~s^{-2}}$であるから，半径$r=10\mu\mathrm{m}$の水滴が空気中を落下するときの終端速度は$1.2\mathrm{~cm~s^{-1}}$である．余談であるがこのことから，火山噴火によって半径が$1\mu\mathrm{m}$やそれ以下の灰が成層圏に散布されると，なかなか地上まで落下してこないことがわかる．

　rまたはvがある程度以上大きくなると，粘性による抵抗力は式 (4.7) では表現できない．それは物体の後ろに渦ができるなど，物体のまわりの流れが違ってくるからである．また4.1節で述べたように，表面張力は水滴の表面積を最小にするように，すなわち球形に保つように働く．しかし水滴の半径が大きくなるにつれ表面張力の影響は相対的に弱くなり，落下中の水滴は球形から変形した形をとる (図4.7)．のみならず，水滴の形も時間的に振動するようになる．このため十分大きな水滴は落下の途中で分裂してしまう．さらに現実の雲のなかでは，大きな水滴に小さな水滴が衝突すると，大きな水滴は分裂する傾向がある．こうした理由から，直径が約8 mmを越える雨粒は地上で観測されていない．

　いろいろな流体力学的な理論計算や実験で決めた代表的な水滴の終端速度は表4.1に示してある．たとえば半径1 mmの雨粒の落下速度は約$7\mathrm{~m~s^{-1}}$であり，雲粒のそれよりずっと大きい．ただし落下速度は空気の密度その他によっても少し変わり，表4.1の値は大体の目安を与えるものである．

　さて，雲のなかにすでに大きさの違う雲粒が多数存在していたとしよう．大きな水滴は小さい水滴より落下速度が大きいから，大水滴は小水滴に追いつき，衝突して併合し大きくなる．大きくなると落下速度も大きくなるから，もっと

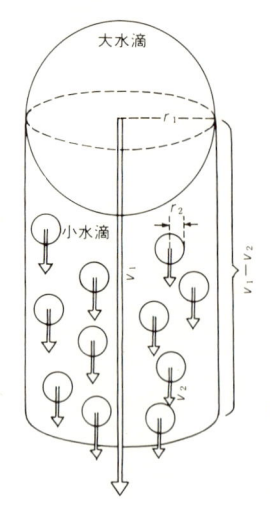

図4.8 併合過程の説明図
　　大きな水滴（半径が r_1）は落下速度が大きいため小さい水滴（半径が r_2）に追いつき衝突してこれと併合し成長する．

速く次の小水滴に追いつき，併合し，さらに大きくなる．こうして併合過程（coalescence）によって図4.5(b)に示したように水滴の半径は加速度的に大きくなるのである．

　簡単な場合について上に述べた併合過程を数式で表現してみよう．いま半径 r_2 という小水滴が雲のなかに一様に分布していて，そこに半径 r_1 の大水滴が落下してきて，一様な割合で小水滴を併合するとする．大水滴の終端落下速度を v_1，小水滴のそれを v_2 とすると，単位時間に大水滴は図4.8に示した円筒空間にある小水滴全部を併合してしまう．単位容積の空間内にある小水滴の水の量を q_l とすると，大水滴の質量 M は単位時間に次の量だけ増加することになる．

$$\frac{dM}{dt} = \pi r_1^2 (v_1 - v_2) q_l \tag{4.10}$$

いま簡単化のため v_2 は v_1 にくらべて無視できるくらい小さいとし，$v_1 - v_2$ は近似的に v_1 であるとする．$M = (4/3)\pi r_1^3 \rho_w$ を上式に代入すると，

$$\frac{dr_1}{dt} = \frac{v_1}{4\rho_w} q_l \tag{4.11}$$

が得られる．v_1 は r_1 とともに増大するから，すでに述べたように r_1 は加速度的に増大する．またその増大する割合は併合される小水滴の量 q_l が大きいほど大きい．

　実際の雲のなかで併合過程による水滴の半径の増大を見積もるには上に述べた以上にいろいろ考えなければいけないことがある．まず空気は大水滴のまわりを迂回しつつ流れる．そして非常に小さな水滴はこの空気の流れにのって移動する．かりに小さな水滴が遠方では図4.8に示した円筒の延長部分のなかにあっても，大水滴の近くでは流線に

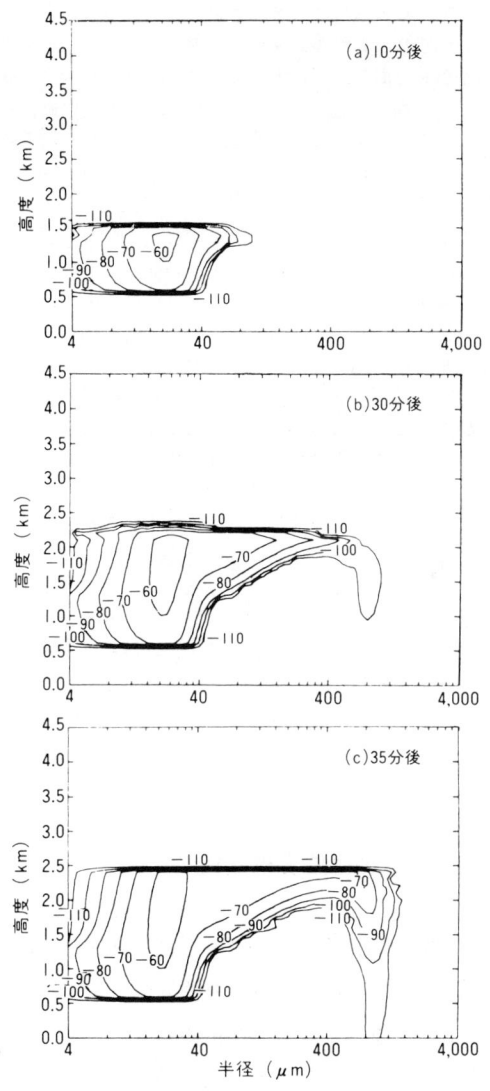

4.4 併合過程による雨粒の成長 — 91

図4.9 積雲が発生してから(a)10分後, (b)30分後, (c)35分後における各大きさの水滴の数濃度分布 (Y. Ogura and T. Takahashi, 1973: *J. Atmos. Sci.*, **30**, 262–277.)
数濃度の等値線は 10^{-1} cm^{-3} g^{-1} ごとに描かれている ($-60:10^{-6}$, $-110:10^{-11}$). 数値計算の結果.

沿って流れて大水滴に衝突しない. 一方比較的大きい小水滴は慣性があるから必ずしも流線に沿って流れず大水滴に衝突しうる. こうして大水滴と小水滴が衝突するかどうかは大水滴の半径（これが大水滴のまわりの流れを決める）と, 大水滴と小水滴の半径の比によって決定される. 次に2つの水滴が衝突しても, 必ずしもその2つの水滴が併合

して1つの水滴になるとは限らない．それは衝突の直前に2つの水滴の間に薄い空気の層が残り，これがクッションの役目をして，小水滴は大水滴の表面ではね返ることもあるからである．また雲のなかの雲粒は空間的に一様に分布しているわけでなく，衝突も一様な割合で起こるというよりは，ある確率過程として起こるということもある．最後に忘れてはならないことは，発達しつつある積雲のなかでは上昇気流があることである．この上昇気流の速度をwとすると，式(4.10)を導くときに用いた大きな水滴はv_1ではなくv_1-wという速度で落下することになる．ところがこのwは雲のなかの位置によっても違うし，時間によっても（すなわち雲の発達状態によっても）違う．このように雨粒の大きさにまで成長する過程は，併合過程によってきわめて複雑なものになる．

暖かい雲が発生・発達し，そのなかで小さい雲粒から大きな雨滴が凝結と併合過程で成長する様子を具体的に計算した一例が図4.9である．これは積雲の中心部分の様子を示すものと思ってよい．初期に下層大気の一部が浮力のため上昇し，この計算では10分後には図4.9(a)に示したように雲底が約550 m，雲頂が約1.5 kmの高度にある雲が発生する．雲のなかには凝結核を芯として水蒸気が凝結し，半径が40 μm以下の雲粒がある．この段階では雲のなかには1 m s^{-1}以上の上昇気流があるから，すべての雲粒は落下しないで，むしろ上に吹き上げられている．図4.9(b)に示すように，約30分後には雲はさらに発達し，雲頂は地上2.3 kmに達している．雲頂近くでは併合過程が活発に働いているため，大きな水滴の数が増加し，事実半径約0.5 mmの雨滴がすでに生成されている．この時点では雲のなかの上昇速度は雲底で約1 m s^{-1}，雲頂では約4 m s^{-1}ある．したがって最も大きい雨滴は落下しはじめているが，残りの水滴は依然として上昇気流のため吹き上げられている．一方この上昇気流によって絶えず雲底付近で水蒸気が凝結し雲粒を補給している．こうして雨滴は急速に成長しつつ落下を続け，35分後（図4.9(c)）には，ついに最初の半径約0.5 mmの雨滴が地上に到達している．「おやとうとう雨が降ってきたよ」とわれわれが空を見上げるのはこの瞬間である．

4.5 氷晶の生成と氷晶核

大気の温度が0℃以下になり，かつ水蒸気の量が氷面に対して過飽和になれば，大気中に小さい氷の結晶ができてもよい．この場合の氷晶生成の過程は4.1節で述べた水滴の生成過程と本質的には同じである．すなわち氷晶の芽(embryo)ともいうべきものが偶然水蒸気分子の集合でできてもよいが，その大きさがある程度以上の大きさでないと不安定のため分裂してしまう．

実際の大気中ではいろいろの過程によって氷晶の芽がつくられている．まず，3.6節で述べたように水滴は0℃以下の温度でも液体の状態を保つ．しかし異物質の微粒子を含まない純粋な過冷却な水滴は，大きさにもよるが，温度が

−33〜−41℃の範囲内で自発的に凍結する．逆にいえば，温度が約−40℃以下の雲のなかには過冷却状態の水滴は存在せず，雲は氷晶で構成されている．このような不純物の助けを借りない雲粒の凍結は，現実の大気中でも巻積雲（4.7節）のような特定の上層雲の内部で起こりうる．しかし一般的には雲の温度がこれほど低くなる前に，ちょうど凝結核の助けを借りて雲粒ができるように，異物質の微粒子の助けを借りて氷晶が生成されている．この働きをする微粒子を総称して氷晶核という．

細かく見ると，氷晶核の働きにも次の4とおりあり，それぞれ核の名前がついている．
(1) 昇華核：水蒸気が直接昇華して氷晶の芽となる粒子．
(2) 凍結核：比較的高い温度領域で水滴内に取り込まれ，水滴を凍結させる働きをする非吸湿性粒子．
(3) 凝結凍結核：凝結核と凍結核の両方の性質をもつ粒子で，まず水溶性の物質が水蒸気から水滴が生成されるときには凝結核として働き，次に不溶性の物質が凍結核として働き水滴を凍結させる．
(4) 接触凍結核：水滴に衝突して凍結させる非吸湿性粒子．

このようにひとくちに氷晶核といっても，違った過程で氷晶の芽をつくるので，核として有効に働く温度は核によって違う．また自然に存在する氷晶核の数も場所によって違う．一般的にいって凝結核の数よりずっと少ない．このため過冷却の雲がしばしば見られるのである．−10℃で有効な氷晶核の数は10個 m^{-3}，−20℃で有効な氷晶核の数は 10^3 個 m^{-3} の桁数である．大気中の氷晶核は主に大気中に舞い上がった土壌粒子中の粘土鉱物である．その一種のカオリナイトは−9℃という高い温度で氷晶核として働き，黄砂も−12〜−15℃で有効である．火山灰も−13℃で有効な氷晶核である．人工氷晶核として知られているヨウ化銀（AgI）は−4℃以下で有効となる．

世界各地でいろいろの雲について測定した結果によると，雲頂の温度が0℃から−4℃であるような雲はほとんどすべて過冷却の水滴で構成されている．過冷却の水滴は不安定であるから，たとえば航空機の翼に衝突するとすぐ翼に凍りつき，航空機の重量が増す．したがって着氷の危険が最も高いのはこのような雲のなかである．航空機発達史の初期，翼に加熱器をつけるなど特殊な装備をとりつけるまでは，着氷によって多くの航空機事故があった．はじめて航空機で大西洋を横断したリンドバーグも着氷の危機にさらされたことはよく知

られている．雲頂の温度が$-10°C$である雲では，氷晶を検出する確率は約50%である．雲頂温度が$-20°C$より低い雲では95%以上の確率で氷晶があると思ってよい．

それでは雲のなかに何個くらいの氷晶があるのか．いろいろの測定結果を総合してみると，意外にも氷晶の数の方が氷晶核の数よりも多いのである．雲頂温度が$-20°C$から$-30°C$である雲では氷晶は氷晶核より$10^1 \sim 10^2$倍も多い．雲頂温度が$-5 \sim -10°C$程度の雲では，$10^3 \sim 10^4$倍も多い．氷晶は氷晶核の助けを借りて生成されるというのに，これはどうしたことか．この理由としては，氷晶核と氷晶の数の測定自身に技術的に困難な点があるが，それだけでは説明できず，氷晶自身に自己増殖作用があると考えられている．その作用としては，1つには，ある種の氷晶は壊れやすいので，落下の途中で多くの破片に分裂する．ほかには，雲中に存在する大きな過冷却水滴が凍結するとき氷のかけらが飛び散り，これが氷晶核として有効であると考えられている．

4.6 氷粒子の成長

氷粒子は以下に述べるように3つの異なった過程によって成長する．
(1) 水蒸気の昇華凝結による成長
水蒸気は大気中を氷晶に向かって拡散していき，氷晶に直接にくっついて（昇華して）氷晶を成長させる．この昇華凝結過程によって氷晶が成長する速度は，基本的には凝結によって水滴が成長する式 (4.5) と同じである．しかし氷粒はいろいろの形をしていて，必ずしも球形であると仮定できない．また氷粒子の表面にとらえられた水分子は結晶構造のなかに配列されていく必要があるので，氷粒の成長はもっと複雑になる．

しかしそのような細かいことはさておいて，ここで一番重要なのは，過冷却雲中に生成した氷粒子は，水滴の凝結過程による成長にくらべると，ずっと速く成長することである．その理由は，$0°C$以下の温度では，3.6節で述べたように，水面に対する飽和水蒸気圧は氷面に対するものより高いことである．たとえば$-10°C$では水に対する飽和水蒸気圧は2.862 hPaで，氷に対するそれは2.597 hPaである．僅かな差のように見えるかもしれないが，水に対して

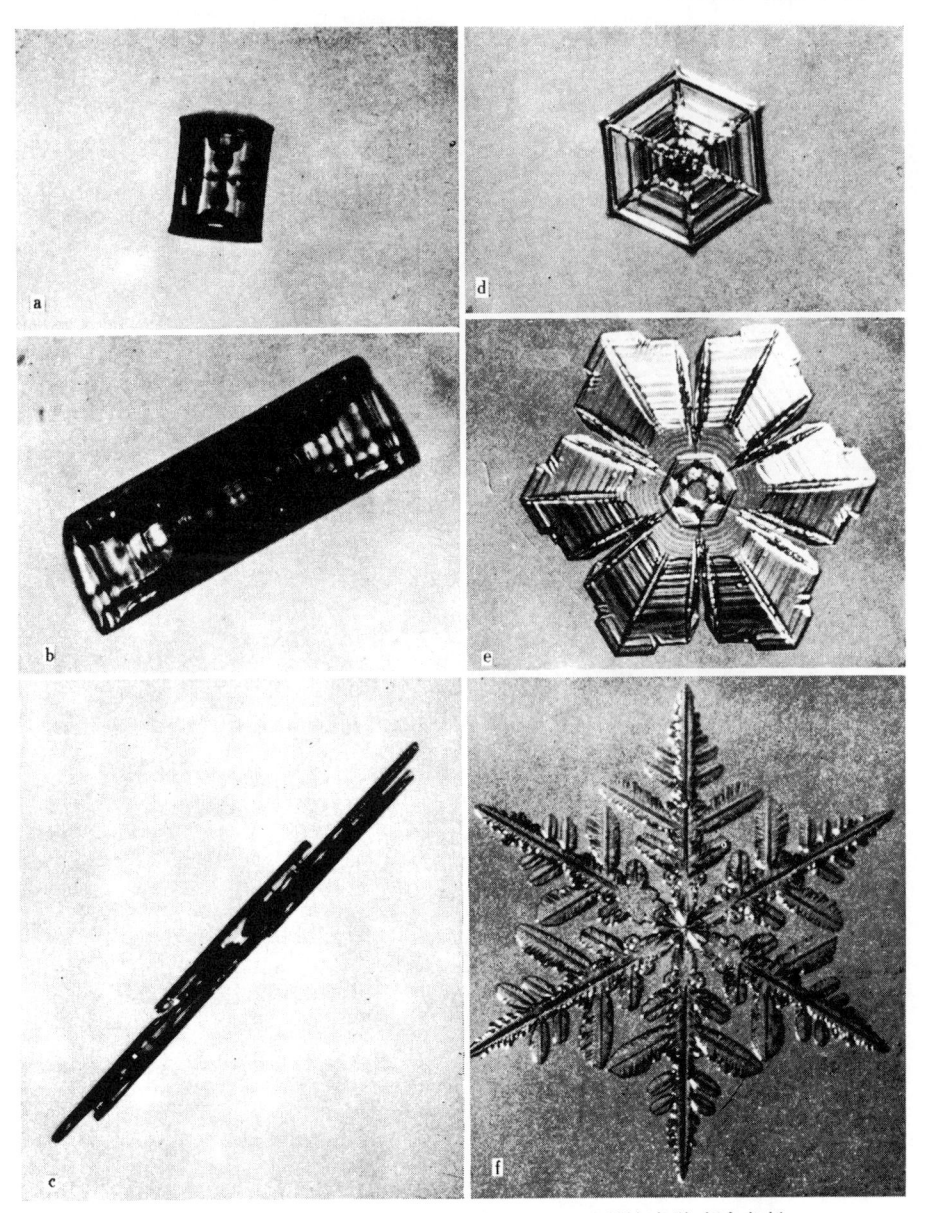

図4.10 雪の結晶の顕微鏡写真（根本順吉ほか, 1982: 図説気象学, 朝倉書店）
a: 角柱 （×46）, b: 骸晶角柱 （×45）, c: 針 （×25）, d: 厚角板 （×40）, e: 扇形角板 （×38）, f: 樹枝 （×30）.

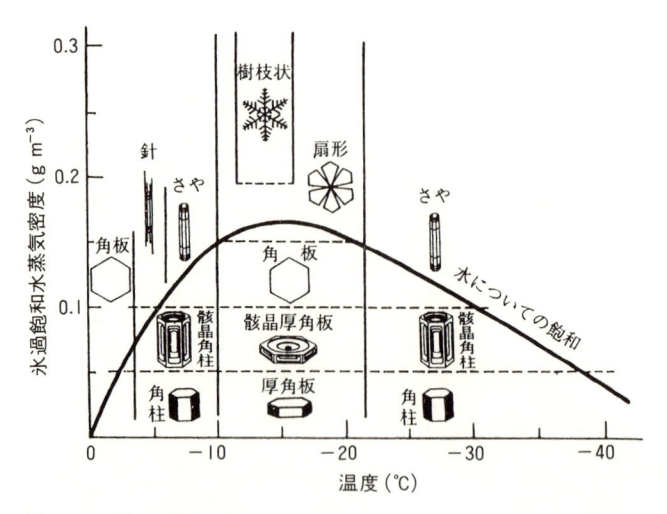

図4.11 雪結晶の形と温度，氷過飽和水蒸気密度の関係（Kobayashi, 1961: *Phil. Mag.*, **6**, 1363–1370.）

飽和している状態は氷にたいしては実に約10％も過飽和の状態なのである．−20℃ならば21％も過飽和である．表4.1において，温度が−10℃で水面に対して100.25％という相対湿度のとき，水滴の凝結成長と氷粒の昇華凝結成長の速度を比較している．たとえば直径10μmの場合，氷粒は水滴より約10倍も速く成長することができる．こうして，氷晶は昇華凝結過程のみでも十分速く成長して，すぐあとで述べる雪として，あるいはそれが途中で融解して雨として地上に降ってくる．

さて水蒸気の昇華によって成長する氷晶は，図4.10に示したような美しい雪の結晶となる．雪の結晶の形はさまざまであるが，基本的には細長く柱状（prism like）に伸びたものと，薄く板状（plate like）に広がったものに分類できる．これを晶癖（crystal habit）という．柱状になるか板状になるかは，その結晶が成長しているときの温度による．図4.11に示したように，水について飽和しているときには，0〜−4℃の範囲では板状，−4〜−10℃では柱状，−10〜−22℃では板状，それより低温では柱状である．これに加えておのおのの温度の範囲内でも空気の過飽和度によって成長の型が違う．たとえば−10〜−22℃の温度領域では，過飽和度が増すにつれ，角柱（図4.10(a)）は

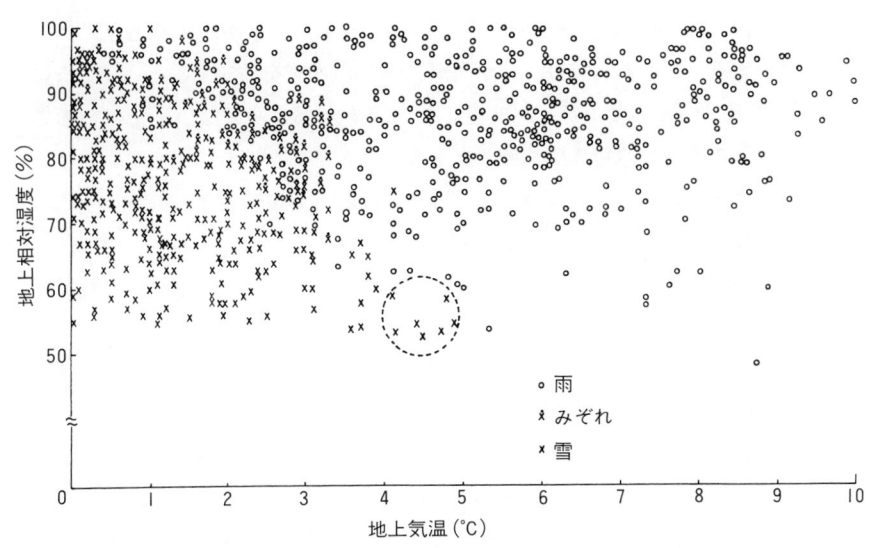

図4.12 輪島において地上に降ってきた降水の型(雨, みぞれ, 雪)と地上気温と地上相対湿度の関係—1975〜78年, 1〜3月の観測 (気象研究所, 1984: 技術報告第8号)

薄く広がって骸晶厚角板 (図4.10(d)) になり, さらに扇形角板 (図4.10(e)) となる. 液体の水に対しても過飽和であるくらい水蒸気が多いときには樹枝状 (図4.10(f)) となる.

(2) 過冷却雲粒の捕捉による成長

過冷却雲粒と氷粒子が共存している雲のなかで過冷却水滴が氷粒子に衝突すると, 水滴は氷粒子の上に凍りつき, 氷粒子の質量が増加する. この過程をライミング (riming) という. その結果できる氷粒子の形は実にさまざまである. 水滴がゆっくり凍結する場合には, 水は氷表面に薄く広がって凍る. 凍結が急速で氷表面に広がる時間がないときには, 水滴は表面に丸い氷粒として残る. いずれにしても雲粒が凍結し氷粒子の質量が増加すると, その落下速度も大きくなるので, ますます多くの雲粒を捕捉してあられ (graupel) となる.

さて発達した入道雲のなかには強い上昇気流があるので, あられは地上に落下せず雲のなかに保持されることがある. またこのような雲のなかでは過冷却水滴の数も多いのがふつうである. こうして, あられがさらに発達したのがひょう (hail) である. ひょうの直径は1 cmくらいのがふつうであるが, 直径

13 cm，重さ 0.5 kg のひょうが落下したこともある．水滴が凍るときには潜熱を放出する．したがってひょうが急激に多数の水滴を捕捉すると，ひょうの表面温度が 0°C 近くに上がり，捕捉した水滴の一部は凍らないままでいることがある．こうして氷粒の間に凍りきらない水の部分が残り，柔らかいスポンジ状を呈する．さもなければひょうは固い氷の球として成長する．

(3) 凝集（aggregation）による氷粒子の成長

氷粒子の落下速度が違うと，氷粒子どうしが衝突し付着して氷粒子の質量が増加することがある．氷粒子の落下速度はその形や大きさによって違う．たとえば長さ 1 mm あるいは 2 mm の針状結晶の落下速度はそれぞれ約 0.5 と 0.7 m s^{-1} である．一方氷粒子に過冷却水滴が凍結して直径が 1 mm あるいは 4 mm に成長したものはそれぞれ 1 と 2.5 m s^{-1} くらいの落下速度をもつ．また氷粒子どうしが衝突して互いに付着する割合も氷粒子の形による．たとえば，固い角板どうしは衝突してもはね返ってしまう．一方，樹枝状結晶どうしだと衝突のさいに枝先などの突起どうしが接合しやすい．昇華凝結で成長した雪結晶どうしが衝突してくっつきあったものを雪片とよぶ．−15°C 付近は樹枝状結晶が成長する温度なので，−10〜−15°C で大きな雪片が観測される．付着し合う割合はまた温度による．温度が高くなるにつれ，その割合は増大する．殊に−5°C より高い温度では付着する確率が高く，大きな雪片（いわゆるぼたん雪）ができる．

(4) 氷粒子の融解

こうして上空の雲のなかで成長したあられや雪片などは，氷点より温度が高い空気中を落下してくる途中で融解し，雨として地上に降ってくる．中緯度地帯に位置するわが国では，降る雨の約 80% はこのような冷たい雨であるといわれている．

あられや雪の融解速度は，粒子がまわりの空気から熱伝導で受け取る熱（顕熱）と粒子の表面から水が昇華蒸発するさいに粒子から奪っていく潜熱の大小関係で決まる．前者が後者より大きければ，その差が氷粒子を融解するのに使われる．空気が乾燥しているときには，昇華蒸発による冷却が強いので，氷粒子は融解しにくくなる．図 4.12 によると，冬の輪島では，地上で観測した降水が雨であるか雪であるかの境の気温は，相対湿度が 100% に近いときには 0

〜+2°Cくらいであるが，相対湿度が減るとともに高くなる．あられや雪の形や大きさにもよるが，相対湿度が50〜60%と低い場合には，地上気温が+4〜+5°Cまでのとき地上に融解せずに到着する．松本や日光での観測結果によると，量的には多少の違いはあるものの，傾向は同じである．

4.7 雲の分類

ここで雲の分類について簡単に述べておこう．雲の形はさまざまであるが，雲の現れる高さと形によって次のように分類するのがふつうである．表4.2は国際雲分類表から，主な10種類だけをのせたものである．形については英国の気象学者ハワード（L. Howard）が1803年に4つのラテン語で分類したものが基礎になっている．それはCumulus（盛り上がったもの，あるいは積み重なったもの，積雲），Stratus（層状をしている雲），Cirrus（髪の毛の一部，巻雲），そして雨雲に対してNimbus（降水を伴う雲）である．そして合成語としてCirrocumulus（巻積雲）やCirrostratus（巻層雲）などがある．国際雲分類表ではNimbusあるいはNimboは合成語としてNimbostratus（乱層雲）やCumulonimbus（積乱雲）などとして用いられている．高度についてはフランスの自然科学者ラマルク（J. B. P. Lamarck）が1802年に提案した分類に基づいている．ラテン語のAltoという接頭語が中層（2〜6 km）の高さを示す言葉として用いられ，Altostratus（高層雲）とAltocumulus（高積雲）となる．

鉛直方向に発達する積雲系の雲は，条件付不安定な成層をしている大気中で暖かく湿った空気塊が上昇するときに発達し，対流雲あるいは対流性の雲（convective cloud）とよばれることもある．図4.13は活発な対流雲の発達の諸段階を示す．(a)の前面にある雲はまだ発生したばかりの積雲であり，背景にあるのはすでにある程度塔状に発達した雄大積雲（Cumulus congestus）である．(a)の積雲や雄大積雲では雲の輪郭がはっきりしているのに，(b)の雄大積雲や(c)の積乱雲の上部の輪郭はぼやけている．これは前者は主として水滴あるいは過冷却水滴からできているのに反して，後者ではすでに多数の氷粒が含まれているからである．こうした氷粒が雲の境目で周囲の不飽和な空気と混合

表 4.2　10 種雲形

	名　称	記号	高　　度	温　度
層状雲　上層雲	巻雲 Cirrus	Ci	5〜13 km	−25°C 以下
	巻積雲 Cirrocumulus	Cc		
	巻層雲 Cirrostratus	Cs		
中層雲	高層雲 Altostratus	As	2〜7 km As: 中層が多いが上層まで広がることもある.	0〜−25°C
	高積雲 Altocumulus	Ac		
下層雲	層積雲 Stratocumulus	Sc	地面付近〜2 km	−5°C 以上
	層雲 Stratus	St		
	乱層雲 Nimbostratus	Ns	雲底は普通下層にあるが，雲頂は中・上層まで達していることが多い.	
対流雲	積雲 Cumulus	Cu	0.6〜6 km またはそれ以上	
	積乱雲 Cumulonimbus	Cb	雲底は普通下層にあるが雲頂は上層まで発達している．12km に伸びることあり.	−50°C (雲頂)

雲の出現高度と温度は中緯度地方での目安.

したり，雲の外に放りだされたりすると，氷面に対する飽和水蒸気圧は水面に対するものより小さいので，氷粒はゆっくりと昇華蒸発しながら拡散する．それで氷雲の輪郭はぼやけると思われている．(c)と(d)では雲頂が対流圏界面に接近するにつれ，安定成層をした成層圏に侵入できず，雲はかなとこ雲 (anvil) として水平に広がっていく．(e)ではかなとこ雲を形成する巻雲や高積雲がさらに広がっている．

　層状の雲（stratiform cloud）は安定な成層をした大気が広い範囲にわたって上昇する場合に発生する．中緯度帯で最も典型的なのは温帯低気圧に伴う層状の雲である．たとえば図 4.14 のような構造をもった温帯低気圧が西から接近してくる場合，地上の観測者がまず見るのは，青い空を背景に白く細く羽毛のように軽く浮かぶ巻雲である．ふつう巻雲が現れる高度は高く（約 9 km），数 mm くらいの大きさの氷粒でできている．氷粒の蒸発は遅く，一般的に上空は風が強いので，まず巻雲が遠くまで流されているわけである．温暖前線が

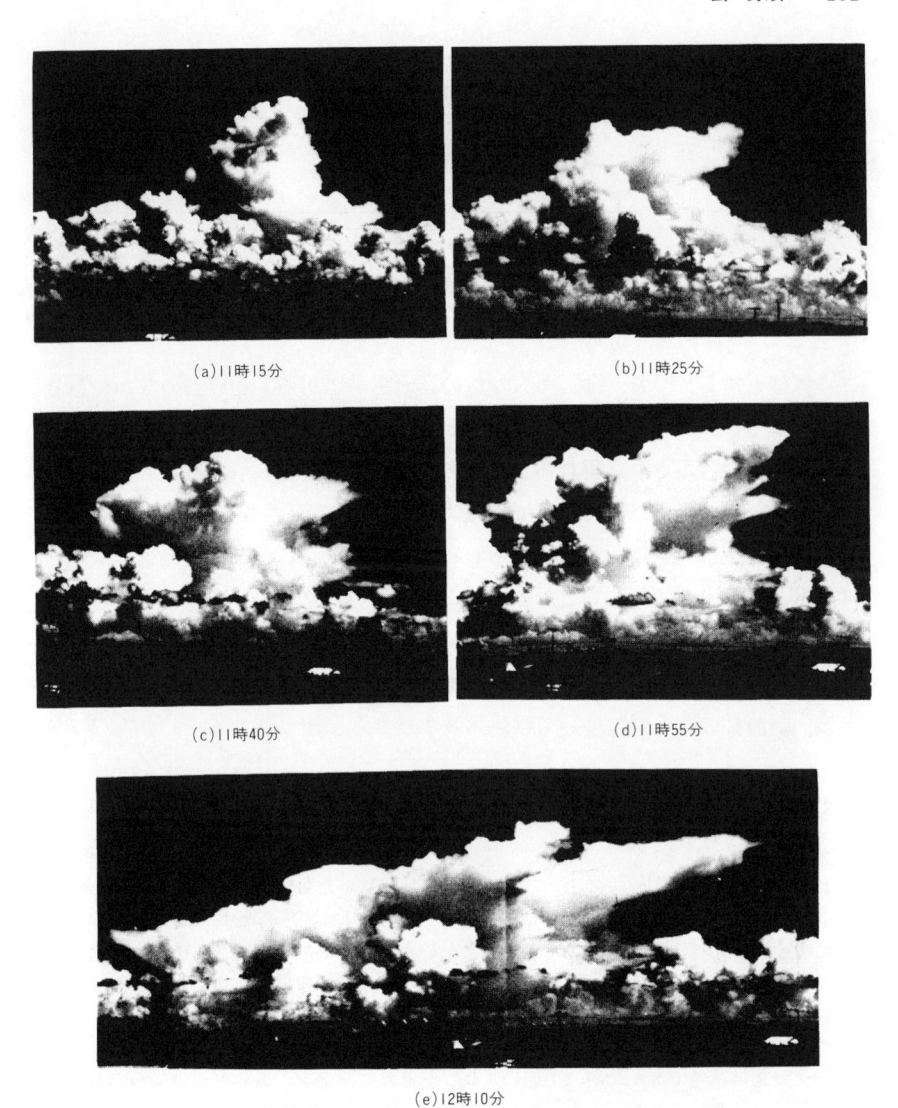

(a)11時15分　(b)11時25分
(c)11時40分　(d)11時55分
(e)12時10分

図4.13 55分間にわたり雄大積雲から積乱雲への発達の諸段階を示す写真（伊藤洋三・大田正次監修，1967: 雲の生態，地人書館）

102──第4章 降水過程

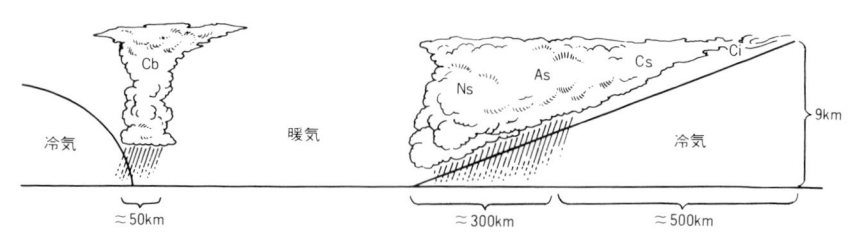

図4.14 温帯低気圧の東西鉛直断面内の雲の分布
右側に温暖前線，左側に寒冷前線がある．

さらに接近するにつれ，薄いベール状の巻層雲が広がる．巻層雲のなかにある六角形の氷粒のプリズムを太陽光線が通過するさいに屈折し，角度の半径22°をもつ太陽の"かさ"が現れることがあり，低気圧接近の前兆としてよく知られている．次に現れてくるのが高層雲で，雲の層の厚さも2〜3 kmあり，雲底も低い．空は完全に灰色の雲でおおわれてしまう．このとき，上空ではすでに降水がはじまっていることが多いが，中・下層の乾燥した空気中で急速に蒸発してしまい，地上には到達しない．高層雲がさらに厚くなり，雲底も地表面に接近してくると，やがて雨が降りだす．すでに乱層雲のなかに入ったわけである．対流性の雲と雨については，第8章でさらに述べる．

4.8 霧

　1952年12月5日英国ロンドンでは風がやみ厚い霧がたちはじめた．この霧はそれから3日間ロンドン市をおおうことになる．ひどいときには2〜3 m先はおろか，伸ばした自分の手さえはっきりとは見えなかったという．交通事故が相次ぎ，市内の交通はほとんど途絶した．それでも市民は口にマスクをかけ，建物の壁を手さぐりしながら勤め先に出た．そのマスクも石炭の燃焼によるすすのため，すぐ黒くなった．結局ロンドンだけで約4,000人がこの霧のために死亡した．ロンドンといえば霧を思い起こすほどロンドンの霧は有名であったが，上述のエピソードはロンドンの長い歴史のなかでも最悪のものであった．これを契機として清浄空気法（Clean Air Act）が制定された．

　気象学では，直径数十μm以下の小さな水滴（または氷晶）が大気中に浮かんでいることが原因となって，地表面付近で水平方向の視程が1 km未満になる現象を霧という．霧粒が光を散乱，反射，吸収するから視程が悪くなるので

ある．霧粒が氷晶からなる霧を氷霧という．視程は悪いが1km以上ある場合をもやという．霧のなかの相対湿度は，発達中の霧では100%に近いが，発生した場所から移動して消えつつある霧では小さい．また，上に述べた昔のロンドンの霧のように，吸湿性の凝結核が多く存在する環境では，低い湿度でも凝結が起こり視程が悪くなる．

霧は地上に発生した雲である．したがって霧が発生するのは湿った空気の温度が露点まで下がるか，空気が飽和するまで水蒸気が加えられたか，あるいはこの両者が同時に起こったかである．その原因によってふつう霧を次のように分類する．

(1) 放射霧 (radiation fog)

5.5節で述べるように夜間，特に晴れた夜には地表面は赤外放射によって冷え，それに接した空気の温度が下がり，明け方霧が発生することがある．これが放射霧である．夜間風が強いと，地面近くの冷えた空気と，そのすぐ上の冷えていない空気がよく混合するため地面付近の気温の下がり方は弱い．したがって放射霧がよく発生するのは風が弱く雲のない夜およびその明け方である．日の出後は気温が上がり，霧粒は蒸発してしまう．地形的には，山間の盆地で放射霧が発生しやすい．冷たい空気は密度が大きく，盆地にたまるからである．

(2) 移流霧 (advection fog)

移流というのは気象用語であって，空気の塊が水平に移動することをいう．鉛直方向に動くときには対流 (convection) という言葉を使うのがふつうである．暖かい空気が温度の低い地表面（地面や海面）上に移動し，冷やされてできる霧が移流霧である．日本付近でいえば暖かい黒潮の上にあった空気が南よりの風とともに北上し，冷たい親潮海流の上で冷やされる海霧がその典型的なものである．北海道付近でよく発生する．これは純粋な移流霧であるが，場所や季節によっては混合型が現れることもある．すなわち暖かい空気が冷たい陸上に移流して冷やされ，さらに夜間冷却が加わって発生する霧である．

(3) 蒸気霧 (steam fog)

これは冬，寒い戸外で吐く息が白く見えるのと同じである．水蒸気を多く含んだ暖かい空気がまわりの冷たい空気と混合して飽和に達した場合である．この点からいって混合霧といってもよい．温泉町の白い湯けむり，紅茶の湯気も

同じである．実際の霧としては，空気がそれよりずっと高温の水面に接するときに発生する．例として極地方で秋や冬によく発生する海霧がある．海をおおう氷に割目があると，その割目の海水の温度は氷点に近いが，それでも空気の温度よりずっと高い．別の例としては，大きな湖や河川では完全に凍結してしまう前に，冷たい北風が吹く日に蒸気霧が発生する．

(4) 前線霧 (frontal fog)

閉めきった風呂場でシャワーを使うともうもうと湯気がたちこめる．シャワーの暖かい水滴が蒸発し風呂場の空気が過飽和になり，余分な水蒸気が霧粒となったのである．温暖前線で長時間降雨があり空気の相対湿度が増したところへ，上空の暖気から比較的高温の雨粒が落下してくると霧が発生することがある．これが前線霧である．

(5) 上昇霧 (upslope fog)

山腹に沿って空気が上昇すると断熱膨張のため空気の温度が下がる (3.5節)．ときには露点以下になることもある．このとき遠くから見れば山に雲がかかったように見えるが，実際にその雲のなかにいる人は霧に包まれたわけである．この場合遠くから見れば雲は山にへばりついて動かないように見えるが，おのおのの雲粒（あるいは霧粒）は山腹に沿って上方に流れている．

第5章
大気における放射

5.1 入射する太陽放射量

　地球大気の運動のエネルギー源は太陽からの放射である．地球大気の上端で太陽からの放射線に直角な方向の単位面積が単位時間に受ける太陽の放射エネルギーは平均して $1.37 \times 10^3 \mathrm{~J~m^{-2}~s^{-1}}$（あるいは $1.37 \times 10^3 \mathrm{~W~m^{-2}}$）である．この値を太陽定数（solar constant）という．この章で詳しく述べるように，太陽から地球にとどいた太陽放射は，地球大気や雲やエーロゾルなどにより散乱・反射・吸収される．この節ではこのような大気や雲の影響はひとまず無視して，どれだけの太陽の放射エネルギーが地球に入射するか考えよう．

　話の順序として，放射量について簡単な幾何学的法則を2つ述べておこう．ある平面の単位面積に単位時間当り入射する放射エネルギー量を，放射強度（radiance）ということにし，記号 I を用いる．単位は $\mathrm{W~m^{-2}}$ である．図5.1に示したように，太陽 S を中心にして半径がそれぞれ d_1 および d_2 である球面1と2を考え，その球面上の放射強度を I_1 および I_2 とする．太陽と球面までの空間における散乱や吸収を無視すれば，球面1と2が受ける放射エネルギーは太陽からの放射エネルギーに等しい．したがって

$$I_1 4\pi d_1^2 = I_2 4\pi d_2^2$$

であるから，

$$\frac{I_1}{I_2} = \frac{d_2^2}{d_1^2} \tag{5.1}$$

である．すなわち放射強度は距離の自乗に逆比例して距離とともに減少する．

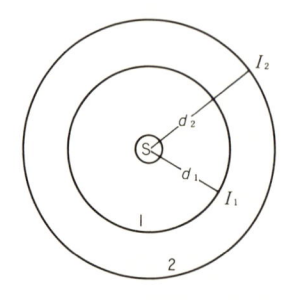

図5.1 距離の逆自乗則の説明図 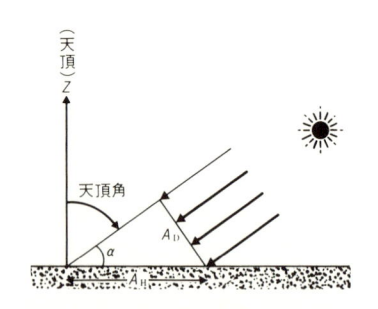　　**図5.2** 太陽の高度角 α と地表面における放射強度の関係

次に図5.2に示したように，太陽が水平面と α という角度をなす位置にある状況を考える．この角度を高度角という．その余角を天頂角という．太陽と地球とは十分離れているので，太陽からの放射はすべて平行に地球表面にさしこんでいると見てよい．太陽光線に直角な方向に面積 A_D をもつ平面を考え，その面上の放射強度を I_D とする．この平面が受けとる放射量は $I_D A_D$ である．ところが，これだけの放射量が地表面上 A_H という面積に広がるのだから，地表面上の放射強度を I_H とすれば，

$$I_H A_H = I_D A_D$$

という関係が成り立つ．$A_D = A_H \sin \alpha$ であるから

$$I_H = I_D \sin \alpha \tag{5.2}$$

となる．

　よく知られているように，地球は太陽のまわりを約365日の周期で楕円軌道を描いて公転している．地球が近日点，すなわち太陽に最も近い距離（1.47×10^8 km）に達するのがほぼ1月3日であり，遠日点，すなわち最も遠い距離（1.52×10^8 km）に達するのがほぼ7月3日である．すなわち地球の北半球は夏季よりも冬季に太陽に近く，式 (5.1) によれば太陽から受ける放射エネルギーも冬の方が夏より多いはずである．このことから太陽からの距離の変化が四季の変化を起こすのではないことがわかる．

　公転と同時に地球は約24時間の周期をもって自転している．重要なことは，この自転軸が公転面に対して66.5°の角をなしていることである．すなわち地球の赤道面が軌道面と23.5°の角をなしている．したがって6月21日の夏至

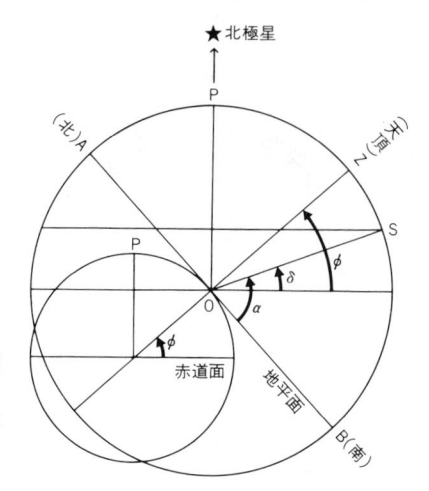

図5.3 緯度 ϕ の地点 O における南北鉛直断面上の天球

S が地方時の正午における太陽の位置，δ が太陽の赤緯，α が太陽の高度角．小さい円が地球を表す．

には太陽は北緯 23.5°の北回帰線上にある．いいかえれば夏至の日には北緯 23.5°の地点では，正午に太陽の高度角 α は 90°である．反対に 12 月 22 日の冬至には太陽は南緯 23.5°の南回帰線上にある．3 月 21 日の春分と 9 月 23 日の秋分には赤道上にある．太陽からの光線が地球赤道面となす角を太陽の赤緯 (declination angle) という．赤緯は夏至の日に 23.5°，冬至の日に －23.5°，春分と秋分の日に 0°である．『理科年表』などを参考にして，ある月日における太陽の赤緯 δ がわかれば，図 5.3 によって緯度 ϕ の地点で正午における太陽の高度角 α が

$$\alpha = 90° - \phi + \delta \tag{5.3}$$

であることがわかる．たとえば東京（$\phi=35°$N）では，夏至の日の正午の太陽の高度角は 78.5°，冬至の日のそれは 31.5°である．したがって式 (5.2) によれば，冬至の日の正午に地表面で受ける日射量は夏至の日のそれの 53% しかないことがわかる．

もっと一般的に，太陽の高度角はその地点の緯度 ϕ，月日（これが太陽の赤緯を決める），および時角 h によって決まり，その関係式は

$$\sin\alpha = \sin\phi\sin\delta + \cos\phi\cos\delta\cos h \tag{5.4}$$

である．ここに時角 h というのは太陽が真南にきたときから回転した角度である．太陽は 1 時間につき 15°回転するから，地方時と時角の間には，

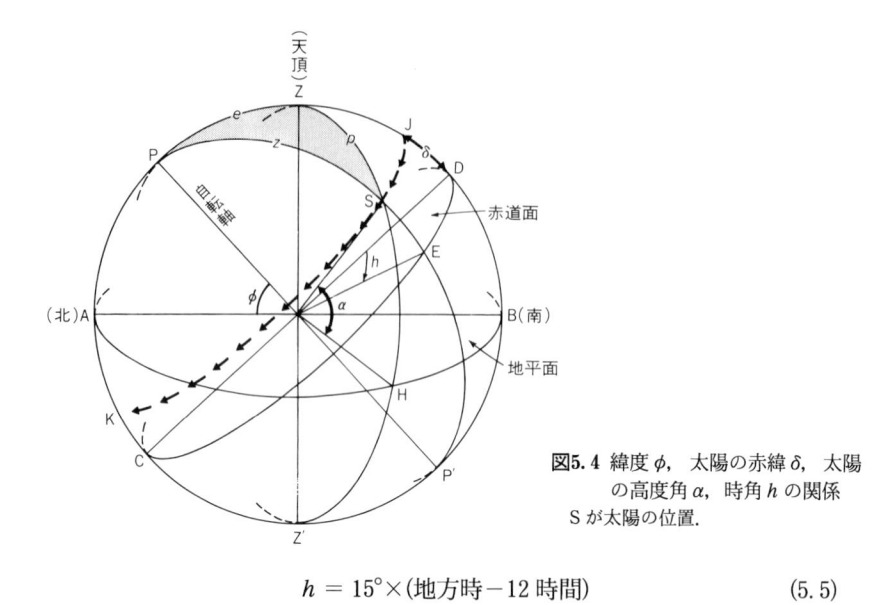

図5.4 緯度 ϕ, 太陽の赤緯 δ, 太陽の高度角 α, 時角 h の関係 S が太陽の位置.

$$h = 15°\times(\text{地方時}-12\text{時間}) \tag{5.5}$$

という関係がある．特に地方時 12 時のときには $h=0$ であるから，式 (5.4) は

$$\sin\alpha = \cos(\phi-\delta) = \sin(90°-\phi+\delta)$$

となり，式 (5.3) と同じになる．

式 (5.4) は次のようにして求めることができる．図 5.4 において大円 AHB が緯度 ϕ における地平面で，自転軸 PP′ とは緯度 ϕ の角度をなす．ZZ′ がその地点における天頂の方向である．PP′ に直角な大円 CED が地球の赤道面である．いま考えている時刻に太陽は S 点にあったとする．PP′ を軸として地球が自転するのに伴って，赤緯 δ をもつ太陽は小円 JK を描く．S を通り ZZ′ を直径とする大円が地平面と交わる点を H, S を通り PP′ を直径とする大円が赤道面と交わる点を E とすれば，高度角 α と時角 h は図のように定義できる．天球上の球面三角形 PZS を考えると，$PZ=e=90°-\phi$, $PS=z=90°-\delta$, $ZS=p=90°-\alpha$, $\angle ZPS=h$ である．このとき球面三角形の公式により $\cos p = \cos e \cos z + \sin e \sin z \cos h$ が成立する．この式が式 (5.4) にほかならない．

式 (5.4) の特別な場合を考えてみよう．

(a) 北極においては緯度 $\phi=90°$ である．この場合には式 (5.4) によれば $\alpha=\delta$ である．この関係はどんな時角（地方時）h についても成立する．春分と秋分の日には $\delta=0$ であるから，1 日中太陽は地平線すれすれにある．夏至の日には太陽は地平線から 23.5° の高度に 1 日中見えるわけである．反対に秋

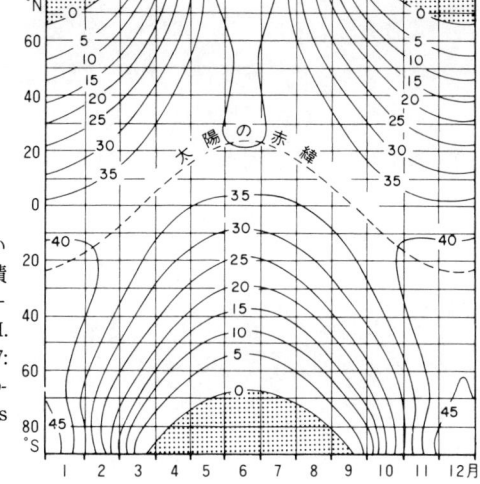

図5.5 いろいろの月日および緯度において，大気の上端で水平な単位面積に入射する太陽の放射エネルギー量（単位は $10^6 \, \mathrm{J\, m^{-2}\, d^{-1}}$）(J. M. Wallace and P. V. Hobbs, 1977: *Atmospheric Science, An Introductory Survey,* Academic Press Inc.)
$\mathrm{d^{-1}}$ は1日当りという意味である．

分から冬至を経て春分にいたるまでの半年間太陽は地平線上に昇ることがない．

(b) 日の出および日没の時刻には $\alpha=0$ である．この場合には式(5.4)は

$$-\frac{\sin\phi}{\cos\phi}\frac{\sin\delta}{\cos\delta} = \cos h \tag{5.6}$$

となる．緯度 ϕ と月日すなわち赤緯を与えると，式(5.6)から，日の出または日没の時刻を計算することができる．たとえば春分と秋分の日には $\delta=0$ である．したがって $h=90°$ または $270°$ である．式(5.5)の h と地方時の関係式によれば，日の出は6時，日没は18時である．しかもこの関係はどんな緯度についても成り立つ．

【問題 5.1】1月1日（太陽の赤緯 $\delta = -23°\,5'$）に札幌（43°N）における午後2時の太陽高度角を求めよ．また日の出から日没までの時間数を求めよ．
（答）18.4°, 8.87時間．

このようにして地球上の各地点で，ある月日，ある時刻における太陽高度角を計算することができる．すると式(5.2)によってその地点の（大気上端）の単位面積が受ける太陽放射エネルギー量を計算することができる．図5.5はその結果を示したものである．図で見るように，夏至の日に北極における1日

当り入射量は地球上どの地点よりも大きい．同じように冬至の日に南極における入射量は地球上最大である．冬至の日の南極における値が夏至の日の北極での値より大きいのは，前に述べたように，地球と太陽の距離が違うからである．それにしても，ある緯度圏について，図に示した入射量を1年を通じて加算してみると，その値は低緯度ほど大きい．これが第7章で述べるように，地球をめぐる風を起こす原因となっている．

5.2 黒体放射とプランクの法則

前節では地球に入射してくる太陽放射について述べた．こんどは放射する側に立って話を進めよう．

あらゆる物体は，その物体の温度が絶対零度でない限り，たえず電磁波を放射している．物体の表面の単位面積から単位時間に放射されるエネルギー量は，その物体の性質と温度による．またすぐあとで述べるキルヒホッフの法則によれば，一般によく放射する物体は入射してきた放射をよく吸収する．したがって，どんな波長の電磁波でも，入射してきた電磁波はすべて完全に吸収してしまうという仮想的な物体を考えると，その物体は与えられた温度で理論上最大のエネルギーを放射する物体である．このような仮想的な物体を黒体（black body）という．

黒体からの放射を記述する基本的な法則がプランクの法則（Planck's law）である[†]．この法則に基づいて温度がそれぞれ 300 K, 250 K, 200 K である黒体からの放射量を電磁波の波長別に示したのが図 5.6 である．縦軸はある波長（λ）における単位波長当りの放射強度といわれているもので，以後 I_λ^* と書く．＊印をつけたのは黒体放射であることを示すためである．つまり一番左側の図において黒くぬった（ほとんど線のように見える）部分の面積が，33〜34 μm の間の波長領域で物体の単位面積から単位時間に放射されているエネルギー量に比例する．したがって縦軸の単位波長当りの放射強度 I_λ^* の単位は W m^{-2} μm^{-1} である．そして単位面積から単位時間に放射される全エネルギー量は，

[†] Max Planck（1858〜1947）．ドイツの物理学者．27歳のときキール大学の，31歳のときベルリン大学の物理学教授となる．1918年ノーベル物理学賞受賞．

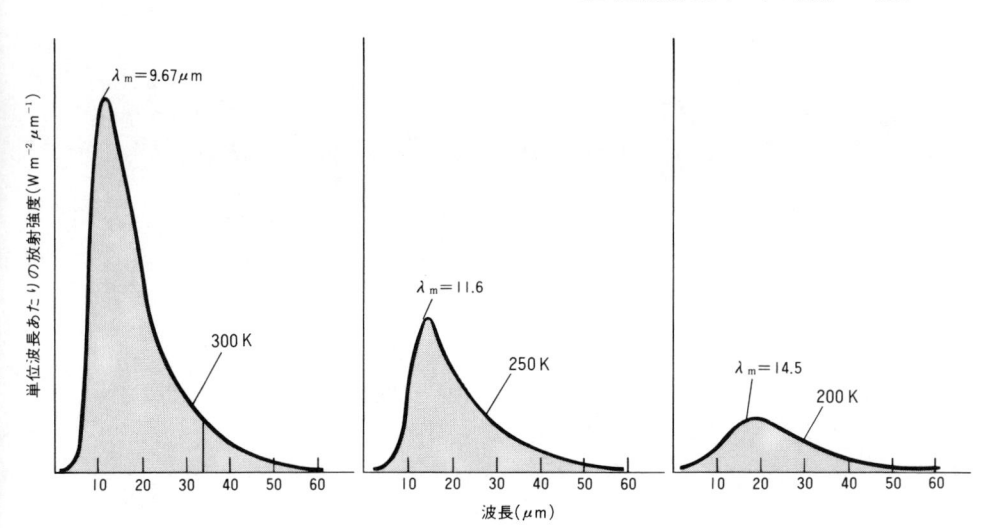

図5.6 3つの違った温度の黒体からの放射（プランクの法則）（Gedzelman, 1980: 前出）
左の図のなかで細く黒くぬった部分が $33 \sim 34\,\mu\mathrm{m}$ の波長領域から出る放射強度に比例する．したがって曲線の下の面積が全放射強度に比例する．λ_m は放射強度が極大となる波長．

I_λ^* を λ について加算または積分すればいいわけで，

$$I^* = \sum_\lambda I_\lambda^* \times (1\,\mu\mathrm{m}) = \int_0^\infty I_\lambda^* d\lambda \tag{5.7}$$

である．I^* の単位は $\mathrm{W\,m^{-2}}$ である．

図5.6から黒体放射について2つの重要な関係が読みとれる．第1に図の曲線と横軸で囲まれた面積（すなわち放射強度 I^*）はその黒体の温度 T が低くなるにつれて減少することである．事実 I^* と T の間には次の関係がある．

$$I^* = \sigma T^4 \tag{5.8}$$

すなわち I^* は T^4 に比例する．その比例定数 σ をステファン・ボルツマンの定数といい，この関係をステファン・ボルツマンの法則（Stefan-Boltzmann law）という．σ の値は $\sigma = 5.67 \times 10^{-8}\,\mathrm{W\,m^{-2}\,K^{-4}}$ である．

【問題5.2】 地球が受ける太陽放射は太陽の光球からの黒体放射によるものとし，太陽定数が $1.37 \times 10^3\,\mathrm{W\,m^{-2}}$ であるとき，光球の温度を求めよ．ただし光球の半径は $7 \times 10^8\,\mathrm{m}$，地球と太陽の距離は $1.5 \times 10^{11}\,\mathrm{m}$ とする．

（答）太陽定数を S_0，光球の放射強度を I_S，光球の半径を r_S，太陽と地球の距離を d とすれば，式（5.1）により

が成り立つ.すなわち

$$I_S = S_0 \frac{d^2}{r_S^2} = 1.37 \times 10^3 \times \left(\frac{1.5 \times 10^{11}}{7 \times 10^8}\right)^2 \text{W m}^{-2} = 6.30 \times 10^7 \text{W m}^{-2}$$

光球の温度を T_S とすれば $I_S = \sigma T_S^4$ であるから,次のようになる.

$$T_S = \left(\frac{I_S}{\sigma}\right)^{1/4} = \left(\frac{6.30 \times 10^7}{5.67 \times 10^{-8}}\right)^{1/4} = 5770 \text{ K}$$

図 5.6 から読みとれる第 2 の重要な関係は,単位波長当りの放射強度 I_λ^* が最大となる波長(これを λ_m で表す)は,温度が低くなるのに比例して大きくなっていることである.式で書くと,

$$\lambda_m = \frac{2897}{T} \tag{5.9}$$

という関係がある.この関係をウィーンの変位則(Wien's displacement law)という.上式で λ_m は μm の単位で,T は絶対温度で表現している.

【問題 5.3】太陽からの放射を測定した結果によると,その最大値は青色の光,すなわち波長が $0.475\ \mu m$ のところにある.太陽からの放射は,温度が何度の黒体放射に相当するか.

(答)ウィーンの変位則から

$$T = 2897/0.475 = 6100 \text{(K)}$$

問題 5.2 で見たように,太陽の全放射量から決めた温度と,ある特定の波長の電磁波(色)から決めた温度が多少違うのは,光球内では深さによって温度が急激に変化し,いろいろの深さからの放射が地球に達しているためである.

すでに述べたように黒体放射は同じ温度の物体からの放射のなかでは最大である.現実にある物体からの放射がどれくらい同温度の黒体放射に近いかの目安として放射率(emissivity)

$$\varepsilon_\lambda = \frac{I_\lambda}{I_\lambda^*} \tag{5.10}$$

という量を使う.すなわちその物体の単位面積から単位時間に放射されるエネルギーと黒体放射との比である.この比はどの波長領域の放射を考えているかによって違っていいわけだから,ある物体の放射率は λ の関数である(この

表5.1 太陽からの放射線に対するいろいろの表面の反射率(%)

裸地	10〜25
砂，砂漠	25〜40
草地	15〜25
森林地	10〜20
新雪	79〜95
旧雪	25〜75
海面(高度角25°以上)	10以下
海面(高度角25°以下)	10〜70

ことの重要性については問題5.5参照).

同様にして吸収率 (absorptivity) a_λ という量も定義できる．これはその物体が吸収したエネルギーと入射してきたエネルギーの比である．定義によって黒体放射では吸収率はすべての波長にわたって1である.

キルヒホッフの法則 (Kirchhoff's law) によれば次の関係が成り立つ.

$$a_\lambda = \varepsilon_\lambda \tag{5.11}$$

すなわち，よく吸収する物体はよく放射するという法則である.

一般にある物質の層に入射した放射エネルギーの一部は物質の表面で反射され，一部はその層を通過する間に物質によって吸収され，残りが層を通過する．したがっておのおのの波長領域について

入射した放射量 ＝ 反射された放射量＋その層で吸収された放射量
　　　　　　　　＋その層を透過した放射量

という式が成り立つ．この両辺を左辺で割ると，

$$1 = r_\lambda + a_\lambda + \tau_\lambda \tag{5.12}$$

となる．r_λ は入射した放射エネルギー量のどれだけが反射されたかを示す量で反射率 (reflectivity) とよぶ．表5.1は太陽放射に対するいろいろの地表面の反射率を示す．式 (5.12) の a_λ はすでに述べた吸収率である．吸収率が0の場合，その波長の放射線は全く吸収されることなく物質層を透過するわけで，その物質層はその波長に対して透明であるという．τ_λ は透過率 (transmissivity) とよばれる．この3つの量が，その物質層の放射特性を表すわけであるが，同じ物質でも違った波長の放射線に対して，違った特性を示すことを記憶しておく必要がある.

5.3 放射平衡温度と太陽放射・地球放射

　地球に入射してきた太陽放射の一部は大気中の気体分子やエーロゾルや雲によって散乱・反射され，また地表面に達した太陽放射の一部もそこで反射され宇宙空間に戻る．以下本章では地球大気と固体地球を一緒にして考えたものを単に地球とよぶことにする．このように定義した地球で反射された放射量と入射太陽放射量の比を地球のアルベド（albedo）という．地球は残りの分を吸収して暖められているわけであるが，一方地球自身も絶えず放射して熱を失っている．この両者が釣り合って地球の温度が変化しない状態にあることを放射平衡の状態にあるといい，そのときの温度を放射平衡温度という．地球の半径を r_e，放射平衡温度を T_e，地球の放射強度を I_E とすれば，地球表面積は $4\pi r_e^2$ であるから，地球は毎秒 $4\pi r_e^2 I_E$ の熱を失っている．地球が黒体放射をしていると仮定すれば $I_E = \sigma T_e^4$ である．ところが図 5.7 に見るように太陽放射を受けとる面積は πr_e^2 である．太陽定数を S_0，地球のアルベドを A と書けば，毎秒地球が受けとる太陽放射量は $S_0(1-A)\pi r_e^2$ である．したがって放射平衡にあるときには，

$$S_0(1-A)\pi r_e^2 = 4\pi r_e^2 I_E \tag{5.13}$$

が成り立つ．5.8 節で述べるように地球の A は約 0.30 と見積もられており，$S_0 = 1.37 \times 10^3$ W m^{-2} であるから，上式によって計算すると $I_E = 240$ W m^{-2} となる．したがって黒体放射の式から $T_e = 255$ K と求められる．この値は実際に観測されている地球表面の平均温度 288 K よりかなり低い．それは 5.5 節で

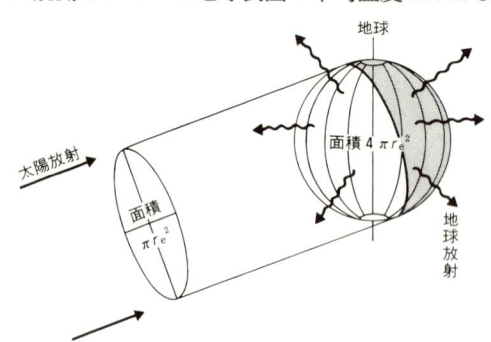

図5.7 地球の放射平衡
地球の半径が r_e．

表5.2 いろいろの惑星の放射平衡温度など

	太陽からの平均距離(天文単位)	入射放射量(W m^{-2})	アルベド	放射平衡温度	平均表面温度(K)	表面気圧(気圧)
金 星	0.72	2.60×10^3	0.78	224	735	90
地 球	1.00	1.37×10^3	0.30	255	288	1
火 星	1.52	0.58×10^3	0.16	216	230	0.006
木 星	5.20	0.05×10^3	0.73	88	130*	2*

* 雲の表面における値.

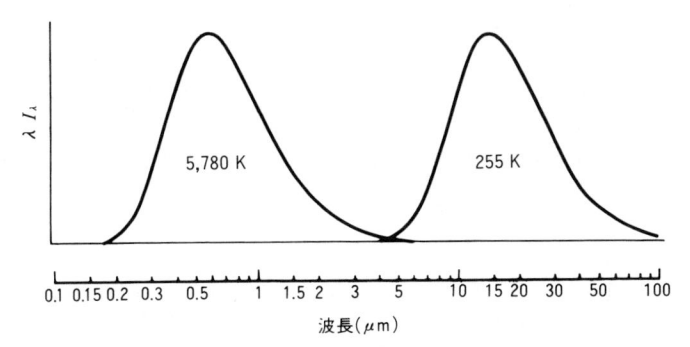

図5.8 太陽（左図）と地球（右図）からの黒体放射
横軸は対数目盛でとった波長．縦軸は波長(λ)と放射強度I_λの積．このようにとると曲線の下の面積が図5.6と同じく全放射強度Iに比例する．ただし左図と右図で縦軸を同じスケールで描くと，右図はよく見えないくらい背が低くなるので，スケールを変えて両者の面積が同じになるようにしてある．

述べるように地球大気の温室効果を考えに入れていないからである．参考までに表5.2にいろいろの惑星の放射平衡温度と実際の平均表面温度を示す．

図5.8は太陽の光球の温度（5,780 K）と地球の放射平衡温度（255 K）における黒体放射を示す．この図で最も重要なことは，太陽放射では波長約0.475μmのところに放射強度の最大値があり，一方地球に相当する放射では約11μmのところに最大値があり，この2つの物体からの放射は約4μmを境にして，はっきり波長領域を別にしていることである．この意味で前者を短波放射（short wave radiation），後者を長波放射（long wave radiation）とよんで区別する．あるいは前者を太陽放射（solar radiation），後者を地球放射（terrestrial radiation）とよぶこともある．図1.2に示した放射線の分類によると，地球放射は大部分赤外線領域に属している．それで地球放射のこと

を赤外放射（infrared radiation）とよぶこともある．燃えていないガスストーブも室温に応じた赤外放射をしているわけであるが，人間の眼は赤外放射に感じないので，他の源からの可視光線なしにはストーブの存在を認められないのである．一方太陽からの放射は可視光線の領域に集中している．太陽放射と地球放射のこの波長による違いが気象学にとって本質的に重要なことは，以下の節で述べるとおりである．

【問題 5.4】5.2 節で述べたキルヒホッフの法則の応用．かりに大気をもたない地球表面上に，吸収率が波長によらない a という値をもつ物体があるとする（これを灰色放射 gray radiation という）．太陽が真上にあるとき，この物体の放射平衡温度を求めよ．

（答）この物体の放射率を ε，放射平衡温度を T_e とすれば，放射平衡にあるときには，
$$a \times 1370 \text{ W m}^{-2} = \varepsilon \sigma T_e^4$$
である．ところがキルヒホッフの法則により $a = \varepsilon$ であるから，
$$T_e = \left(\frac{1370}{\sigma}\right)^{1/4} = 394 \text{ K}$$
となる．

【問題 5.5】上の問題を少し変えて，その物体の太陽放射に対する吸収率は 0.1 であるが，赤外放射に対する吸収率は 0.8 であったとすれば，放射平衡にあるときの温度はいくらか．

（答）$0.1 \times 1370 \text{ W m}^{-2} = 0.8 \sigma T_e^4$

$T_e = 234 \text{ K}$

問題 5.5 で考えた物体の放射特性は現実の雪のそれに近い．つまり雪は短波放射はよく反射するが（陽光にキラキラ輝く雪を想像せよ），赤外線波長領域では黒体に近い放射をする．このような物体が放射平衡にあるときの温度は，問題 5.4 で考えた灰色放射の物体のそれにくらべてかなり低い．

5.4 地球大気による吸収

いよいよこの節で実際に大気中に存在する気体によって太陽放射と地球放射がどのように吸収されるか述べよう．

まず図 5.9 において，地球大気上端で観測された太陽放射のスペクトルは，およそ絶対温度約 5,800 K の黒体放射スペクトルでよく近似される．全エネルギーの約半分（46.6%）が可視光線域（0.38〜0.77 μm）に含まれており，残りの大部分（46.6%）は赤外域（波長 >0.77 μm）である．紫外線域に含まれるエネルギーは約 7% にすぎない．

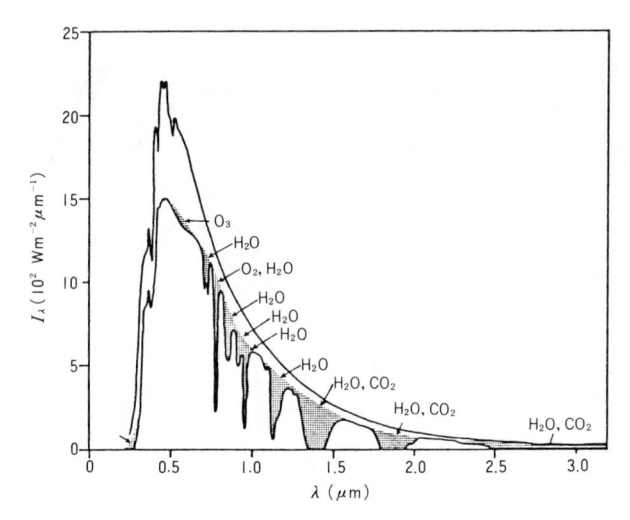

図5.9 太陽が真上にあるとき，大気の上端（上の曲線）と地表面（下の曲線）で観測された太陽放射のスペクトラム（*Handbook of Geophysics and Space Environments*, McGraw-Hill Book Co., New York, 1965.）
影をつけた部分は大気中のいろいろな吸収気体による吸収を表す．

次に，大気上端で観測された太陽放射のスペクトルを地表面で観測されたものと比較する．第1に後者が前者にくらべて全体的に弱くなっているのは，大気中にある雲やエーロゾルで吸収・散乱されたり，大気の気体分子で散乱（5.7節参照）されたりしたからである．第2に，後者で影をつけた部分が大気で吸収された部分である．最も顕著なのは，赤外線波長領域（波長が約 $0.77\,\mu m$ より長い領域）で強い吸収を表す影の部分が数個あることである．これは主として水蒸気による吸収である．波長 $2\,\mu m$ あたりの吸収には二酸化炭素（CO_2）も寄与している．

大気中のいろいろな気体によって太陽放射と地球放射が吸収される様子をもっと詳しく示したのが図5.10である．図の(b)と(c)を比較すると，大気の対流圏とその上の層でどの波長の放射が吸収されているかよくわかる．太陽放射についてまず目につくことは，波長が $0.31\,\mu m$ より小さい紫外線は対流圏界面（高度約 11 km）に達する前に，酸素分子およびオゾンによってほぼ完全に吸収されてしまっていることである（第2章）．ところがそれより波長が長い可

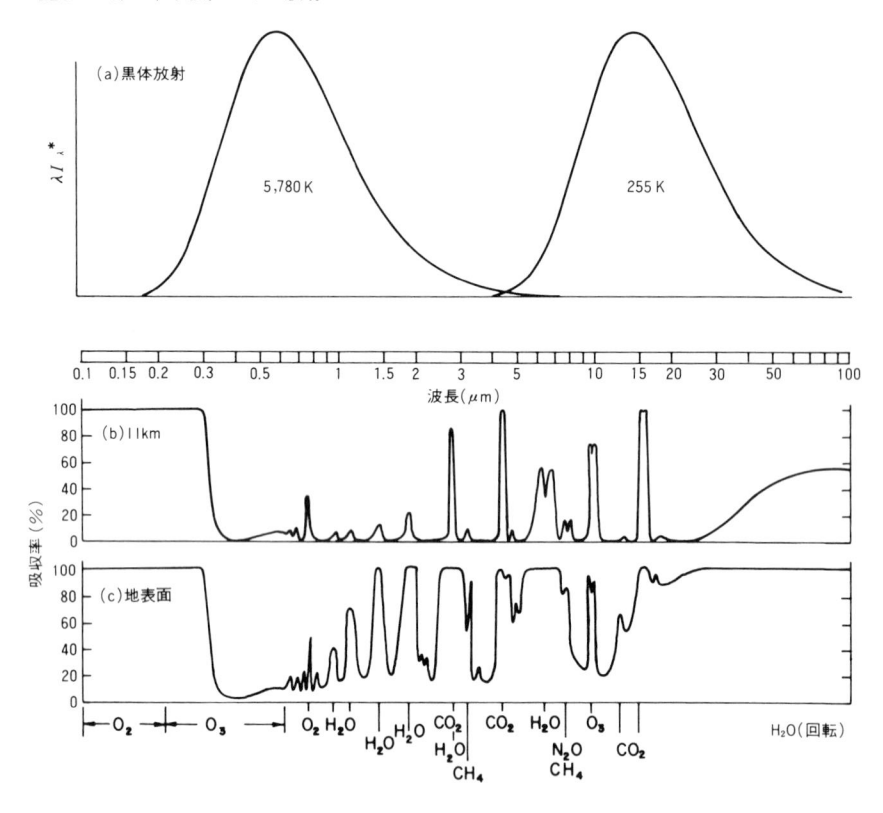

図5.10 (a)温度が5,780 K と 255 K における黒体放射（図5.8と同じ），(c)地球放射および太陽の天頂角が50°の場合の太陽放射にたいし，地球大気全体としての吸収率およびその吸収に寄与している気体．(b)は(c)と同じであるが高度11 km より上にある地球大気による吸収率 (R. M. Goody, 1964: *Atmospheric Radiation* I, Oxford Univ. Press.)

視光線の部分では，特に放射強度が最大である波長領域では，吸収はきわめて弱い．つまり大気は，可視光線に対してほとんど透明である．赤外線領域では主として水蒸気による吸収があることはすでに述べた．

　地球放射の吸収についていえば主役は水蒸気と二酸化炭素である．水蒸気は赤外線放射をよく吸収する．二酸化炭素は $2.5～3\,\mu m$，$4～5\,\mu m$ の波長領域に強い吸収帯をもつ．近年人間活動の増加とともに大気中の二酸化炭素の量も増大していることが認められている．これが気候の変動をもたらすのではないか

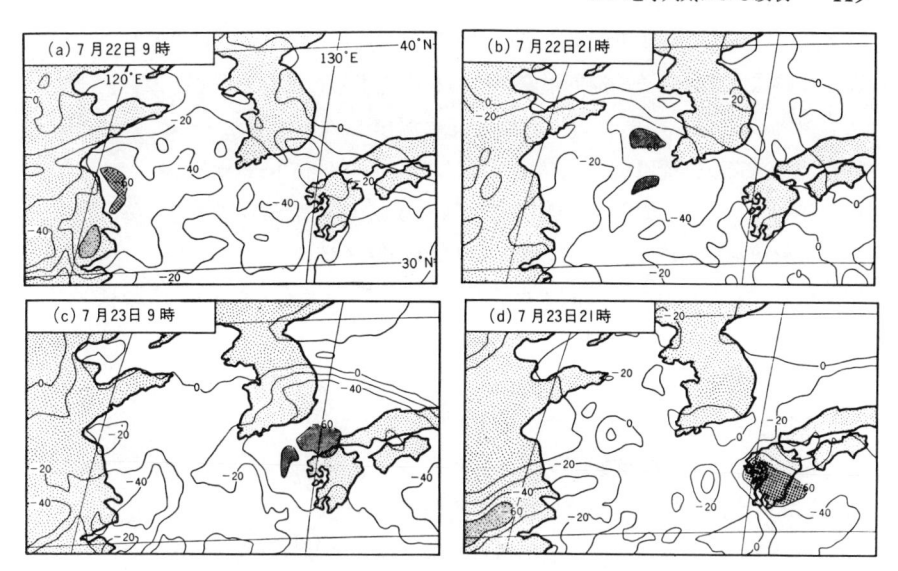

図5.11 気象衛星「ひまわり」が測定した輝度温度分布（気象衛星センター技術報告，昭和57年7月豪雨気象衛星資料集，1982）
　　　等温線は20℃おきに引いてあり，−60℃以下の部分には濃い影がつけてある．期間は1982年7月22日9時から23日21時までで，最後の時刻は長崎地方に毎時100 mmを越える長崎豪雨があった時刻に相当する．

ということが議論されているのも（10.2節），二酸化炭素が赤外放射をよく吸収し，5.5節で述べる温室効果によって大気の温度をコントロールしているからである．水蒸気や二酸化炭素のように，温室効果をもつ大気中の気体を温室効果ガスという．

　これまでは大気による地球放射の吸収についてのみ述べた．ところが気象観測という実用的な面から見ると，波長が$11\mu m$あたりを中心として$8\sim12\mu m$の波長領域で，大気による吸収が弱いということを利用できる．つまりこの波長領域の放射は大気によってあまり吸収されることなく，地球大気外に到達することを意味する．この波長領域を窓領域（window）あるいは大気の窓とよぶ．このことがどう役に立つのか．一般に地球表面やある程度の厚さをもった雲の上面からの放射は，ほぼ黒体放射に近いと見てよい．したがって人工衛星にのせた放射計を下に向けて地球大気の外から窓領域の放射の強さを測定すれば，その放射計の視野内の放射体の温度が推定できるわけである．このように

して測定した温度を輝度温度あるいは相当黒体温度という．この方法によって雲のない海域では，その海面温度の分布を測定することができる．厚い対流雲におおわれている場合には，雲の上面の温度を測定することができる．図5.11は静止気象衛星ひまわりが測定した輝度温度分布の一例である．1982年7月23日19時ごろから約3時間，300 mm以上の豪雨が長崎地方に降ったときの気象状況に対応する．このときには，$-60°C$はほぼ高度14 kmの気温に相当する．したがってこの図で輝度温度が$-60°C$以下の地域というのは，雲頂高度が14 kmに近い積乱雲が群をなして存在し，雲頂で広がったかなとこ雲が存在している地域と見てよい．こうしてみると，長崎地方に豪雨をもたらした雲の塊は，36時間前には中国大陸の東岸にあり，東進してきたものであることがわかる（8.6節参照）．

このように，雲頂高度が高いほど雲頂の温度は低いから，そこから上に向かって放射される赤外（長波）放射量は少ない．すなわち対流活動が活発なところほど外向き長波放射量（outgoing long wave radiation）の値が小さい（表紙カバー）．

5.5 温室効果

前節で述べたように，地球大気は日射に対してはほぼ透明であるが，地球放射はよく吸収する．このことが地球の表面温度を決めるのに重要な役割をする．簡単化のために地球大気は図5.12に示したように薄い層であるとし，この層の吸収率は太陽放射に対しては0.1，地球放射に対しては1であると仮定する．この気層に日射量I_Eが入射しているとき，放射平衡にある地表面と気層の温度を求めてみよう．つまり本節ではじめて地球大気と固体地球を別々に考えるわけである．簡単化のため地表面はすべての波長領域で黒体であるとする．

気層の温度をT_a，地表面の温度をT_gとする．仮定により，地表面は$0.9 I_E$の日射を吸収し，気層からのσT_a^4放射を吸収し，逆にσT_g^4だけのエネルギーを放射する．したがって放射平衡にあるときには次式が成立する．

$$0.9 I_E + \sigma T_a^4 - \sigma T_g^4 = 0 \tag{5.14}$$

一方，気層に成り立つ式は

5.5 温室効果

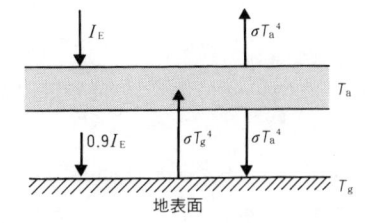

図5.12 大気を1つの薄い層で代表したときの大気の温室効果の説明図
I_E が入射太陽エネルギー，T_a が気層の温度，T_g が地表面の温度．

$$0.1 I_E - 2\sigma T_a^4 + \sigma T_g^4 = 0 \tag{5.15}$$

である．この2つの式から T_g を消去すれば，

$$\sigma T_a^4 = I_E \tag{5.16}$$

が得られる．気層に入射してくるエネルギーが気層から宇宙空間に放射されるエネルギーに等しいということを考えれば，式 (5.16) は直接求めることができる．次に式 (5.14) と (5.15) から T_a を消去すれば，

$$\sigma T_g^4 = 1.9 I_E \tag{5.17}$$

が得られる．$I_E = 240 \text{ W m}^{-2}$（5.3節参照）という数値を代入して計算すれば 5.3節と同じく $T_a = 255$ K である．ところが $T_g = 299$ K である．このように地表面が大気からの赤外放射を吸収するので，地表面の温度は大気がない場合の放射平衡温度より高くなる．これを大気の温室効果（greenhouse effect）という†．表5.2に見たように，金星の表面温度が放射平衡温度よりずっと高いのも，金星が厚い気体におおわれているからである．

日射量の日変化から地表面近くの気温の日変化を見ると次のようになる．雲のない日には，日の出とともに日射量が増大しはじめ，正午に最大値をとる．しかし午後2時ごろまでは日射として地表面が吸収するエネルギーの方が，差し引き地表面から出ていくエネルギーより多いので，気温の最大値もそのころ現れる．日没後は日射量はゼロになり，地表面は地球放射により熱を失い続ける．したがって気温も下降を続け，日の出前に最低気温になる．夜間に空が低い雲におおわれていると，雲からの地球放射を地表面は吸収できるので，晴れ

---

† 厳密にいうと，大気のこの効果を温室効果とよぶのは必ずしも適当ではない．なぜならば日射のみならず赤外放射に対しても透明な材質で温室をつくって実験してみると，温室内の温度はやはり冷たい外気の温度より高いからである．つまりこの場合に温室内の温度が高いのは，はじめに考えたように温室の屋根や壁が日射を通すが赤外放射は吸収・放射するからではなく，温室内の空気が外気から遮断されているからである．

た夜間にくらべて温度降下は少ない．

5.6 放射平衡にある大気の温度の高度分布

　前節では大気をただ1つの層で代表させて，放射平衡にある大気と地球表面の温度を計算した．このやり方を拡張して，大気を多くの層で表現してみよう．目的は放射平衡にある大気の温度の高度分布を知ることである．まず図5.13のように，大気が3つの層から成るとする．計算を簡単にするため，さらに次の仮定をおく．(a)各気層は太陽放射に対して透明である（実際には入射した太陽放射の約20％が大気と雲によって吸収されている）．(b)各気層の地球放射に対する吸収率は波長によらない（実際には5.4節で見たように，大気は波長により選別的に吸収する）．(c)各気層は十分厚いので，各気層からの赤外放射は，その気層のすぐ上または下にある気層によって完全に吸収される．これだけの仮定をおいて各気層が放射平衡にあるとすれば次の式が成り立つ．

$$\text{宇宙空間に対して} \quad \sigma T_1^4 = I_E \tag{5.18}$$

$$\text{気層1に対して} \quad 2\sigma T_1^4 = \sigma T_2^4 \tag{5.19}$$

$$\text{気層2に対して} \quad 2\sigma T_2^4 = \sigma T_1^4 + \sigma T_3^4 \tag{5.20}$$

$$\text{気層3に対して} \quad 2\sigma T_3^4 = \sigma T_2^4 + \sigma T_g^4 \tag{5.21}$$

式 (5.19) から $T_2 = \sqrt[4]{2}\, T_1$ となる．これを式 (5.20) に代入すると $T_3 = \sqrt[4]{3}\, T_1$ となり，これを式 (5.21) に代入すれば $T_g = \sqrt[4]{4}\, T_1$ となる．こうして

$$T_1 < T_2 < T_3 < T_g \tag{5.22}$$

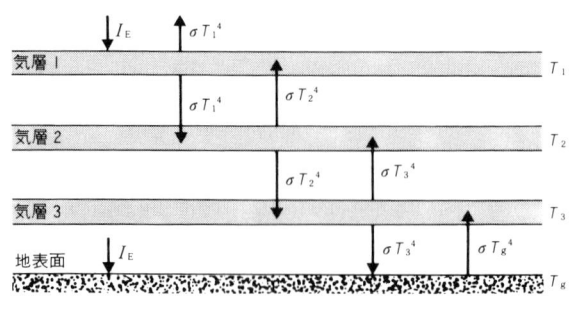

図5.13 放射平衡にある大気の温度の高度分布を求める説明図

5.6 放射平衡にある大気の温度の高度分布

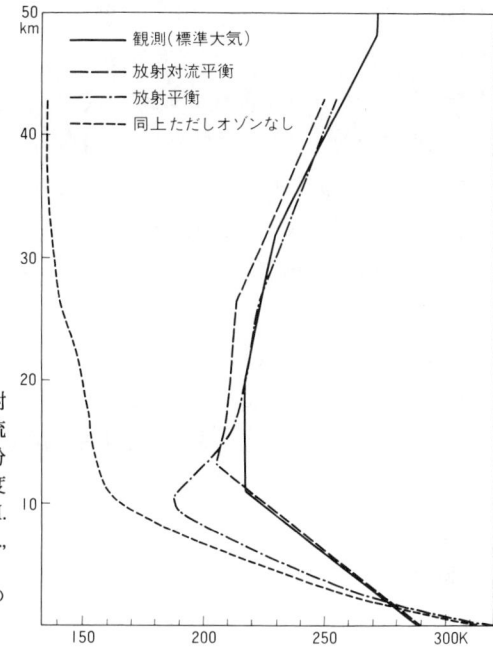

図5.14 中緯度地帯の代表的条件に対応する放射平衡および放射対流平衡にある大気の温度の高度分布および実際の大気温度の高度分布 (S. Manabe and R. H. Strickler, 1964: *J. Atmos. Sci.*, **21**, 361–385.) オゾンの効果を考慮しなかった場合の放射平衡大気の場合も記入してある.

凡例:
— 観測(標準大気)
--- 放射対流平衡
-·- 放射平衡
---- 同上ただしオゾンなし

であることがわかる．つまり地表面のすぐ近くの気層の温度は地表面温度より低く，大気中では気層の温度は高度とともに減少していることがわかる．このことは実際の対流圏内で成り立っている．

ただし，上記の計算をもっと一般化して，大気を n 個の層に分けると，上に得た結果から $T_g = \sqrt[4]{n+1}\, T_1$ であることがわかる．これはおかしい．というのは，式 (5.18) によって $T_1 = (I_E/\sigma)^{1/4}$ であるから，$T_g = \sqrt[4]{n+1}\, (I_E/\sigma)^{1/4}$ となり，与えられた I_E に対して n を増やせば T_g はいくらでも大きな値をもつことになるからである．このような不合理な結果が出たのは，上記の計算のさい使った仮定(b)と(c)がよくなかったからである．仮定(c)についていえば，実際の大気を多数の層に分ければ各層の厚さが薄くなり，ある気層からの放射をその上下の気層が完全に吸収してしまうことができなくなる．

もっと厳密に放射平衡にある大気の温度の高度分布を計算するためには，現実の大気中に存在する吸収気体（水蒸気・二酸化炭素・オゾンなど）の高度分布と，おのおのの気体の放射特性（吸収率の波長依存性など）を考慮に入れな

ければならない．そのようにして計算された一例が図 5.14 に示してある（図の鎖線）．すでに見たように温度は高さとともに減少していくが，高度 10 km くらいから上昇し，成層圏の存在を示している．この温度の上昇はオゾン層が太陽放射を吸収している結果である．事実オゾンによる吸収がないとして計算した結果では，成層圏に対応するものがない（図の短い方の破線）．

　もう 1 つ注目すべきことは，放射平衡にある大気の対流圏では高度とともに温度が減少する割合（温度減率）が観測値（約 6.5°C km^{-1}）よりかなり大きいことである．特に対流圏下部では 1 km ごとに約 17°C も減少している．このように大きな温度減率をもつ大気の成層は不安定で（第 3 章），対流が起こりやすい．この対流は積雲系の雲として見ることができる．この対流が下層の熱を上方に運び，温度減率を小さくする作用をする．また雲のなかで水蒸気が凝結し，潜熱が放出されて大気を加熱する．放射と対流の両者の影響を考えると（これを放射対流平衡という），図 5.14 の長い方の破線に示したように，計算された対流圏内の温度の高度分布は実線で示した実測とよく一致する．つまり対流圏の温度は放射と雲を含んだ対流によって支配されているのである．

5.7　散　乱

　地球大気には窒素や酸素など，無数に近い気体分子がある．それ以外にもたくさんのエーロゾルが浮遊している．電磁波がこれにぶつかると，粒子を中心として 2 次的な電磁波が生じ周囲に広がる．これを散乱という．散乱のためもとの電磁波の入射方向の放射量は減少し，結果として地表面に到達する太陽放射のエネルギーは少なくなる．このことは図 5.9 に関連してすでに述べたことである．一般に散乱のされ方，および散乱の度合は，電磁波の波長とそれを散乱させる粒子の半径の相対的な大きさによって非常に違う．

　まず入射してくる電磁波の波長が粒子の半径より非常に大きい場合の散乱をレイリー散乱（Rayleigh scattering）とよぶ（図 5.15）．この散乱では散乱光の強度は電磁波の波長の 4 乗に反比例する．可視光線の波長は気体分子の半径よりはるかに大きいので，波長の短い光線ほど空気分子によってより強く散乱される．たとえば可視光線のうちで，赤色の光線の波長は約 0.71 μm であ

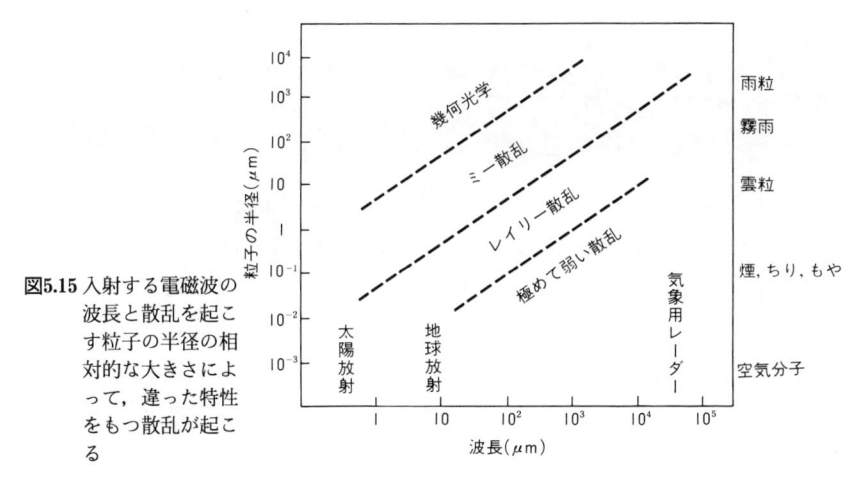

図5.15 入射する電磁波の波長と散乱を起こす粒子の半径の相対的な大きさによって，違った特性をもつ散乱が起こる

り，青色のそれは約 $0.45\,\mu m$ である．したがって赤色の光線が散乱される度合を1とすると，青色の光線は $(0.71/0.45)^4$，約6.2倍も強く散乱される．これが日中晴れた空が青く見える理由である．つまり空の色は太陽からの直接の光の色ではなく，散乱光である．もし空気がなければ太陽はもっと明るく輝き，空のその他の部分は暗黒で星も見えるはずである．それではなぜ空が可視光線のうちで最も波長の短い紫色に見えないのか．それは図5.9に示したように，もともと太陽光線のなかで紫色の部分のエネルギーは青色の部分より少ない．そして紫色の部分の光に対しては大気が厚すぎて，地上のわれわれの眼に到達する前に散乱され減衰してしまうからである．事実飛行機に乗ったときに見える上空の色はもっと紫色っぽい．

　反対に日の出や日没のときの太陽は赤く見える．また日の出前の東の空や日没後の西の空は赤あるいは橙色に見える．前者の場合は太陽からの直接光，後者の場合は散乱光を見ているわけである．いずれの場合でも太陽光線は地球大気を斜めに通って（すなわち長い道のりを経て）われわれの眼にとどく．この途中で紫や青色の光線がまず散乱されてしまい，次に緑色の光線が散乱され，結局橙色や赤色の光線だけが見えるわけである．

　レイリー散乱のもう1つの特徴は，散乱による2次的な電磁波の強さが入射波の方向との角度によって違うことである．すなわち図5.16に示すように，入射波の方向とその正反対の方向で最も強く，それと直角の方向ではその約半

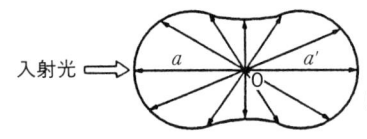

図5.16 レイリー散乱による電磁波の強さの角度分布
強さは中心Oから曲線上の点までの距離に比例する．

分である．気象レーダーはこの性質を利用している（後述）．

次に電磁波の波長とそれを散乱させる粒子の半径が同じ程度の大きさであるときの散乱をミー散乱（Mie scattering）という．ミー散乱の強さはあまり波長によらない．空気が汚れた日には空が白っぽく見えるし，晴れた日に青空を背景にして，積雲や入道雲は白く見える．これは太陽光線が大気中のエーロゾルや雲粒によってミー散乱され，散乱光は入射した太陽光と同じように白色光に近いからである．

最後に電磁波の波長が粒子の半径よりずっと小さい場合には，幾何光学的に電磁波の進行方向を計算して差し支えない．第4章で述べたように，雨粒の半径はmmの程度であり，可視光線の波長よりずっと大きい．したがって幾何光学的に太陽光線が雨粒で2回の屈折と1回の反射を行うとして虹の見える理由を説明していいことになる．

雨雲を観測するのに気象用レーダーは不可欠の測器なのでこれについて述べておこう．レーダー（radar）は radio detection and ranging の略で，雲のなかの雨粒や氷粒によって電磁波が散乱されることを利用する．現在広く使われているレーダーでは波長が3.2cm，5.7cm あるいは10cm のいわゆるマイクロ波を細いビーム（1.3〜1.7°角の円錐体）のパルスにして発信させる．雨粒の半径はmmの程度であるから，このマイクロ波はレイリー散乱される[†]．送信されたマイクロ波の進行方向と逆の方向へ，すなわち後方へ散乱されてくる弱い電波をアンテナでとらえる．パルスを発信してから帰ってくるまでの時間を測定すれば，電波を反射させた雨雲までの距離がわかる．レーダーが受信する（エコー）強度はビームのなかに存在する降水粒子の半径の6乗と降水粒

[†] 雲粒の半径は $1〜100\mu m$ の程度なのでマイクロ波はあまり散乱されない．雲粒からの反射で雲の構造や降水過程を調べるのには，波長が8.6mm付近の電波を使ったミリ波レーダーが広く用いられている．またレーザーレーダー（ライダー，lidar）は $0.7\mu m$ とか $1\mu m$ という可視から近赤外領域の波長のレーザー光を使い，大気中のエーロゾルの分布などを測定するのに使用されている．

子の総量に比例するという性質があるから，レーダーエコーの強さから容易に降水強度を推定することができる．

降水粒子がレーダービームの方向の速度成分をもっているときには，送信電波の周波数と反射電波の周波数がドップラー効果により異なっている．この差を利用して目標物の速度を知る目的でつくられたのがドップラーレーダー(Doppler radar)である．波長λをもつ送信電波の進行方向に目標物がvという速度で動いているときには，反射電波の周波数のずれ$\Delta f = 2v/\lambda$である．波長が5.7 cm（周波数5.3×10^9 Hz），$v = 10$ m s^{-1}のときには$\Delta f = 350$ Hzである．ドップラーレーダーはこのわずかな周波数のずれを検出する．3台以上のドップラーレーダーで雲のなかの降水粒子群を同時に測定すれば，粒子群の速度の3成分を測定できる．したがって粒子群の落下速度（4.4節）について適当な仮定をすれば，気象用航空機が突入できないような強い積乱雲のなかの空気の動きを測定できるわけである．

5.8 地球大気の熱収支

これまで述べてきたことを総合して，5.3節で述べた$S_0/4$，すなわち342 W m^{-2}の太陽放射が地球大気の上端に入射したとき，1ヵ年にわたって平均した地球全体の放射量収支決算を表したのが図5.17である．地球表面，大気内部および大気の上端という3つの部分でそれぞれ入ってきたエネルギーと出ていくエネルギーの収支が合っていることを確かめよう．

まず入射した太陽エネルギーの行方を見る．入射した342 W m^{-2}(100%)のうち，77 W m^{-2}(22%)は雲，エーロゾル，大気による反射と散乱により宇宙空間に戻る．また30 W m^{-2}(9%)は地表面における反射により宇宙空間に戻る．結局日射の31%は直接的には地球の熱収支に関係なしに宇宙空間に戻るわけで，この量が地球全体(大気と固体地球の和)として見たときの反射能あるいはアルベドである．地球表面で吸収されるのが168 W m^{-2}(49%)であるから約日射の半分と見てよい．雲を含めて大気に吸収されるのが67 W m^{-2}(20%)である．

次に地球表面における収支を見る．地表面からは長波放射として390 W

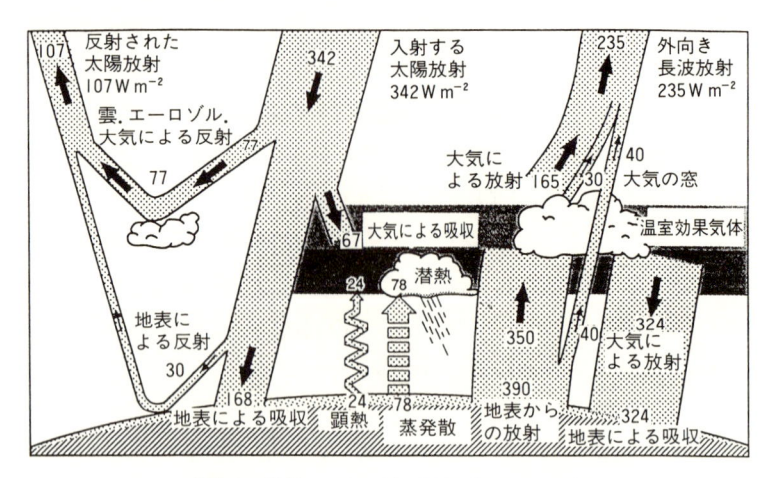

図5.17 地球のエネルギー収支（IPCC, 1995）

m^{-2} の熱が出ていくが，同時に大気からの長波放射 324 $W m^{-2}$ を吸収している．地表面の水面や陸面からは絶えず水が蒸発しており，そのさい蒸発の潜熱の形で熱が大気に移されている．それに加えて，陸面の草木の葉からも蒸発がある．この両者を合わせたのが蒸発散で，78 $W m^{-2}$ ある．さらに空気の温度がそのすぐ下の地表面の温度より低い場合には，空気が暖められる．このことは地表面から空気に熱が移されることを意味する．この量が差し引き 24 $W m^{-2}$ である．以上の出入りによれば，$-390+324-78-24=-168 W m^{-2}$ となり，これがちょうど日射の吸収量とバランスしている．

次に大気中の長波放射を見ると，地表からの長波放射のうち 40 $W m^{-2}$ は 5.4 節で述べた窓領域あるいは大気の窓の波長領域で，大気に吸収されることなく宇宙空間に逃げる．人工衛星で陸面や海面の温度などを測るときには，このエネルギーをつかまえているわけである．また 30 $W m^{-2}$ は雲からの長波放射で，「ひまわり」の赤外雲画像はこのエネルギーを使っている．大気による上向きの放射は 165 $W m^{-2}$ で，このなかには水蒸気からの放射が含まれている．「ひまわり」の水蒸気画像は主に対流圏上部にある水蒸気からの長波放射量を測って，水蒸気の量を推定しているわけである（7.5 節）．合計すると大気上端から宇宙空間に向かう波長放射量は 235 $W m^{-2}$ で，差し引き入射する太陽放射量とちょうどバランスしている．

第6章
大気の運動

6.1 ニュートンの力学の法則

　この節から大気の運動を支配するしくみを考えていこう．よく知られているようにケプラー（Johannes Kepler, 1571〜1630）は一見不可解に見える太陽系の惑星の運動（だからこそ惑星と名づけられた）が，簡単な関係式で表現されることを発見した．そしてニュートン（Isaac Newton, 1642〜1727）はケプラーがたくさんの観測データを整理して経験的に発見した関係式が，いくつかの力学的な法則できれいに説明できることを示した．だからわれわれも最も基本的なニュートンの力学の3法則から出発しよう．

　運動の第1法則．物体は，力の作用を受けない限り，静止の状態，あるいは一直線上の一様な運動をそのまま続ける．一般にある物体が運動しているとき，その物体の質量と速度の積を運動量（momentum）という．第1法則によれば，力の作用を受けない限り，物体の運動量は保存される．物体がその運動量をそのまま保持しようとする性質を慣性（inertia）という．この意味で第1法則を慣性の法則とよぶこともある．

　運動の第2法則．物体に働いている力はその物体の質量と運動の加速度の積に等しい．本書で扱う問題では，物体の質量は時間とともに変わらないから，物体の運動量が単位時間に変化する割合はその物体に働いている力に比例するといってもよい．この法則はきわめて重要なのであとで詳しく述べる．

　運動の第3法則．物体1が物体2に力を及ぼすときには，物体2は必ず物体1に対し，大きさが同じで逆方向の力を及ぼす．いわゆる作用・反作用の法則

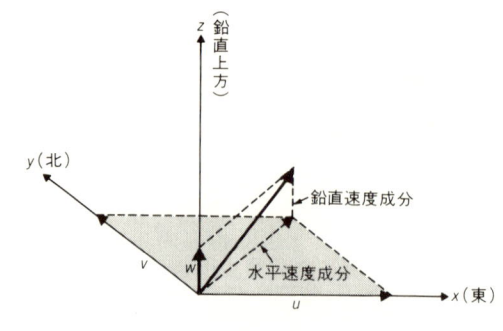

図 6.1 直交直線座標系
u, v, w はそれぞれ東向き，北向き，鉛直上方向きの速度成分を表す．

である．ロケットの燃料を燃やしガスを噴出させてロケットを上昇させるのは，この法則の応用である．弾丸を発射したさい大砲が後方に下がるのも同じことである．

さて第2法則において，加速度というのは速度が単位時間に変化する割合である．大気の運動は3次元空間で起こるから速度はベクトル量である．気象学でよく用いられている座標系は図6.1のように東向きに正の x 軸，北向きに正の y 軸，鉛直上方に正の z 軸をとった直交直線座標系である[†]．したがって風（すなわち空気の速度）を表すベクトルは東西方向の成分，南北方向の成分，鉛直方向の成分の3つに分解することができる．ふつう u, v, w という記号でこの3成分を表す．

これは気象学に特有のことであるが，温帯性低気圧や高気圧に伴って吹く風としては，w は u や v にくらべると2桁か3桁も小さい．これはもっともなことで，高・低気圧のような現象は対流圏内で起こる．だから鉛直方向の広がりは10 kmの程度である．一方水平方向の広がりは数百kmから数千kmもある．つまり非常に薄い空気の層で起こる運動だから，鉛直方向の速さが水平方向の速さにくらべて小さいわけである．量的にいうと，温帯低気圧に伴う風の水平成分の大きさは10～20 m s^{-1} の程度である．一方低気圧の中心付近には上昇気流があるが，その大きさは1～10 cm s^{-1} 程度である．したがって，このような場合の速度ベクトルを図6.1のように表現するとすれば，速度ベクトルは図6.1に示したより，ずっと水平面にくっつくように描かなければな

[†] 地球をめぐる風系のように大規模な流れを議論する場合には，地球が球形であることを考慮した球面座標系が用いられている．

らない†. ふつうの風速計やレーウィンゾンデが測っている風速というのは，風ベクトルの水平成分すなわち $\sqrt{u^2+v^2}$ である．ただしこの小さな上昇速度があればこそ低気圧に伴って雨が降るのである．

さて速度がベクトル量であるから，加速度もベクトル量である．ある物体の動く速さ（すなわち $\sqrt{u^2+v^2+w^2}$）が時間とともに変わらなくても，その動く方向が変化していれば，その物体の加速度は0ではない．

【問題 6.1】水平面上で物体が角速度 ω，半径 r の円運動をしているとき，その物体の加速度を求めよ．

（答）角速度というのは1秒間にどれだけの角度を回ったかの割合である．たとえば物体が T 秒かかって円を一周したとすれば（すなわち 2π ラジアン回ったとすれば），角速度 ω は

$$\omega = \frac{2\pi}{T} \text{（単位は s}^{-1}\text{）} \tag{6.1}$$

である．角速度 ω で半径 r の円軌道を描いているときには，各瞬間に物体の運動方向はその点における円周の接線方向に平行で，その速度の大きさ V は

$$V = r\omega \tag{6.2}$$

である（図6.2）．あるいは円周の長さは $2\pi r$ であり，これを T 秒かかって動くのだから速さは $2\pi r/T$ すなわち $r\omega$ であると考えてもよい．さてある時刻 t における物体の位置を P とする．図6.2において OP と x 軸がなす角を ωt とすると，

$$\left.\begin{array}{l} x\text{方向の速度 } u = -r\omega \sin \omega t \\ y\text{方向の速度 } v = r\omega \cos \omega t \end{array}\right\} \tag{6.3}$$

である．したがって微小時間 Δt 経った後の速度は $u' = -r\omega \sin \omega(t+\Delta t)$, $v' = r\omega \cos \omega(t+\Delta t)$ である．それで x および y 方向の加速度はそれぞれ

$$\frac{\Delta u}{\Delta t} = \frac{u'-u}{\Delta t} = -\frac{r\omega}{\Delta t}[\sin \omega(t+\Delta t) - \sin \omega t]$$

$$\frac{\Delta v}{\Delta t} = \frac{v'-v}{\Delta t} = \frac{r\omega}{\Delta t}[\cos \omega(t+\Delta t) - \cos \omega t]$$

である．ここで $\sin \omega(t+\Delta t) = \sin \omega t \cos \omega \Delta t + \sin \omega \Delta t \cos \omega t$ と展開する．$\omega \Delta t$ が非常に小さいときには $\sin \omega \Delta t \approx \omega \Delta t$, $\cos \omega \Delta t \approx 1$ と近似できる（たとえば角度 $1°$ は $2\pi/360$ ラジアンすなわち 0.01745 ラジアンであり，その sin は 0.01745, cos は 0.99985 である）．したがって $\sin \omega(t+\Delta t) \approx \sin \omega t + \omega \Delta t \cos \omega t$

---

† 積乱雲のなかの運動はこれとは様子が違う．積乱雲の水平の広がりは鉛直方向のそれと同じ程度である．したがって w は u や v と同じくらいの大きさをもつ．事実よく発達した積乱雲のなかの w は 10 m s^{-1} くらいあり，30 m s^{-1} を越えることも珍しくない．だから4.6節で述べたように，大きなひょうが成長するまで，それを支えていることができる．

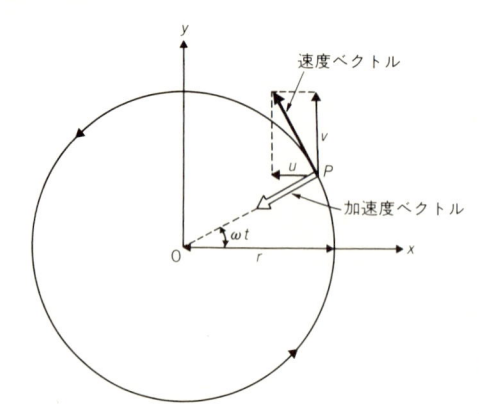

図6.2 円運動をしている物体のもつ求心加速度の説明図

である．同様にして $\cos \omega (t + \Delta t) = \cos \omega t \cos \omega \Delta t - \sin \omega t \sin \omega \Delta t \approx \cos \omega t - \omega \Delta t \sin \omega t$ である．結局

$$\left.\begin{array}{l} x\text{方向の加速度} = -r\omega^2 \cos \omega t \\ y\text{方向の加速度} = -r\omega^2 \sin \omega t \end{array}\right\} \quad (6.4)$$

となる．微分記号で書けば x および y 方向の加速度はそれぞれ $du/dt, dv/dt$ であるから，式 (6.3) を t で微分して直ちに式 (6.4) を導くことができる．いずれにせよ式 (6.4) によれば加速度ベクトルの大きさは $r\omega^2$ であり，その方向は円運動の中心を向いている．この加速度を求心加速度という．式 (6.2) を用いると求心加速度の大きさは V^2/r と書くことができる．

ある物体の質量を m，その加速度を $\boldsymbol{a}$，その物体に働いている力を $\boldsymbol{F}$ とすれば，運動の第2法則は

$$m\boldsymbol{a} = \boldsymbol{F} \quad (6.5)$$

と書ける．太字で書いた量はベクトル量を表す．ある物体にたくさんの力が同時に働いているときには，すべての力のベクトル和が右辺の $\boldsymbol{F}$ に相当する．

【問題 6.2】宇宙飛行士が半径 10 m の訓練用回転アームの先端で4秒に1回転の割合で回転しているとして，この飛行士の求心加速度はどれだけか．
(答) 角速度は $2\pi/4$，すなわち $1.57\ \mathrm{s^{-1}}$ である．求心加速度 $= 24.7\ \mathrm{m\ s^{-2}}$．これは重力加速度の約2.5倍に相当する．

6.2 見かけの力（コリオリの力）

ニュートンの運動の第2法則は絶対座標系あるいは慣性系（すなわち宇宙空

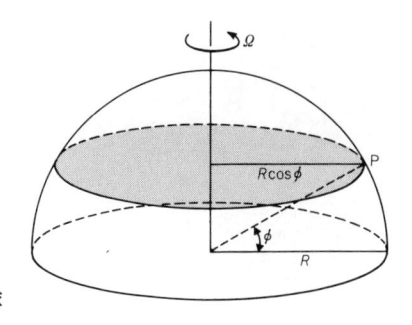

図 6.3 角速度 Ω で自転している固体地球

間に固定された座標系)についての運動の法則であった.ところがわれわれは回転している地球の表面にのって大気の運動を測定している.したがってわれわれにとって完全に無風な状態であっても,慣性系から見れば大気は地球とともに回転しているわけで,すなわち加速度をもっている.この理由により地球に相対的な大気の運動を記述するためには,運動の第2法則を表す式 (6.5) を変形して使った方が便利である.

いま図 6.3 に示すように緯度 ϕ の地点 P で u という風速をもった西風が吹いているとする.風速というのはもちろん地球表面に相対的に空気が動く速さである.西風というのは西から東に向かって吹く風である.一方地球表面自身は南北両極を結ぶ自転軸のまわりを(1平均恒星日=86164 秒として)角速度

$$\Omega = \frac{2\pi}{1\text{日}} = 7.292\times10^{-5}\,\text{s}^{-1} \qquad (6.6)$$

で回転している.したがって地球表面で緯度 ϕ の地点 P 自身は,地球の半径を R とすると $\Omega R\cos\phi$ という速さで慣性系に対して動いている.

【問題 6.3】緯度 30° で西風 10 m s^{-1} が吹いているとき,この風速はその地点自身が慣性系に対して動いている速さの何% か.

(答)慣性系に対して地球表面が動いている速さ $= R\Omega \cos 30° = 6.37\times10^{6}\times7.29\times10^{-5}\times0.866$ m s^{-1} $=402$ m s^{-1},したがって答は 2.5%.このように地球大気の気象学は大気の底にある固体地球が動く速さの 10% 程度の相対速度を問題として扱っているわけである.余談であるが金星大気では様子が全く違う.金星の自転周期は約 243 日(逆行)であるが,金星大気には約 4 日で金星を 1 周する運動がある.

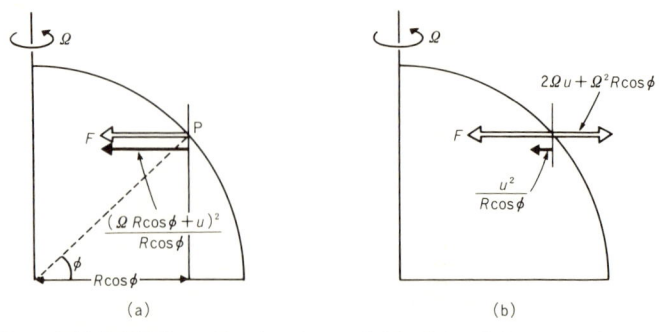

図6.4 (a)慣性座標系から見た真の力 F と求心加速度の釣合い，(b)回転している地球から見て，真の力と見かけの力の合力が地球に相対的な加速度と釣り合っている様子

さて緯度 ϕ で風速 u で東に向かって動いている空気塊は，慣性系から見れば $R\Omega\cos\phi+u$ という速さをもつ．したがって地球自転軸の方を向く求心加速度は問題 6.1 により，

$$\frac{(\Omega R\cos\phi+u)^2}{R\cos\phi}$$

である．点 P に位置して単位質量をもつ空気塊に働く力を分解し，自転軸に直角方向の成分を F とすれば，運動の第 2 法則により，

$$F = \frac{(\Omega R\cos\phi+u)^2}{R\cos\phi} = \Omega^2 R\cos\phi + 2\Omega u + \frac{u^2}{R\cos\phi} \tag{6.7}$$

となる（図 6.4）．一方地球とともに回転していることを知らない人にとっては，この空気塊の求心加速度は $u^2/R\cos\phi$ であるから $F=u^2/R\cos\phi$ と書きたいところである．しかし式 (6.7) に比較して，これは明らかに間違いである．そこで式 (6.7) を

$$F - \Omega^2 R\cos\phi - 2\Omega u = \frac{u^2}{R\cos\phi} \tag{6.8}$$

と書く．すなわち，見かけ上 $\Omega^2 R\cos\phi$ と $2\Omega u$ という力が地球自転軸から外向きに働いていて，実際に働いている力 F とこの見かけの力（apparent force）の合力が，地球に相対的な加速度と質量の積に等しいとすればよい（図 6.4(b)）．$\Omega^2 R\cos\phi$ が遠心力で，$2\Omega u$ がコリオリの力といわれているものである．

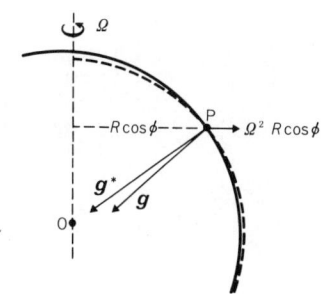

図6.5 地球の引力(g^*)と遠心力($\Omega^2 R \cos\phi$)の合力としての重力(g)
破線は重力ポテンシャルが等しい面で実線は球面を表す．

　遠心力はおなじみの力である．一般に物体がその運動の向きを変えるときには，遠心力の作用を受ける．われわれが乗った自動車が急に進行方向を変えるとき，あるいは遊園地のメリーゴーランドに乗ったとき感ずる力がこれである．さて式 (6.8) に現れた $\Omega^2 R \cos\phi$ という遠心力をとりあげる．われわれがふつう重力といい g という記号で表している力は，実は図6.5に示したように2つの力の合力である：(a)地球の質量の中心に向かう万有引力 g^*，(b)地球の自転軸から外向きに引っ張っている見かけの力，すなわち遠心力 $\Omega^2 R \cos\phi$．後者の大きさは極では0で赤道で最大である．その赤道でも地球引力の0.3%くらいしかない．それにしても等重力ポテンシャル面，すなわちいたるところで重力に直角な方向をもつ面は，図6.5の破線で示したように回転楕円体をしている．長径が約6,378 km，短径が約6,357 kmである．平均海面は等重力ポテンシャル面の1つである†．このことは図6.6に示したように円筒に水を入れ，全体を一定の角速度で回転させると水の表面が放物線の形をして中心がへこむのと同じである．水面のどの点をとっても，その点における遠心力と重力の合力に直角になるように水面の形が決まっているのである．

　次に2番目の見かけの力（単位質量の物体について $2\Omega u$ という力）について考えよう．これが前述の $\Omega^2 R \cos\phi$ という力と本質的に違う点は，地球に相対的な速さ u に比例することである．この力をコリオリの力 (Coriolis

---

† 厳密にいうと平均海面は回転楕円体ではない．それは海底に地形の起伏があることや海底下には種類の違った（すなわち密度の違った）岩石が分布していることなどのために，重力は緯度だけの関数ではないからである．さらに海流などほぼ定常な海水の流れが海面近くにあると，地衡風の関係(6.3節)を満足するように海面の形は等重力ポテンシャル面からずれる．

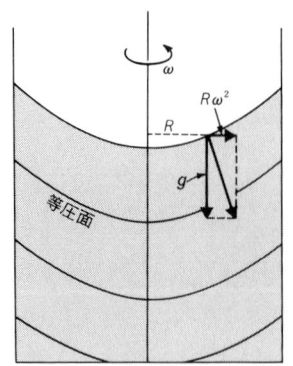

図6.6 角速度 ω で回転している流体の表面
その形は重力と遠心力の合力の方向に直角である．実線は等圧面を表す．

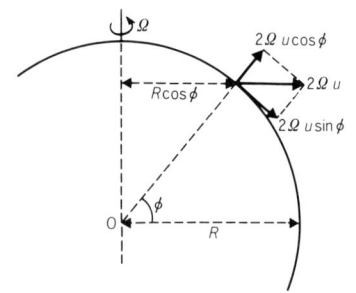

図6.7 東西方向の風速 u に働くコリオリの力を鉛直方向と水平方向に分解

force)†という．ここで述べている $2\Omega u$ というコリオリ力は地球の自転軸に対して外向きに働く．これを図6.7に示したように，鉛直方向と水平方向の成分に分解する．前者は $2\Omega u \cos\phi$，後者は $2\Omega u \sin\phi$ である．かりに $u=100$ m s^{-1} という偏西風の最大級の値をとっても $2\Omega u$ は 0.015 m s^{-2} の大きさであり，重力加速度 $g=9.81$ m s^{-2} よりずっと小さい．したがって大気の運動を議論するさいにはコリオリ力の鉛直成分は無視して，水平成分だけを考えればよい．北半球では水平成分は東向きの流れに対しては南向きに働き，その大きさは $2\Omega u \sin\phi$ である．

　上の例では東西方向の流れに働くコリオリの力を考えたが，南北方向に働く空気塊に対してもコリオリの力は働く．いま北極から真南に向かって物体を発射したとする（図6.8）．地球から遠く離れた星から（慣性系から）見れば，運動の第1法則にしたがって，その物体は最初に与えられた方向にまっすぐに飛んでいく．しかし物体が飛んでいる間にも地球は自転しているので，物体が到着した地点は最初の目標地点より西にそれるはずである．地球外から見れば，それは地球が自転しているから西にそれたのだとすぐわかる．しかし地球表面にあって地球とともに回転している人にとっては，その物体に何か力が働いて，その結果進行方向に対して右にそらせられたのだと見える．この力がコリオリ

---

† G. G. de Coriolis（1792〜1843）．フランスの数学者・物理学者・エンジニア．正確にはコリオリスと読むべきであるが，わが国では長年の習慣によりコリオリ力と呼んでいる．

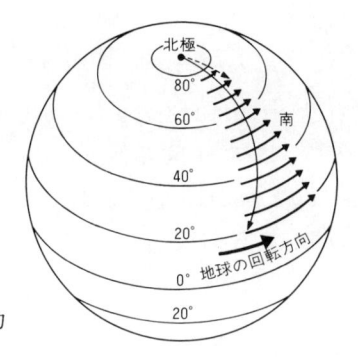

6.2 見かけの力（コリオリの力）——137

図6.8 南北方向に動く物体に働くコリオリの力

の力の東西成分である．

　この場合のコリオリ力の大きさと方向を求めるために，まず角運動量保存則という基礎的な力学の法則を説明しよう．いま，ひもの一端におもりをつけて振り回し，おもりに円運動をさせる．そしてひもの長さを次第に短くしていくと，おもりはますます速く回転するようになる．最初のひもの長さ（円運動の半径）を R_1，角速度を ω_1 とする．おもりが動く速さは $V_1 = R_1\omega_1$ である．次にこのおもりが描く円の半径が R_2 になったときの角速度を ω_2，速度を V_2 ($=R_2\omega_2$) とする．円周に沿って何の力も働いていなければ，

$$R_1 V_1 = R_2 V_2 \tag{6.9}$$

であるというのが角運動量の保存則である．これは運動の第1法則（すなわち運動量保存則）を拡張したものと見ることができる．

　さて時刻 t に緯度 ϕ にあって東西方向の速度 u をもっていた空気塊が，微小時間 Δt 後に緯度 $\phi+\Delta\phi$ に移動し，その結果 u が $u+\Delta u$ に変化したとする．このさい東西方向に何も力が働いていないとすれば，角運動量保存則によって

$$R\cos\phi(\Omega R\cos\phi + u) = R\cos(\phi+\Delta\phi)[\Omega R\cos(\phi+\Delta\phi) + u + \Delta u]$$

でなければならない．6.1節の場合と同じく $\cos(\phi+\Delta\phi) \approx \cos\phi - \Delta\phi\sin\phi$ という近似を用い，かつ $(\Delta\phi)^2$ や $(\Delta\phi)(\Delta u)$ という量は2次の微小量だから省略することにすれば，上式から

$$-2\Omega R\Delta\phi\cos\phi\sin\phi + \Delta u\cos\phi - u\Delta\phi\sin\phi = 0$$

が得られる．南北方向の速さ v は $v = R\Delta\phi/\Delta t$ で与えられる．上式を Δt で除して整理すると，

$$\frac{\Delta u}{\Delta t} = 2\Omega v \sin\phi + \frac{uv \sin\phi}{R \cos\phi} \tag{6.10}$$

右辺第 2 項は Ω を含まないから地球自転の影響ではなく,地球が球形であるという幾何学的な条件から出てきた項である.また量的に見ると,$u=10$ m s^{-1} のときには,右辺第 2 項は第 1 項にくらべて 2 桁近くも小さい.そこでこの項を無視すると

$$\frac{\Delta u}{\Delta t} = 2\Omega v \sin\phi \tag{6.11}$$

となる.これがコリオリ力の東西成分で,$v>0$ すなわち南風のときには,北半球では(すなわち $\Omega>0$ のときには)東向きの力,すなわち進行方向を右にそらせようとする力である.

以上述べたことを要約すると,コリオリ力の性質は次のとおりである.

(1) 緯度 ϕ にあって水平速度 V で動いている空気塊はコリオリ力を受ける.その力の水平成分の大きさは $2\Omega V \sin\phi$ である.ふつう $f = 2\Omega \sin\phi$ とおき,f をコリオリ・パラメーターとよぶ.

(2) コリオリ力が働く方向は水平速度ベクトルの方向に直角で,北半球では右の方へ,南半球では左の方へ向く.したがってコリオリ力は運動の向きを変えることはできるが,速さを変えることはできない.この意味でコリオリ力を転向力ということもある.

空気塊が上下方向に動いている場合にもコリオリ力が働き,その水平成分もあるはずである.しかし 6.1 節で述べたように,積乱雲などの場合を除くと速度の鉛直成分は水平成分にくらべて小さいので,鉛直方向の運動に伴うコリオリ力は考えなくともよい.

【問題 6.4】時速 200 km で東西方向に走る新幹線のなかにいる体重 50 kg の人に働くコリオリの力を求めよ.

(答) 図 6.7 に示したように,この場合のコリオリの力は $2\Omega mu$ である.$m=50$ kg,$\Omega = 7.29 \times 10^{-5}$ s^{-1},$u = 56$ m s^{-1} とおいて 0.405 N を得る.N は力の単位でニュートンとよぶ.

$$1 \text{ N} = 1 \text{ kg m s}^{-2} \tag{6.12}$$

である.また 1 kg の物体に働く重力の大きさを 1 kg 重という.

$$1 \text{ kg 重} = 9.8 \text{ N} \tag{6.13}$$

という関係がある．いま新幹線が緯度 35°を走っているとすれば，この問題のコリオリ力の鉛直成分は $0.405\cos 35°\mathrm{N}$ すなわち $0.332\,\mathrm{N}$ である．重量にして約 33 g 軽くなる．

6.3　風と気圧場の関係（地衡風）

　前節では地球大気中の空気塊に働く見かけの力について述べた．空気塊に働く本当の力としては 6.2 節で述べた重力と本節で述べる気圧傾度力と 6.5 節で述べる摩擦の力とがある．

　3.3 節で高層天気図について説明したさい，中・高緯度帯の天気図に描かれた気圧分布と風の分布では，風は等圧線にほぼ平行に（図 3.4 の場合には等圧面上の等高度線にほぼ平行に）吹いていることを指摘した．考えてみるとこれは少し不思議ではないか．風は気圧の差があればこそ吹く．ふくらませた風船の口をゆるめれば，空気は圧力の高い風船内から，圧力の低い外部へ逃げ出る．そうだとすれば風は気圧の高いところから気圧の低いところへ，ちょうど谷川の水が低地に流れおりるように吹くはずである．それが等圧線に直角に吹かないで，等圧線にほぼ平行に吹いているのはなぜだろうか．答はいうまでもなくコリオリの力のためである．

　このことを説明する前に気圧差による力を数式で表しておこう．図 6.9(a)に示したように，2 本の等圧線で囲まれた小さな四角 ABCD を考える．BC と AD は等圧線に直角で長さが $\varDelta n$，AB と CD は等圧線に平行で長さが $\varDelta s$ である．さらに図 6.9(b)に示したように，ABCD を底面として深さが $\varDelta z$ である直方体を考える．ADD′A′ という面に働いている圧力と BCC′B′ という面に働いている圧力は等しいから $\varDelta s$ という方向に圧力の差はない．ところが ABB′A′ 面に働いている力は $p\varDelta s\varDelta z$ であり，CC′D′D 面に働いている力は $(p-\varDelta p)\varDelta s\varDelta z$ である．したがって差し引き $\varDelta p\varDelta s\varDelta z$ だけの力をこの直方体が受けているわけである．この直方体の容積は $\varDelta s\varDelta z\varDelta n$ であるから，単位容積に換算すれば $\varDelta p/\varDelta n$ だけの力が等圧線と直交する方向に，高圧部から低圧部に向かって働いていることになる．さらに，この空気の密度を ρ とすれば，単位質量の空気塊には，

140 ── 第6章 大気の運動

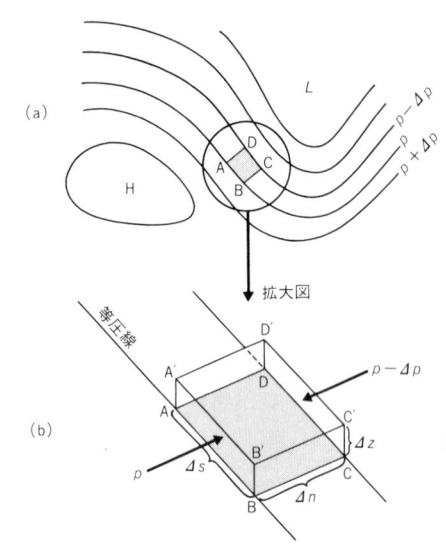

図6.9 (a)隣り合った等圧線に囲まれた微小面積 ABCD と，(b)その面を底面とする微小容積に働く水平気圧傾度力

$$\text{気圧傾度力} = -\frac{1}{\rho}\frac{\Delta p}{\Delta n} \tag{6.14}$$

だけの力が働いている．これを気圧傾度力という．負の符号をつけたのは高圧部から低圧部に力が向いていることを示すためである．

ここで注意を要することは，気圧はいつも高度とともに減少している．したがって鉛直方向にも下から上に気圧の差による力が働いている．しかし3.2節で述べたように，天気図に見るような大気の運動では，鉛直方向の加速度は重力にくらべると無視できるくらい小さく，鉛直方向の気圧傾度力は重力と釣り合った状態にあり，運動に関係しないと見てよい．したがって，このような運動では，気圧傾度力といえば水平面上の気圧差による力，と思ってよい．

【問題 6.5】静止している大気中のある水平面上で 3 hPa(100 km)$^{-1}$ の気圧傾度力が働いたら，1時間後に空気塊はどれだけの速度を得るか．ただし気圧傾度力は時間とともに変化しないとし，大気の密度は 1.2 kg m^{-3} とする．摩擦と地球自転の影響は無視する．

(答) 加速度は単位時間当りの速度の増加量であり，Δt 時間後の速度の増加量を ΔV とすれば，式 (6.14) を用いて

$$\frac{\Delta V}{\Delta t} = -\frac{1}{\rho}\frac{\Delta p}{\Delta n}$$

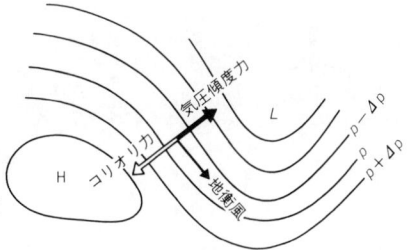

図6.10 地衡風ならびに地衡風と水平気圧傾度力とコリオリの力の関係

である．初期の速度は0と指定されているから，$\Delta t = 1$ 時間，$\Delta p = 3$ hPa, $\Delta n = 100$ km, $\rho = 1.2$ kg m^{-3} を代入すると，求める速度 ΔV は $\Delta V = (1$ 時間$) \times (3$ hPa/100 km$) \div (1.2$ kg/m$^3) = 9$ m s^{-1}．

次に図6.10において等圧線に平行な方向の風の速さを V とすると，単位質量の空気塊に働くコリオリの力は $2\Omega V \sin\phi$ である．そしてふつう地上から高度約1 km より上の大気の運動を議論するさいには摩擦力の影響は無視してもよい（6.6節）．それで等圧線に直角な方向について，運動の第2法則を適用すると，

等圧線に直角な方向の加速度 ＝ （単位質量当りの）コリオリの力
　　　　　　　　　　　　　　＋気圧傾度力

$$= -2\Omega V \sin\phi - \frac{1}{\rho}\frac{\Delta p}{\Delta n} \qquad (6.15)$$

が成り立つ．中・高緯度で天気図に見るような大気の運動について調べた結果によると，左辺の加速度の項の大きさは，右辺のどの項よりも1桁小さい．したがって近似的に

$$V = -\frac{1}{2\rho\Omega\sin\phi}\frac{\Delta p}{\Delta n} \qquad (6.16)$$

となる．要約すれば風は等圧線に平行に，北半球では低圧部を左側に見るように（南半球では高圧部を左側に見るように）吹き，その速さは式（6.16）で与えられる．このような風を地衡風という．

【問題 6.6】 緯度35°の地域で4 hPaおきに引いた等圧線の間隔が(a)200 kmの場合と(b)400 kmの場合について地衡風速を計算せよ．ただし空気の密度は1 kg m^{-3} とする．
　（答）4 hPa = 400 Pa, $\Omega = 7.29 \times 10^{-5}$ s^{-1} であるから(a) $V = 24$ m s^{-1}, (b) $V = 12$ m s^{-1}．すなわち等圧線の間隔が狭いほど地衡風速は大きい．

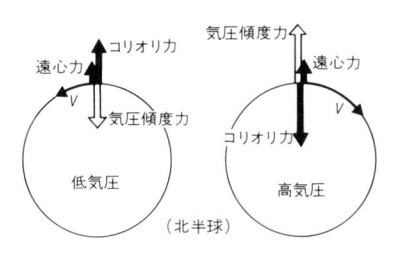

図6.11 北半球において低気圧および高気圧に伴う傾度風と水平気圧傾度力，コリオリ力，遠心力の関係

　発達した熱帯性低気圧や台風の場合のように，空気塊が直線的にでなくカーブを描いて運動しているときには，求心加速度をもっているから地衡風の関係式 (6.16) は変形しなければならない．それを考えるのには，見かけの遠心力を考えると便利である．いま話を簡単にするために図6.11（左側）のように空気塊は半径 r の円を描いて反時計回りに運動しているとしよう．これが北半球の仮想的な低気圧に相当する．図6.11（右側）は同じく仮想的な高気圧に相当し，空気塊は時計回りに回転し，気圧傾度力と遠心力が円の中心から外向きに，コリオリの力は内向きに働いている．空気塊の速度を V とし，運動が定常であるとすると，図6.11の高気圧・低気圧の場合の力の釣合いは

$$\frac{V^2}{r} + fV = P_n \tag{6.17}$$

と表現できる．ここで

$$f = 2\Omega \sin\phi, \qquad P_n = \frac{1}{\rho}\frac{\Delta p}{\Delta n} \tag{6.18}$$

である．低気圧の場合は $V>0, P_n>0$ とすればいいし，高気圧の場合は $V<0, P_n<0$ と考えればよい．式 (6.17) で表される風を傾度風という．等圧線が直線でない場合には遠心力の効果を考慮しているだけ，傾度風は地衡風よりもいい近似を与えているわけである．低気圧性の風では傾度風は地衡風より弱く，高気圧性の風では傾度風の方が地衡風より強い．式 (6.17) の根を求めると，

$$V = \frac{1}{2}\{-fr \pm (f^2 r^2 + 4rP_n)^{1/2}\} \tag{6.19}$$

となる．V は実数でなければならないから，高気圧性の風の場合には

$$-P_n < \frac{f^2 r}{4} \tag{6.20}$$

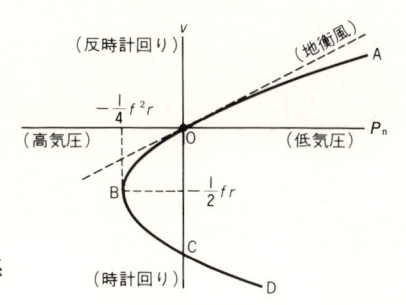

6.3 風と気圧場の関係(地衡風) —— 143

図6.12 傾度風速と水平気圧傾度力の関係

でなければ傾度風のような定常的な解は存在しない．したがって r が小さいところでは，すなわち高気圧の中心付近では気圧傾度も小さくなければならない．ところが低気圧性の風の場合にはそのような制限はない．だから，たとえば台風の風のように，低気圧に伴っては強い風が吹くのに，そのように強い風を伴う高気圧はないのである．

式 (6.19) において，r をある値に固定して，V と P_n の関係を図にしたのが図 6.12 である．この図の A–O–B の範囲がふつうの傾度風に相当する．上に述べたように，A–O の範囲では地衡風より弱く，O–B の範囲では地衡風より強い．図の B–C–D の範囲は異常な傾度風で，これが観測されることはまれである．特に C–D の範囲では，北半球で低気圧のまわりに時計回りの風が吹くという異常な状態である．点 C は気圧傾度がないときに空気塊が時計回りに回転することを表す．この運動を慣性振動という．大気中では他の原因による風の変動が大きいので観測されることはまれであるが，流れが弱い海洋のなかではよく観測される（図 6.13）．慣性振動では，

$$\frac{V^2}{r} = -2\Omega V \sin\phi \tag{6.21}$$

という等式が成り立つ．北半球では時計回り（高気圧回転）である．慣性振動の周期 T は

$$T = \frac{2\pi r}{V} = \frac{\pi}{\Omega \sin\phi} \tag{6.22}$$

で与えられる．この周期はフーコー振子が 1 回転するのに要する周期，いわゆる 1 振子日の半分である．

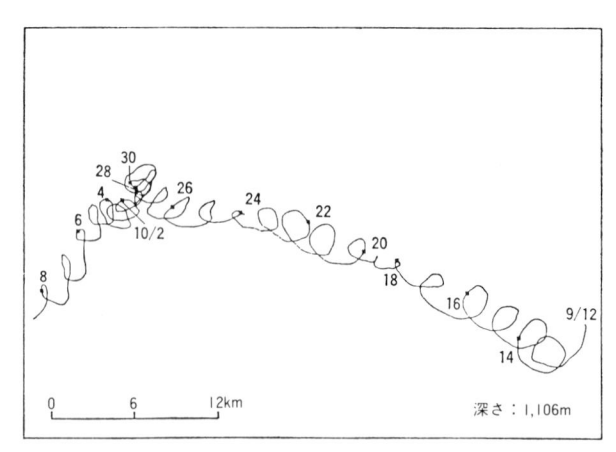

図6.13 1976年9月12日から10月8日まで鳥島南方の深海(1,106m)で観測された慣性振動(蓮沼啓一, 1977: 特別研究「海洋保全」中間報告書)
水平方向にほぼ一様な流速の場で物質が移動する軌跡を計算したもの．

【問題6.7】
(a)緯度20°Nで発達した台風の中心から50 kmの地点で，中心に向かう気圧傾度は100 kmにつき50 hPaであった．空気の密度を1.25 kg m^{-3}として地衡風および傾度風を求めよ．

(b)緯度40°Nで温帯低気圧の中心から1,000 km離れた地点での気圧傾度が100 kmにつき3 hPaであった．地衡風および傾度風を計算せよ．

(答) (a)台風の場合の地衡風Vは式(6.16)から

$$V = \frac{50 \times 10^2 \text{ kg m}^{-1}\text{s}^{-2}}{1.25 \text{ kg m}^{-3} \times 2 \times (7.3 \times 10^{-5})\text{s}^{-1} \sin 20° \times 10^5 \text{ m}} = 801 \text{ m s}^{-1}$$

台風の場合の傾度風は式(6.19)から

$$V = \frac{1}{2}(-2.49 \pm 89.47)\text{m s}^{-1}$$

すなわち43.5 m s^{-1}か$-$46.0 m s^{-1}である．前者がふつうの傾度風で，後者が図6.12のCDの範囲にある異常な傾度風に相当する．この問題では台風の中心付近では地衡風と傾度風の強さが非常に違うことに注意すべきである．

(b)温帯低気圧の場合の地衡風速は25.6 m s^{-1}，傾度風速は20.9 m s^{-1}である．すなわちこのように円運動の半径（もっと一般的にいえば空気塊の軌跡の局所的曲率半径）が大きい場合には地衡風速と傾度風速にはあまり差がない．

【問題6.8】緯度30°Nの地点で起こった竜巻の中心から100 m離れていた地点で，空気が50 m s^{-1}の速さで回転運動をしていたとする．単位質量の空気塊に働く遠心力とコリオリの力を求めよ．

(答) 遠心力 $= \dfrac{V^2}{r} = \dfrac{(50)^2 \mathrm{m^2\,s^{-2}}}{10^2 \mathrm{m}} = 25 \mathrm{~N~kg^{-1}}$

コリオリの力 $= 2\Omega V \sin 30° = 0.0036 \mathrm{~N~kg^{-1}}$

すなわちこの場合にはコリオリの力は遠心力よりずっと小さい．もし竜巻が定常状態にあったとし，摩擦力を無視すれば，気圧傾度力が遠心力と釣り合っていることになる．このような場合の風を旋衡風という．

6.4 風と気圧場と温度場の関係（温度風）

3.5節において北半球の冬ではジェット気流の強さは約40°N，対流圏界面のすぐ下で最大であること，またこの緯度のあたりで平均温度の南北傾度が最大であること，そしてこれは決して偶然ではないと述べた．この節でその理由を述べよう．このことは6.3節で述べた地衡風速が高度とともにどう変化しているかということと密接に結びついている．

話を簡単にするために，1,000 hPa面は水平であるとしよう．一般に対流圏内の等圧面上では極側の気温の方が赤道側の空気より低い．したがって極側の空気の密度の方が赤道側のそれより大きい．すると図6.14に示したように，3.2節の静水圧平衡の関係式により900 hPaの等圧面は極のほうが赤道側よりも低い．以下800 hPa, 700 hPa……という等圧面を順次に考えていくと，赤道側から極側への等圧面の傾斜はますます大きくなる．等圧面の傾斜が大きいということは，ある水平面で断ちきってみれば，南北方向の気圧傾度が大きい（赤道側が高圧部で極側が低圧部である）ということである．あるいは等圧面上で引いた等高度線の南北傾度が大きいということである．このことは地衡風の関係から見れば，高度とともに東向きの地衡風速が増しているということで

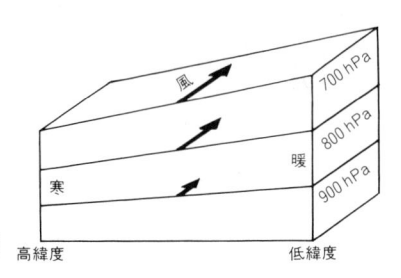

図6.14 南北方向の温度傾度により東向きの地衡風速が高度とともに増大する模式図

ある．このように温度の水平傾度があるために地衡風が高度とともに変化していることを温度風の関係という．北半球では高温の部分を右に見るようにして地衡風は高さとともに増大する．対流圏内では南北方向の温度傾度は中緯度に集中しているので，中緯度地帯の上空で偏西風が最大となるわけである．

【ホドグラフと風の順転・逆転】ある地点で観測された風の高度分布を図示する仕方にはいろいろあるが，よく使用されているのが風のホドグラフ（hodograph）である．これは図 6.15 に示したように，横軸に風の東西方向の成分（u），縦軸に南北成分（v）をとって，風をベクトルで表示したものである．図の場合，観測された風が地衡風であると仮定すると，700 hPa の風ベクトルから 850 hPa の風ベクトルを引いたベクトルが，この 2 つの高度の間の層の温度風である．図にはこの層内で高度について平均した温度 T が観測点の周辺でどう水平分布しているかを等温線で示している．図 6.14 では各高度で等圧線も等温線も東西方向に走っている場合について，温度風は等温線に平行で北半球では高温部を右に見て吹くこと，温度風の強さは温度の南北方向の傾度に比例することを述べた．ここで詳しい説明は省略するが，上に述べた温度風の性質は一般的に成り立ち，図 6.15 では温度風は層内の平均温度の等温線に平行であり，強さは温度の水平傾度に比例する．

さらに図から認められる興味あることは，図 6.15(a)では 850〜700 hPa の層では，平均して風が高温部から低温部に吹いていることで，すなわちこの層には暖気移流がある．一般的に風向が高度とともに時計回りしている状況を風の順転（ベアリング，veering）という．図(a)から，風が順転している層では暖気移流があることになる．反対に図(b)では，風向は高度とともに反時計回りをしており，これを風の逆転（バッキング，backing）という．このときは寒気移流がある．このようにある 1 地点で風の高度分布

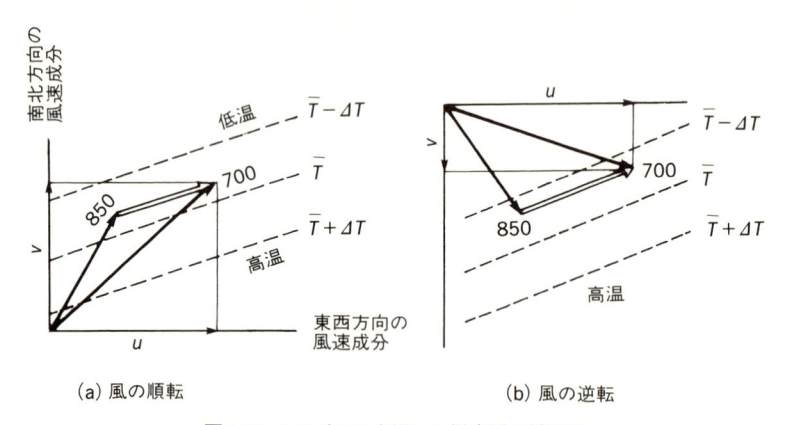

(a) 風の順転　　　　　　　　(b) 風の逆転

図 6.15　ホドグラフを用いた温度風の説明図
850 と 700 はそれぞれ 850 hPa と 700 hPa における地衡風ベクトル．白抜きの矢印が 850〜700 hPa の層の温度風ベクトル，破線はその層内の平均気温の等温線．

を測ると，風は地衡風であるという近似のもとに，周辺の温度の水平分布の知識なしで，その地点その高度で暖気移流があるのか寒気移流があるのかの見当をつけることができる．

ちなみに，風の順転・逆転という言葉は別の意味でも使用されている．たとえば台風の通過時のように，ある地点で時間とともに風向が北-東-南のように時計回りに変化しているときには風向が順転しているといい，北-西-南のように反時計回りに変化しているときには風向の逆転という．

6.5 地表面摩擦の影響

地上ではあまり風が吹いていないときでも，高いビルの屋上やタワーにのぼると意外に風が強いのに驚いた経験は誰でももっている．これは気圧傾度力が高さによらず一定であっても，大気は粘性をもっており，地面との摩擦のために風速は地面に近づくにつれ弱くなっているからである．

摩擦による効果で重要なことは，風速を弱めるだけでなく，風向も変えることである．おおまかにいって摩擦力は風向と反対の方向に作用していると見てよい．北半球において流れが定常の場合，地面近くの大気の層のなかでは気圧傾度力 (P_n)，コリオリ力 (C)，摩擦力 (F) の3つが図6.16に示したように釣り合っている．風向が等圧線となす角を α とすれば，$P_n \sin\alpha = F$ と $P_n \cos\alpha = C = fV$ という関係を満足するように角度 α と風速 V が決まる．摩擦力が大きいほど風は等圧線を大きな角度で横切って低圧部に流れこむ．一般的に，陸上にくらべて海面は滑らかなので，海上では比較的地面摩擦の影響は小さく，地上風が等圧線となす角度は15〜30°くらいである．陸上では30〜45°くらいである．

図6.16 北半球の大気中で摩擦力が働いている場合，水平気圧傾度力 (P_n)，コリオリ力 (C)，摩擦力 (F) の3者の釣合い

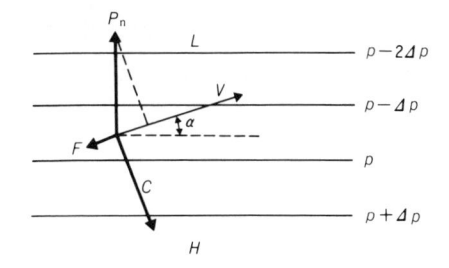

【問題 6.9】北半球のある地点の地表付近において，図 6.17 のように速さ V の定常な風が等圧線と角度 α をなす方向に吹いている場合を考える．このとき風ベクトルと逆向きの方向に摩擦力が働いているとし，水平気圧傾度力，コリオリ力，摩擦力の 3 者の釣合いから，摩擦力の大きさは $fV\tan\alpha$ で与えられることを示せ．

(答) 図 6.16 と本文で示したように，水平気圧傾度力を P_n，摩擦力を F とするとき，風に平行な方向および直角な方向の力の釣合いから，$P_n\sin\alpha = F$, $P_n\cos\alpha = fV$ を得るから，P_n を消去すれば $F = fV\tan\alpha$ となる．

【問題 6.10】問題 6.9 では摩擦力は風ベクトルと逆向きの方向に働いていると仮定したが，この仮定をはずしたとき，図 6.17 のように定常な地上風が等圧線と角度 α をなす方向に風速 V で吹いているとき，与えられたコリオリ力 fV と水平気圧傾度力 P_n に釣り合っている摩擦力を，コンパスと定規を用いて作図せよ．

(答) 与えられた水平気圧傾度力 P_n に対応する地衡風速より地上風速は小さいことを考慮して，図 6.18 に示したように，摩擦力の大きさを F とすると，摩擦力の地上風方向の成分は $P_n\sin\alpha$ に等しく，それと直角方向の成分は $P_n\cos\alpha - fV$ に等しいことを用いて摩擦力のベクトルを描く．

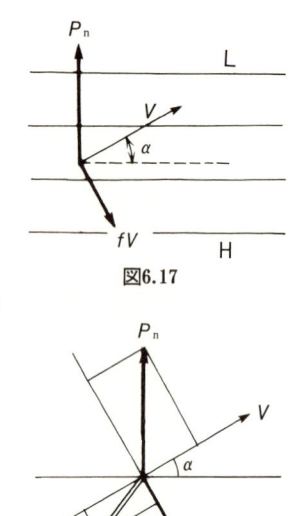

図6.17

図6.18

このように地上摩擦のため，大気下層の風が等圧線を横切って低圧部に吹くことがなぜ重要か．図 6.19 に示すように円形の等圧線をもった低気圧あるいは高気圧があったとしよう．もし摩擦の影響がなければ，空気塊は水平面内で円運動を繰り返しているだけである．しかし実際には摩擦の影響で風は等圧線を横切って低気圧の中心に向かって吹きこむ．下層で収束した空気は上昇する．この上昇流が台風の発達に本質的な役割をしていることは 8.8 節で述べるとおりである．温帯低気圧にもこのような上昇流はある．しかし温帯低気圧の場合には，別のメカニズムによる上昇流があり (7.5 節)，摩擦による上昇流の影響は重要ではない．

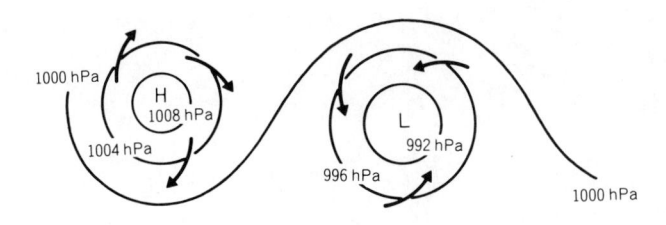

図6.19 大気の境界層内で地面摩擦のために低気圧の中心に風が吹きこみ，高気圧の中心から風が吹きだす

6.6 エクマン境界層と湧昇

　前節では地面摩擦の効果はただ摩擦力として表現した．この節ではもっと詳しく地面付近の流れを調べる．ここで登場するのがスウェーデンの科学者エクマン（Vagn Walfrid Ekman, 1874-1954）であり，話は海のなかの流れからはじまる．

　北極探検史で大きな役割を演じたのがナンセン（Fridtjof Nansen, 1861～1930）と彼が指揮した探検船フラム号である．殊に1893年の探検のさいには北極海の氷に閉ざされ，フラム号は3年間も風のまにまに北極海をただよった．その間ナンセンは不思議なことに気がついた．海に浮かぶ氷が真っ直ぐ風下側に流れないで，風が吹いていく方向の右側に20°から40°それた方向に流れるというのである．ナンセンはそれがコリオリの力によるものと気がついていた．エクマンはこの事実に興味をもち，海面を風が吹くとき，海のなかにどんな流れが生ずるのかを理論的に研究した．1905年のことである．

　その結果が図6.20(a)である．海面の海水は風に引きずられているにもかかわらず，風が吹いていく方向から右に45°それた方向に流れる．深さとともに流れの方向はさらに右にそれるが，深度100 mくらいでは流れはほとんどなくなる．流れ全体を深さについて積算すると，海水は風が吹いていく方向と直角方向に右に輸送される．今日ではこれを海洋中のエクマン境界層内の流れという．コリオリ・パラメターをf，海水の動粘性係数（海水がどれだけねばっこいかを示す係数）をνとすると，エクマン境界層の深さは$(2\nu/f)^{1/2}$の桁で

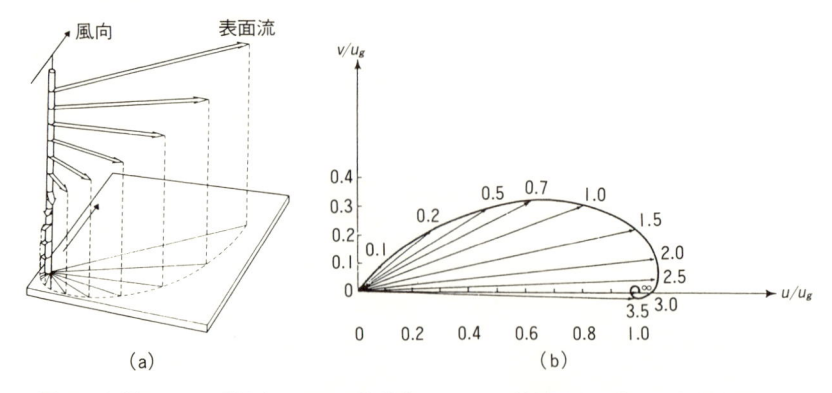

図6.20 (a)風によって引き起こされる海洋中のエクマン境界層内の流れの立体的説明図
(b)大気中のエクマン境界層内の速度分布を示すホドグラフ
らせん曲線に沿った数字は $(2\nu/f)^{1/2}$ で除して無次元にした高度で，風速の成分は地衡風速で除して無次元にしてある．

あることも理論的に導かれている．

　海面を風が吹くと，海水は粘性をもっているから風に引きずられて海水は動き，図6.20(a)のような流れができるが，ここで風が吹いていく方向とは直角に，北半球では右に，南半球では左に，海水が輸送されることが海洋中の湧昇という現象を生む．湧昇には赤道湧昇と沿岸湧昇の2種類ある．7.2節で述べることを先取りすることになるが，図6.21(a)に示したように，赤道をはさんで，北半球では北東貿易風が，南半球では南東貿易風が吹いている．このため海洋表層の流れは発散し，それを補うために，赤道とその付近では深層から海水が湧き上がってくる．これが赤道湧昇である．

　次に図6.21(b)では南半球のペルー海岸を想定しているが，ここでは地球をめぐる風系の一環としていつも赤道に向かう南寄りの風がある．これにより海岸近くの表層の海水は海岸から離れる方向に輸送される．それを補うために深層から海水が湧昇してくる．これが沿岸湧昇である．一般に沿岸湧昇は大陸の西岸沿いに起こる．北米のカリフォルニアやオレゴン沖，南米のペルーやエクアドル沖，アフリカの北西と南西部およびポルトガル沖などである．

　湧昇は次の2つの理由により重要である．1つは，一般的に水温は深さとともに低くなる（例は図10.15）．それで湧昇のある海域では深層の低温の海水

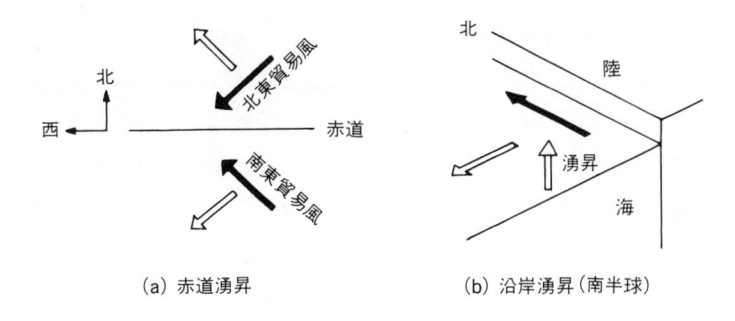

図6.21 赤道湧昇(a)と沿岸湧昇(b)の説明図
黒い矢羽根は海上の風，白い矢羽根はそれに伴う表層海水の動きを表す．

が上昇してきているので，海面の水温は低い．図8.24に示した海面水温の分布図で東太平洋の赤道ぞいで水温が低いのは赤道湧昇のせいであり，これが台風（ハリケーン）の発生場所を規定するのに重要な役割をしている（8.7節）．10.3節のエルニーニョの話でも赤道湧昇と沿岸湧昇が登場する．湧昇が重要であるもう1つの理由は，一般的に深い海水には多量の有機物が溶けていて（バクテリアによる死んだ生物の分解）養分に富む．これが海面近くに湧昇してくるので植物性プランクトンが増え，食物連鎖で動物性プランクトンが増え，魚類が増え，その海域はよい漁場となる．ペルー沖はその一例であり，10.3節でもう一度触れる．

風が吹いていれば，エクマン境界層は地表面と接する大気下層部分でも存在する．大気中のエクマン境界層内の風速分布がホドグラフ形式で図6.20(b)に示してある．海洋中のエクマン境界層と違い，こんどは風速は地表面でゼロであるが，高度とともに風ベクトルの先端はらせんを描きながら，地衡風に接近する．これをエクマンらせんという．大気の動粘性係数を ν とすると，境界層の厚さは前と同じく $(2\nu/f)^{1/2}$ である．中緯度ではふつう1kmくらいである．

エクマン境界層は回転している流体に特有の境界層である．このことを見るために，茶碗に水（あるいはお茶）を入れ，水を角速度 ω でかき回す．十分長い時間かき回すと，水の運動は定常状態となる．このとき回転運動と釣り合うために水面はへこみ，コップの底における圧力分布は図6.19右の低気圧と同じになる．茶碗の底面には図6.20(b)のエクマン境界層があり，底面近くの

水は中心に向かう.この動きは茶碗の底に沈んでいるお茶殻が中心に集まることで確認できる.水の動粘性係数をνとすれば,境界層の厚さは前と本質的に同じく$(\nu/\omega)^{1/2}$である($f=2\Omega\sin\phi$であることに留意).『理科年表』によれば,水のνは1.0×10^{-6} $m^2 s^{-1}$である.約6秒に1回転の割合で水をかき回したとすれば,ωは約$1 s^{-1}$である.したがって茶碗のなかの境界層の厚さは1 mmの程度である.水の厚さにくらべれば,これがいかに薄いか実感できる.底面では水の粘性のため速度はゼロである.十分時間をかけているから,この底面における粘性の影響は上の方まで伝わってよさそうなのに,底面の影響はほんの薄い層内に留まって,水の大部分はあたかも粘性がないように振舞っているのである.これは回転流体にだけ見られる特性である.そうだとすれば,エクマン境界層の厚さはωとνで決定されていることも納得できる.そしてωの次元はs^{-1}であり,νのそれは$m^2 s^{-1}$である.それでこの2つの量から長さの次元をもつ量をつくれば$(\nu/\omega)^{1/2}$となる.

ここで疑問が起きる.水のνの大きさが上に述べたとおりとすれば,中緯度のコリオリ・パラメターfは$10^{-4} s^{-1}$の程度であるから,海洋中のエクマン境界層の厚さは0.1 mのはずである.ところが実際には100 mの程度である.同じ疑問は大気についても起こる.空気のνは,再び『理科年表』によれば約1.5×10^{-5} $m^2 s^{-1}$である.それならば中緯度の大気のエクマン境界層の厚さは0.4 mくらいのはずなのに,実際は1 kmくらいだという.

この疑問に対する答は,(海洋中でもそうであるが)下層の風はいつも"乱れて"いることである.すなわち,風の息としてよく知られているように,風速も風向も絶えず不規則に時間とともに変動している.このことは煙突から出る煙を見ればすぐわかる(ふつう風速といっているものは10分間平均した値である).この変動は大気下層には大小さまざまな渦があり,それが生成消滅しながら大気下層のなかを動き回っていることの反映である.この渦を大気の乱れ,あるいは乱渦(eddyあるいはturbulence)といい,乱れた流れを乱流という.

大気下層の流れが乱れている原因はいろいろある.1つは地表面が滑らかではなくて,建築物や樹木など起伏があるため,流れがそこを通過するさいにかき乱されるからである.もう1つ大きな原因は,陸上では昼間は日射によって

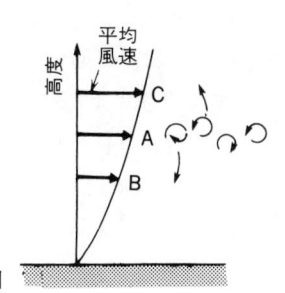

6.6 エクマン境界層と湧昇──153

図6.22 乱渦による混合の説明図

　地面が加熱され，大気は下から暖められるので対流が起き，熱を上に運ぶ．対流といっても地表面の状態は決して一様ではないので，対流もベナール型対流 (8.1節) のように規則正しい細胞状の対流ではなく，上昇流の大きさも強さもさまざまである．大きなものは 1 km 程度の水平の広がりをもっている．上昇する暖かい空気塊はサーマルとよばれている．グライダーやハングライダーは，このような上昇流にのることにより，長時間の飛行が可能になる．ときとしてサーマルの一番上に小さな積雲が生ずることもある (図6.23参照)．乱渦を生む他の原因は，流れが不安定となり波動を生じ，波動の振幅が大きくなってたくさんの渦になるということもあるが，ここでは触れない．

　いずれにせよ，このような乱渦が摩擦の役目をする．いま図6.22に示したように，高度によって平均風速が違うとする．乱渦は自己の発生地の特性を身につける習性があるが，平均風速の大きな部分 (図のA点) で発生した乱渦のあるものは，その大きな風速 (運動量) を風速の小さな部分 (図のB点) に運び，そこでまわりと混合して持参した運動量を与える．このことはその部分の速度を速めようとする動作にほかならない．一方乱渦のあるものは，風速がより大きな部分 (図のC点) に行って，そこで混合するかもしれない．このことはC点の風速を弱めようとしたことになる．このように乱渦は生成消滅を繰り返しながら流れのなかを動き回る間に，風速の高度分布を平均化する役目をする．一方，空気の動粘性係数として『理科年表』に与えられている値は，空気分子が動き回り衝突するときに運動量を交換し合って速度を平滑化しようとしているときの粘性の係数である．分子が動き回る速さや相互に衝突するまでの距離にくらべれば，乱渦のそれは桁はずれに大きい．だから乱渦の働

きを動粘性係数で表すと，1から10^2 m^2 s^{-1} くらいにもなる（この値はいろいろな条件によって違い，とくに日中は大きく，夜間は小さいということはある）．この乱渦による動粘性係数を渦動粘性係数といって区別する．そして渦動粘性係数νの値として50 m^2 s^{-1} をとれば，エクマン境界層の厚さは約1 kmとなるのである．

6.7 大気の境界層

前節ではエクマン境界層の話をした．これは地球大気のように回転している流体が地表面と接しているときには，地面摩擦の影響は境界層という限られた高さまでしか及ばないのだということを示す重要な概念である．しかし，もともと風に引きずられて動く海洋のなかの境界層として導入された概念なので，それをそのまま上下を逆さにして大気の境界層（特にわれわれに関係の深い陸上の境界層）と見なすには少し簡単化しすぎる．つまり陸上では気温の日変化が大きいし，地表面の状態も一様ではないのに，前節で述べたエクマン境界層では，その効果が加味されていないのである．本節では，もっと現実的な大気境界層について述べる．ここで大気の境界層とは地面や海面の摩擦や熱の影響を直接的に受ける層と改めて定義する．その上の層を自由大気という．

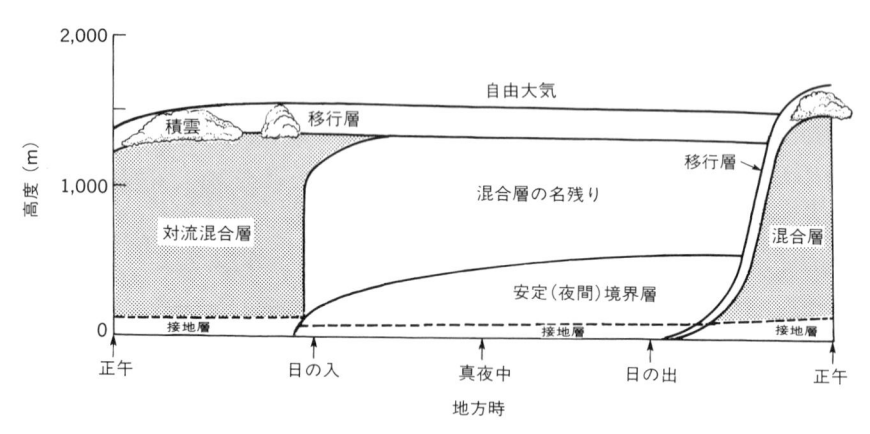

図6.23 晴天日の大気境界層の日変化の模式図 (Stull, 1988: *An Introduction to Boundary Layer Meteorology*, Kluwer Academic Pub.)

6.7 大気の境界層——155

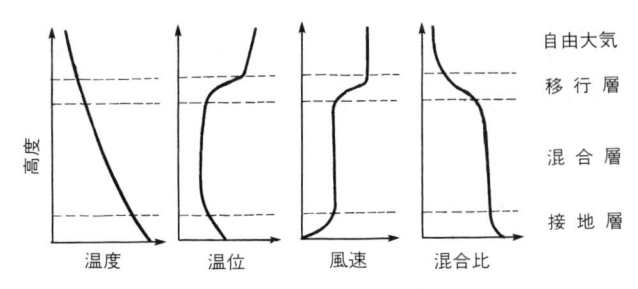

図6.24 地方時の正午ごろ，大気境界層内の温度，温位，風速，混合比の高度分布の模式図

　図6.23は晴天日の大気境界層の日変化を示す．いろいろと区分した層の名前が出ているが，正午の状態から見ていこう．その時刻の大気境界層内のいろいろな気象要素の高度分布が図6.24に示してある．まず地面に接して接地層 (surface layer) がある．ここでは簡単化のため地表面は平坦で，建築物や樹木や草などはない裸地とする．そのとき接地層の厚さは10mから数十mと薄い．大気を動かす究極のエネルギー源は太陽からの放射であり，第5章で述べたように日射は大気によってはほとんど吸収されず，地表面で吸収される．そうして加熱された地表面が次に大気を下から暖める．すなわち大気を加熱する．したがって地表面が吸収した日射量のうち，どれだけが大気に移され，どれだけが地表面から水蒸気を蒸発するのに使われ，どれだけが土壌の温度を上げるのに使われたのかなどは，小は気温や相対湿度などの日変化を知るための基本的な情報であり，大は地球大気全体の熱や水蒸気の収支決算を考え，気候の変動を考えるのに必要な情報である（5.8節）．接地層は大気が地表面に接する最前線の層であり，地表面における地表面と大気の間の熱や水蒸気や運動量のやりとりに関する基本的な情報はこの薄い接地層に含まれている．

　次に接地層の上に対流混合層 (convective mixed layer) がある．前節で述べたように，大気の下層は地表面の凹凸などのために絶えず乱されている．ことに日中はサーマルを含めた不規則な対流があり，よくかき回されている．その結果図6.24に示したように，温度の高度勾配は乾燥断熱減率をもち，（同じことであるが）温位は高度によらず一定である．風も混合比もほぼ一様である．要するに，よく混合された層である．ここで重要なことは，気温は乾燥断

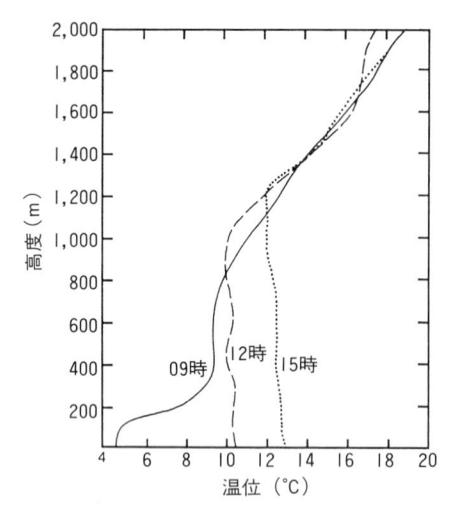

図6.25 草原上の温位の高度分布の日変化
(R. H. Clarke *et al.*, 1971: Paper No. 19, Division Meteor. Phys., CSIRO.)
図中の時刻は地方時.

熱減率で減り，混合比はほぼ一様だということは，混合層のなかでは相対湿度は高度とともに増加しているということである．このため混合層の上部は飽和に近く，強いサーマルが下から来ると，凝結高度に達し積雲（綿雲，羊雲）が発生することがある．

そして図6.24に示したように，正午ごろ，接地層内では温位は高度とともに減少している．すなわち成層は絶対不安定である．一般的に大気中で絶対不安定な成層が観測されることはない．そうなればすぐ上下に転倒が起こって中立の成層になってしまうからである．例外はここで示している場合で，地面温度が急激に上昇し，熱はせっせと上に運ばれているが間に合わず，絶対不安定なままでいるのである．そして接地層を通った熱が混合層内の対流を起こしているわけで，一応接地層と混合層とに区分しているが，両者は密接に連結されている．

混合層の上に移行層あるいは遷移層があり，その上に自由大気がある．移行層はサーマルを含めた混合層内の対流がひょいひょいと顔をだしては，より安定な成層をした自由大気に抑えられてはつぶれている層である．そのつぶれるさいには，自由大気の空気が混合層に取りこまれるので（これをエントレインメント，entrainment という），この層をエントレインメント層ということもある．

さて午後になると日射量は減りはじめ、やがて地表面から出ていく赤外線放射量より少なくなる。地面温度は下降しはじめ、それに接した接地層の温度も下降しはじめる。温度の下降は混合層にも伝わり、温度が高度とともに増す接地逆転層（図3.17）が日没前から出現する。その上には混合層の名残りがあるが、もはや活発な対流はなく、乱れも弱い。接地逆転層の厚さは日の出前まで増加し続ける。そして日の出のころから対流混合層が発達しはじめ、その厚さは時刻とともに大きくなる（図6.23）。

実際に、広大な草原の上で温位の高度分布の日変化を観測した例が図6.25である。夜間に高度約400mまで接地逆転層が発達したが、9時までには高度100mくらいまでは解消している。その逆転層の上には前日の混合層の名残りがあり、温位はほぼ一定である。12時までに逆転層は完全に消滅し、高度約1,000mまで混合層がある。15時には混合層は最も発達し1,200mの高度に達している。

【キャノピー層】森林や建築物が多い都市部では、裸地の上の接地層とは性質が違った特有の層が形成されるので、これをキャノピー層（canopy layer）とよぶ（図6.26）。キャノピーとは天蓋を意味し、森林や都市の建築物などを蓋のように覆っている大気層を表す。たとえば森林キャノピー層では、木の葉や幹が風に対して大きな抵抗をおよぼす。また、光合成を行うときに開いた葉の気孔から水分が蒸発するし、降雨中に葉や幹に付着した水が降雨後に蒸発したりして、森林域からの蒸発量は裸地や都市部からのそれとは大きく違い、別個の取扱いを必要とするわけである。

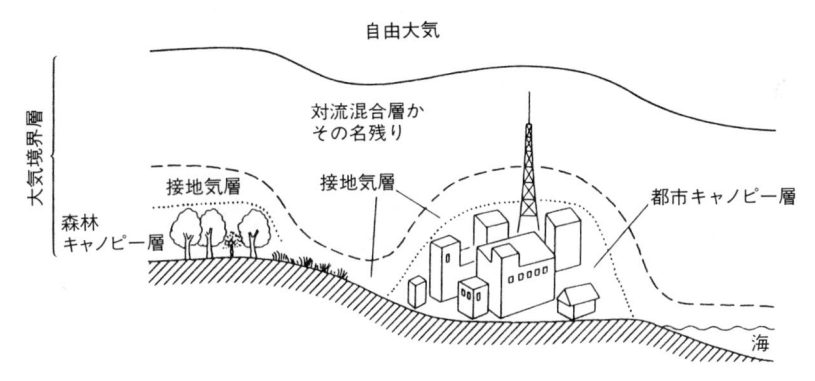

図6.26 いろいろなキャノピー層を含む大気境界層の模式図（安田延壽, 1994：基礎大気科学, 朝倉書店, を変更）

6.8 いろいろな運動のスケール

3.2節では多くの場合に（大規模な運動の場合に）静水圧平衡が成り立つと述べた．また6.3節では中・高緯度の天気図に見られるような大気の運動では，気圧分布と風はほぼ地衡風の関係にあるなどと述べた．大規模といっても，それは相対的なことなので，ここでもう少し正確にどういう運動をいっているのか定義しよう．

気象学では記述の便宜上，大気中の運動をその水平スケールによって大・中・小規模の運動，あるいはマクロスケール・メソスケール・ミクロスケールの運動に区分する（図6.27）．マクロとミクロは一般的に使われている言葉である（たとえばマクロ経済とミクロ経済やミクロの世界など）．メソ（meso）という言葉はなじみがないかも知れないが，これは中間を表すギリシア語の接頭語である．たとえばメソポタミアという地域がある．エジプトとともに世界最古のアッシリア文明発祥の地である．チグリス河とユーフラテス河の中間にある地域だから，そうよぶ．ポタモスはギリシア語の河である．またメゾ・ソプラノあるいはメッツオ・ソプラノという言葉もある．ソプラノとアルトの中間の声域をいう．日本の最初のノーベル物理学賞受賞者の湯川秀樹博士が理論的にその存在を予言した素粒子の名称はメソン（中間子）である．

大規模運動はだいたい水平スケールが2,000 km以上の運動をいう．これをさらに惑星規模（プラネタリー・スケールあるいはグローバル・スケール）と総観規模（シノプティック・スケール）に分ける．惑星規模は文字どおり地球全体あるいはその大部分にわたって地球をめぐる運動で，7.1～7.4節で述べる．総観規模の運動は水平スケールが約2,000 kmから数千kmにわたる運動で，ふつう天気図に現れる低気圧や高気圧，気圧の谷や峰などがこれに属する．日々の天気に直接関係する運動であり，7.5～7.6節で述べる．

総観規模はシノプティック（synoptic）スケールの訳語である．シノプティックというのは，もともと全体を一望のもとに見渡せるという意味のギリシア語からきているが，気象学ではもっと限定して，ある時刻に広い地域の気象データを集めて，低気圧や高気圧などを眺めるという意味で使っている．これ

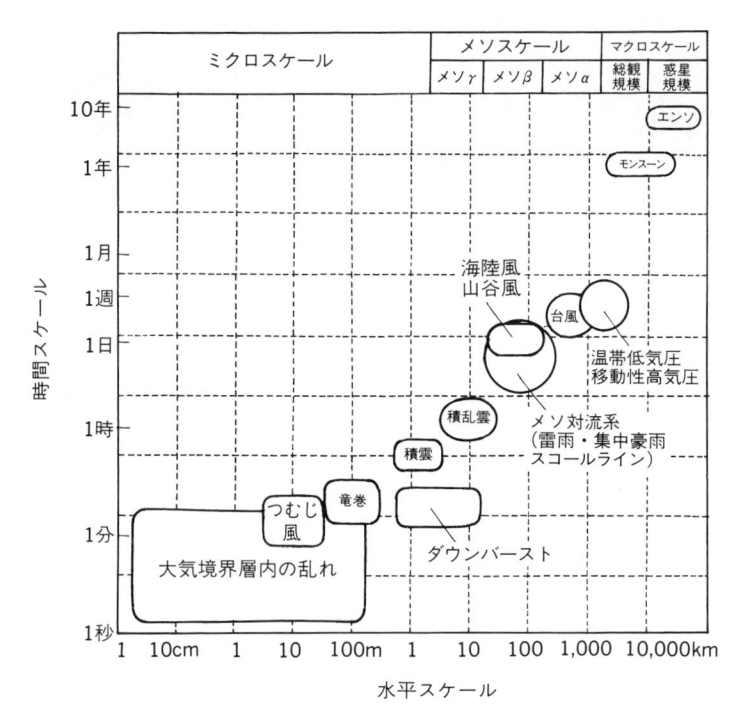

図6.27 大気の運動の時間・空間スケール (『新教養の気象学』(前出) のなかの新野宏氏の図を変更)
縦軸は現象の代表的な時間スケール. 横軸 (下) は代表的な水平方向のスケール.

は全く歴史的な産物で, 19世紀に電信が発明されて, 決められた時刻の気象データがほぼリアル・タイムに入手でき, 低気圧などを調べて天気予報が出せるようになったころからの使い方である.

小規模な運動は水平スケールが約2 km以下の運動であり, つむじ風やすでに述べた大気境界層内の乱れ (乱渦) などがこれに属する. 大規模と小規模の中間にあるメソスケールの運動は約2 kmから2,000 kmのスケールをもつ運動である. 個々の積乱雲や雷雨, 集中豪雨, 海陸風や山谷風などの局地風, 台風などがこれに属し, 第8章で述べる. 専門家はメソスケールをさらにメソαスケール (水平スケールが2000 kmから200 km), メソβスケール (200 kmから20 km), メソγスケール (20 kmから2 km) に細分している. 梅雨期に日本付近に出現する小低気圧や台風がメソαスケールの例である.

このように区分すると，総観規模や惑星規模の現象を扱っているときには，安心して静水圧平衡の式を使うことができるし，赤道およびその近傍を除けば，地衡風の関係により風と気圧の分布のどちらかから他方を近似的に導くことができる．一方，積乱雲などメソ β スケールの現象では，鉛直速度の加速度が大きいから，静水圧平衡の式は使えない．風と気圧は地衡風の関係から全くはずれているから，両方を独立に測定する必要がある．

上に述べたような水平スケールによる区分の仕方は，人によって多少の違いがあり，こうでなければならないということはない．図 6.27 の横軸（上）の区分はオランスキー（I. Orlanski）が 1975 年に提案したものであり，現在最も広く使われている．また空間スケールとして水平スケールについてだけ述べたが，対流圏内の現象を議論している場合には，鉛直スケールとしてはだいたい圏界面までの高さの 10 km かそれ以下としてよい．もちろん小規模運動の鉛直スケールは 1 km かそれ以下である．

いろいろな大気の現象を水平スケールでなく，特徴的な時間スケールで区分することもできる．時間のスケールとしては，(a)発生から消滅までの寿命時間，(b)繰り返し生起したり強弱を変えたりする場合にはその周期，(c)形や強さをあまり変えないで移動している現象ではその現象がある地点を通過するのに要する時間，などで定義することができる．一般的に，水平スケールの大きいものほど時間スケールも長い傾向がある．

6.9 発散・収束と渦度

気象学ではいくつかの量を用いて，いろいろな流れの特性を記述する．その量のなかで，この節では発散・収束と渦度について述べる．もう 1 つ，変形という量があるが，これは 7.7 節で述べる．

発散という言葉は一般的にも，たとえば若さを発散してなどと使われているが，もちろん気象学ではちゃんと定量的に定義されている．図 6.28(a)において水平面上に x 軸と y 軸をそれぞれ東と北に向けて正にとり，その方向の速度成分を u と v とする．u と v はそれぞれ座標軸の正の方向を向いているとき正とする．微小な距離 $\varDelta x$ と $\varDelta y$ で囲まれた四角な面積を考え，点 x と $x+$

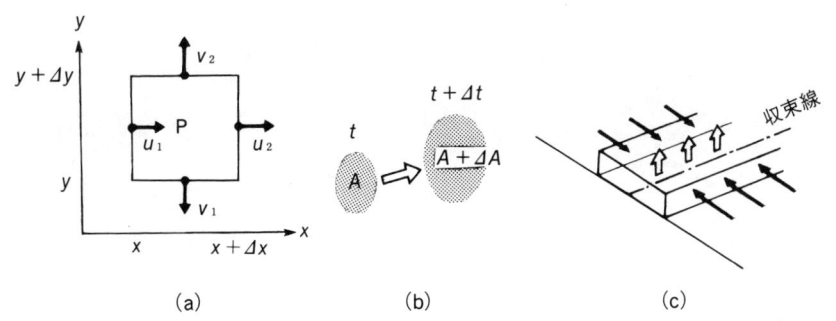

図6.28 (a)発散・収束の定義の説明図，(b)面積の変化で定義した発散・収束，(c)下層の収束に伴う上昇流

Δx における u をそれぞれ u_1 と u_2 とし，点 y と $y+\Delta y$ における v を v_1 と v_2 とする．このとき速度の発散は

$$\text{速度の発散} = \frac{u_2-u_1}{\Delta x}+\frac{v_2-v_1}{\Delta y} \equiv \frac{\Delta u}{\Delta x}+\frac{\Delta v}{\Delta y} \tag{6.23}$$

で定義される†．すなわち両軸に沿って単位距離だけ離れた地点の速度差の和である．この量が正のときは発散があるといい，負のときは収束があるという．

別の見方をすると，図6.28(b)のように，ある水平面上の面積 A にマーカーで色をつけておく．面積 A のなかの微小な空気塊はそれぞれの位置の流れの速度にのって移動し，微小な時間 Δt 後には色のついた部分の面積は $A+\Delta A$ となったとする．このとき速度の発散（正確には水平発散）は単位時間当りの面積の増加率

$$\text{速度の発散} = \frac{1}{A}\frac{\Delta A}{\Delta t} \tag{6.24}$$

で与えられる．面積が増加していれば発散，減少していれば収束である．式(6.23) と (6.24) が結局同じことをいっていることは，図6.28(a)の四角は単位時間に x 方向には Δu だけ伸び，y 方向には Δv だけ伸びて，それだけ四角形の面積が増加したと考えればわかる．

気象学ではなぜ収束が大事か．図6.28(c)のように地表面に沿って小さな容

---

† 大気中の流れは3次元であるから，正確にいうと w を鉛直速度として式 (6.23) の右辺に $(w_2-w_1)/\Delta z$ を加えたものが速度の発散であり，式 (6.23) は水平発散とよばれるべきものである．しかし本書では特に断らない限り水平発散を単に発散とよぶ．

(a)1992年4月22日1600地方時におけるアメダ
スの風の分布
矢羽根は1 m s^{-1},ペナントは5 m s^{-1}.

図6.29 地表風の収束に伴う対流雲の発達の一例 (Ogura *et al*., 1995: *J. Meteor. Soc. Japan*, **73**, 857-872.)

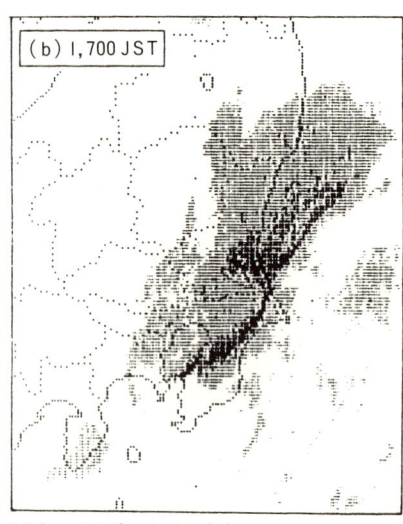

(b)同日1700時における東京レーダーのエコー図
高度約2 km.

積を考える.容積内で速度の収束があると,空気が圧縮されて密度が増すということがあるが,ふつうこの効果は無視できるくらい小さい.収束により集積した空気は地表面から中に入りこむことはできないから,この容積の上面を通って上昇する.空気が十分に湿っているときには,この上昇流によって雲が発生することになる.

例を挙げよう.図6.29(a)は温帯低気圧が本州南岸に沿って東北東に進み,東京都に接近しつつあるとき,アメダスによる地上風の分布である.千葉県と神奈川県南部には南ないし南西の風が吹いており,一方関東地方北部には北寄りの風が吹いていて,この2つの風系の間には明瞭な収束線が形成されている.そして図6.29(b)のレーダーエコー図によると,図(a)の収束線に沿った位置に強い対流性の雨を表すエコーのバンドがある.

(a) 正の渦度

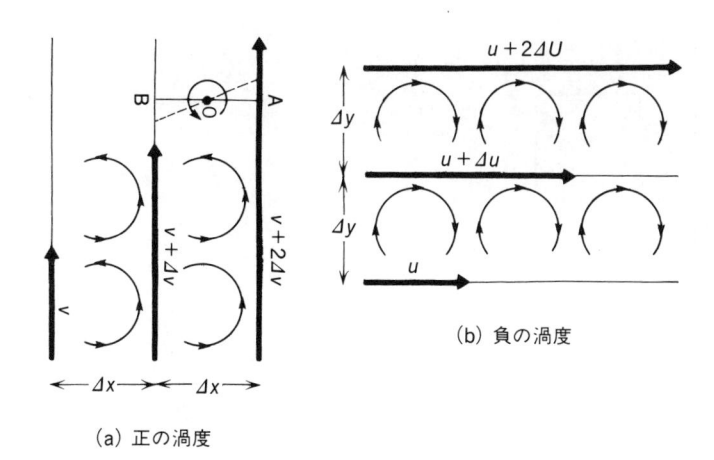

(b) 負の渦度

図6.30 巨視的に見た流れ（太い直線）と微視的に見た回転（渦度）

　このように発散・収束がいま考えている空気塊が占める面積の増減に関係しているのに対して，渦度は面積には全く関係なく，流れの回転に関係した量である．たとえば台風や竜巻を見れば，空気が回転していることはすぐわかる．これはいわば巨視的に見た回転であり，渦度は微視的に見た回転を表す．

　例を挙げよう．再び x 軸と y 軸からなる水平面を考える．図6.30(a)の場合 y 方向の速度 v だけがあり x とともに増加しているとする．この流れは直線的であり，台風や竜巻のような回転をしているようには見えない．ところが図のように微小部分に切って，O という点から少し左右に離れた A, B という点を考えると，A 点の空気の方が B 点のそれより速く進むので，ほんの少し時間が経ったあとでは，O 点を中心にして空気の微小部分が反時計回りに回転しているように見える．つまりミクロに見れば，各々の微小部分はコロのように見える．コロは重い物体を動かすとき，板の下に敷いてころがす丸くて堅い棒である．Δx 離れた速度の差を Δv とすると，この場合の渦度は $\Delta v / \Delta x$ で定義される．これが正であるとき（すなわちコロが反時計回りのとき）渦度は正と決めてある．図6.30(b)の場合には，流れは x 軸に平行で，速さは y とともに増加している．前と同じように微小部分に分けて考えると，今度のコロの回転は時計回りである．やはり反時計回りを渦度の正と統一したいので，この場合の渦度は $-\Delta u / \Delta y$ と定義する．

図6.31 渦度の定義の説明図

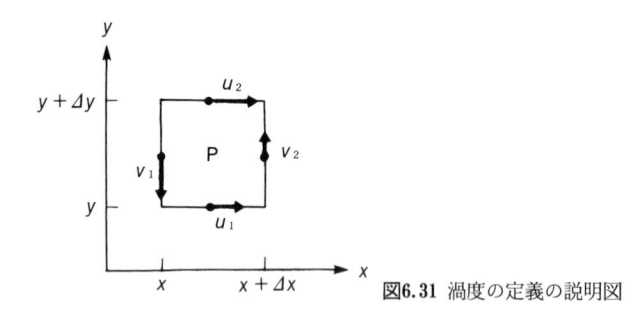

一般的には，いま考えているP点を囲む4点を考え，図6.31に示したように速度が与えられているとき，点Pにおける渦度（ζという記号を用いる）は，

$$渦度 = \frac{v_2-v_1}{\Delta x} - \frac{u_2-u_1}{\Delta y} \tag{6.25}$$

と定義される．これは図6.30で定義された渦度を特殊な場合として含む．繰り返すが，uとvはそれぞれx軸とy軸の正の方向を向いているときに正にとる．

正確にいうと，3次元空間の速度はベクトルで表されるのに対応して（6.1節），渦度もベクトルで表される．それで式（6.25）は正確には渦度の鉛直成分というべきであり，渦度の水平成分は別に定義される．ただし大規模な現象に限っては，式（6.25）の渦度が主要な役割を演ずる．

総観規模の例として図6.32を見る．北半球で東西に並んだ仮想的な円形の低気圧と高気圧が一様な偏西風のなかに存在している．低気圧は，巨視的な風の見地から見ると風が反時計回りに回転している渦であり，微視的な渦度の見地から見ると正の渦度がびっしり詰まった地域であり，気圧の点から見れば中心ほど気圧が低い地域である．いま偏西風は一様と仮定したから，偏西風と地衡風平衡にある気圧は北にいくほど直線的に減少している．これに低気圧に伴う気圧を加えると，等圧線はもはや円形ではなく，（偏西風速と低気圧に伴う風速との相対的な大きさにもよるが）等圧線は閉じないで，北に開いて南に突き出た形となる．これを地形図に見る谷になぞらえて気圧の谷（トラフ）という．低気圧の南半分では低気圧に伴う風と偏西風とが重なるから，北半分にくらべると風速は大きい．これは台風の進行方向に対して右半分が危険半円，左

6.9 発散・収束と渦度 — 165

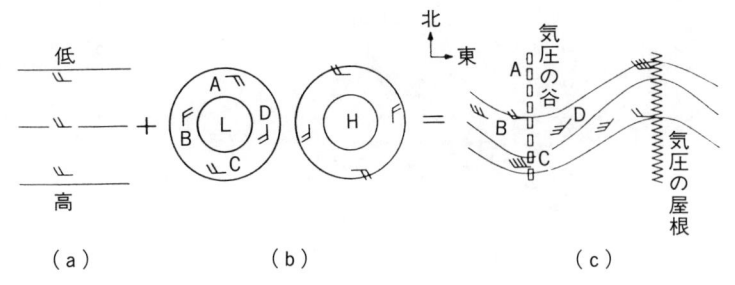

図6.32 ある水平面上で，一様な西風(a)に，高・低気圧に対応する渦巻(b)が埋められて存在したとき，流れが波形(c)になることの説明図
実線は等圧線，矢羽根は1本が5 m s^{-1}.

半分が可航半円であるのと同じことである（8.7節）．図6.32は，高層天気図に見る気圧の谷というものは，正の渦度の塊が偏西風のなかに埋め込まれたものであり，その渦度が偏西風に流されていくのが気圧の谷の東進であることを模式的に示している．移動性高気圧と気圧の尾根（リッジ）についても同じようなことがいえる．

上記ではコロを比喩にとって渦度を説明したが，この比喩はあまりよくないかもしれない．なぜなら，本物のコロの微小部分はすべて円運動をしているのに，図6.30の空気塊は直線運動だけをしているからである．空気の微小部分が本当に，図6.2のように，ある点を中心として角速度 ω で円運動をしているときには，その点における渦度（ζ）は ω の2倍であることを次のようにして示すことができる．この円運動の半径を r とすると，図6.31の記号を用いて $\varDelta x = \varDelta y = 2r$, $u_2 = -r\omega$, $u_1 = +r\omega$, $v_2 = +r\omega$, $v_1 = -r\omega$ であるから，これを式 (6.25) に代入すると，

$$\zeta = 2\omega \tag{6.26}$$

が得られる．

第7章

大規模な大気の運動

7.1 ハドレーが描いた大気の大循環

　5.8節で述べたように，地球大気および海洋を含めた固体地球が吸収する太陽放射の熱量と，地球大気の外縁から地球放射として出ていく熱量とは等しく，熱の収支が合っている．しかし地球全体としてはそうであっても，緯度別に見ると話は違う．図7.1に見るように，地球放射によって出ていく熱量は，緯度によってあまり違わない．このことは放射量はT^4に比例し，緯度によるTの違いは地球全体の平均のTとあまり違わないことからも理解できる（Tは温

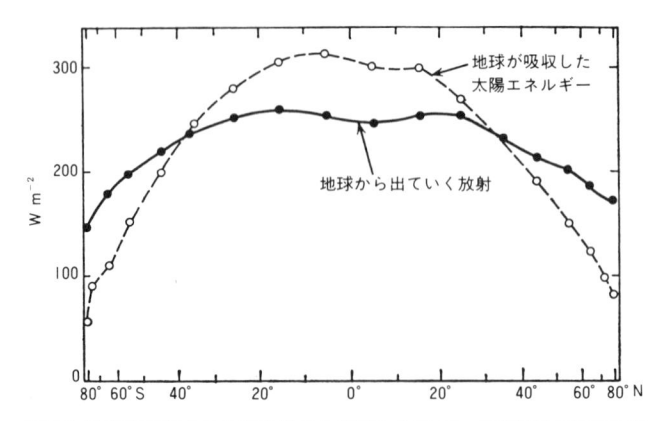

図7.1 地球が吸収する太陽放射量と地球から出ていく放射量の緯度分布
(T. H. Vonder Haar and V. E. Suomi, 1969: *Science*, **163**, 667–668.)

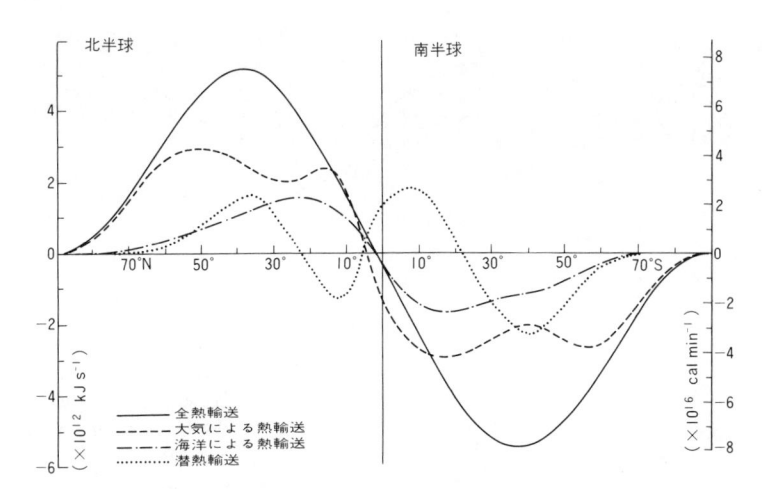

図7.2 年平均で見た大気と海洋の系における熱の南北輸送量の緯度分布（岸保勘三郎ほか，1982：大気科学講座4，東京大学出版会）

度）．ところが地球によって吸収される太陽エネルギーは低緯度帯の方が高緯度帯よりずっと大きい．このことは5.1節ですでに述べたとおりである．したがって1年を通じて見ると，緯度約40°より低緯度の地帯では，地球が受けとる熱量の方が出ていく熱量より大きく，高緯度帯では逆である．それにもかかわらず低緯度帯の大気の温度が年々一方的に高くなることもないし，高緯度帯の温度が年々低くなるということもない．これは年間を通した収支決算がちょうどゼロになるように，低緯度帯の余分な熱量が高緯度帯に運ばれているからである．

それでは各緯度圏を通ってどれだけの熱がどんな仕掛けで極向きに輸送されているのか．図7.2の太い実線は大気外縁における放射による熱の収支の測定から，各緯度で年平均温度が変わらないためには，各緯度においてこれだけの熱量が大気および海洋中を通って極向きに輸送されているという量である．残りの3本の線を加算すると，この実線となる．図を見て興味あるのは海洋も極向き熱輸送に一役かっていることである．特に低緯度帯ではそうである．海のなかでも高温の海水が極に，低温の海水が赤道に向かって流れ，平均して見れば熱を高緯度に輸送するのに一役かっている．これは年々の気候の変動を考える上で重要なことである．また図では大気中の熱輸送を，乾燥空気のもつ熱と，

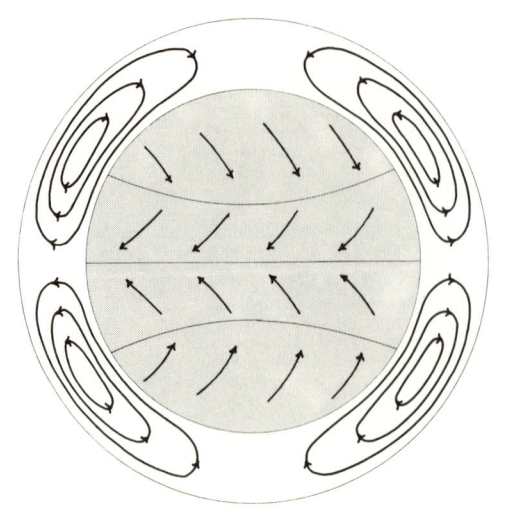

図7.3 ハドレーが1735年に考えた地球をめぐる大気の流れの模式図（E. N. Lorenz, 1967: *The Nature and Theory of the General Circulation of the Atmosphere*, WMO No. 218, TP. 115.）南北鉛直断面内の循環と対流圏下層の水平面上の風を示す．

潜熱の形で水蒸気に貯えられた熱の輸送に分けて考えている．潜熱の輸送については次節で述べる．

　さて問題は大気中でどのようにして低緯度帯の余分な熱が高緯度帯に輸送されるかである．ちょっと考えると答は簡単なようである．低緯度帯では大気が加熱されるのだから気柱は膨張する．高緯度帯では反対に気柱が収縮する．そのため各水平面上で見れば，上層では低緯度帯に高圧部，高緯度帯に低圧部がつくられ，図7.3に示したように極向きの流れができる．反対に下層では低緯度帯が低圧，高緯度帯が高圧になるから，冷たい空気は極から赤道に向かって流れ出す．こうして対流圏全体にわたって赤道と両極の間を循環する対流ができ，この対流によって熱が低緯度から高緯度に輸送されればよい．

　この考え方は実は18世紀にハドレー（George Hadley, 1685〜1768）が提出したものである．低緯度帯に東寄りの風（現在われわれが貿易風とよぶ風）が吹いていることは当時すでに知られていた（本節の最後参照）．ハドレーはこの貿易風の存在を説明するために次のように考えた．当時はまだコリオリの力のことはわかっていなかった．しかしハドレーは風というものは自転している地球の表面に相対的な空気の流れであること，自転により地球表面が絶対空間に対して動く速さは赤道で最も大きく，極で最も小さいことを正しく認識し

ていた．いま北半球を考える．はじめ北極地方で地球表面に相対的に止まっていた空気が図7.3に示すように下層で南下したとする．南下すれば自転している地球表面に対して西向きに動くことになる．そのまま南下を続けて低緯度帯までくれば，低緯度帯で東寄りの風が吹いているという事実を説明できる．この考え方はわれわれが6.2節において南北方向に動く空気塊に働くコリオリ力の東西成分の説明に使ったのと全く同じである．ただハドレーは誤って角運動量の保存でなくて，運動量の保存を考えていたことになる．また，こうして極地方にあった空気がそのまま熱帯地域に流れてくると，偏東風の速さは実際に当時の航海者たちが知っている貿易風帯での風速とは比較にならないくらい大きくなってしまう．それでハドレーは地面付近の風は地面との摩擦のため減速されるのだろうと考えた．

しかしそう考えると別のところに落し穴がある．ハドレーの考え方によれば地表面付近の風はどこでも偏東風であるということになってしまう．それでは困る．というのは，地球はいつも空気との摩擦を受けているわけであるから，長い間には地球の自転速度が遅くなり，1日の長さが延びるはずである．ところがそうした事実は当時だれも知らなかった[†]．それでハドレーは，地球表面のどこかで地球自転を加速するような西風が吹いているはずで，そしてそれは高緯度帯であると推理した．地表面とは逆に上空では空気は極に向かう．前と同じく運動量保存の考え方をすれば極に向かうほど西風は強くなる．この空気が高緯度帯で冷やされながら下降する．だから高緯度帯は偏西風帯であるというシナリオである．こうして図7.3に示した風系をハドレーは提案した．

【問題 7.1】かりにハドレーの考えた図7.3の南北鉛直断面内の循環が起こっていると仮定する．角運動量保存の式（6.2節）を用いて，赤道上地球表面に静止していた空気の輪が緯度60°まで移動したときの風速を求めよ．

（答）一般に赤道上 u_1 という速さで動いていた空気の輪が角運動量を保存しつつ緯度 ϕ まで移動して速度が u_2 になったとする．このときの空気の輪の半径は $R\cos\phi$ である（R は地球の半径）．したがって，

$$(R\Omega+u_1)R = (R\Omega\cos\phi+u_2)R\cos\phi$$

[†] 実は地球の自転は少しずつ遅くなっており，1日は前日にくらべて1億分の2秒ずつ長くなっている．しかし，この遅れは大気との摩擦によるよりは，主に海底における海水との摩擦による．

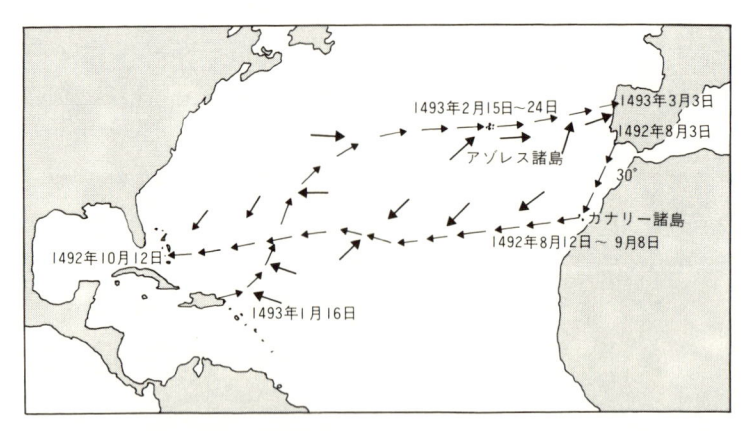

図7.4 コロンブスの最初の航海の航路と，そのときに吹いていた風 (Gedzelman, 1980：前出)

でなければならない．この式から u_2 を求めれば

$$u_2 = \frac{1}{\cos\phi}(R\Omega + u_1) - R\Omega\cos\phi$$

である．いまの問題の場合，$u_1=0$, $\phi=60°$ であるから $u_2=696 \text{ m s}^{-1}$ である．これを 7.3 節で述べる実測値とくらべると非現実な値であることがわかる．

【コロンブスの航海】1492年コロンブスは帆船ではじめて大西洋を横断するのに成功したが，それも彼が今日でいう北東貿易風を巧みに利用したからであった．それ以前にもすでに何名かの航海者は大西洋東部を探検し，アゾレス諸島に達していた．アゾレス諸島は，37°N，スペインのほぼ真西にある．しかしコロンブス以前の人はアゾレス諸島からさらにまっすぐ西に進もうとしてその緯度帯に卓越する偏西風にさまたげられた．ところがそれより半世紀も前から，ポルトガル人はアフリカ大陸の沿岸沿いに航海するのに，北東貿易風を利用していた．低緯度に行けば東寄りの風があることを知っていたのである．それでコロンブスはスペインを出発すると，まず南に下がってカナリー諸島に達し，そこから貿易風を利用して速やかに大西洋を横断するのに成功したわけである．（図7.4）．帰途はまず北上し偏西風帯に入って，アゾレス諸島に到着した．

7.2 地球をめぐる大気の流れ I 南北方向の循環

ここで話は一挙に現代にとぶ．実際の循環はどうなっているのか．世界各地で観測された風のデータを長年にわたって，また緯度圏に沿ってぐるりと平均

7.2 地球をめぐる大気の流れⅠ 南北方向の循環——171

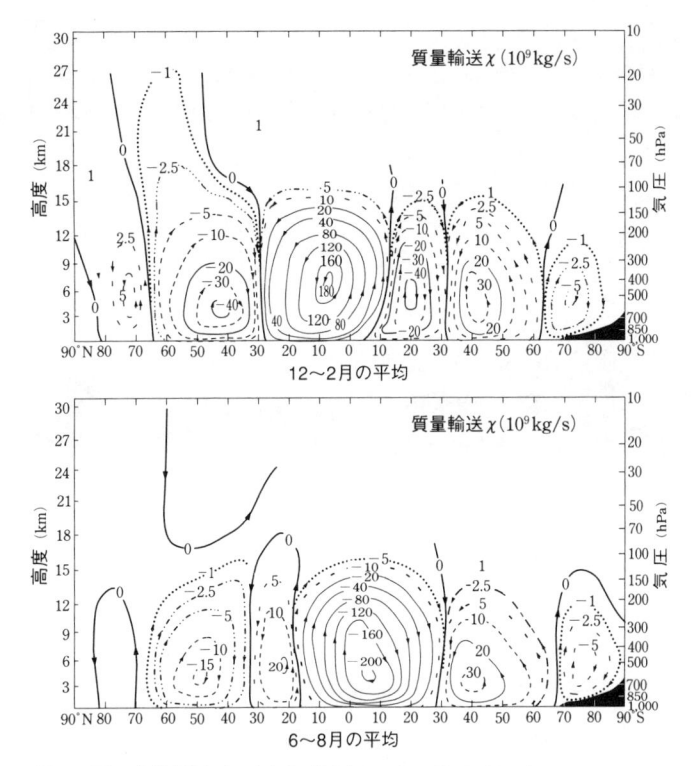

図7.5 風の南北循環（日本気象学会編, 1998：『気象科学事典』, 東京書籍）
矢印のついた曲線が空気の密度の重みをつけた流線を表す．流線の接線の方向
が流れの方向であり，流れの速さは流線の間隔に比例する．

して，子午面（緯度線に沿った南北鉛直断面）内で空気がどのように循環して
いるかを描いたのが図7.5である．流線として引いてある曲線に沿って空気は
循環していると見てよい．図によれば，低緯度帯には赤道付近で上昇し，南北
30°あたりで下降する循環がある．これを今日ではハドレー循環とよぶ．

　ハドレー循環と貿易風について実感をもってもらうために，ある日の大西洋
の赤道地帯における風の分布を図7.6に示す．一般に広い海域ではごく少数の
島での高層気象観測点を除けば，上層の気象データを得ることが困難である．
ここで威力を発揮するのが静止気象衛星である．これは短時間おきに（たとえ
ば15分おきとか30分おきに）雲の写真を撮る．雲はまわりの風にのって流れ

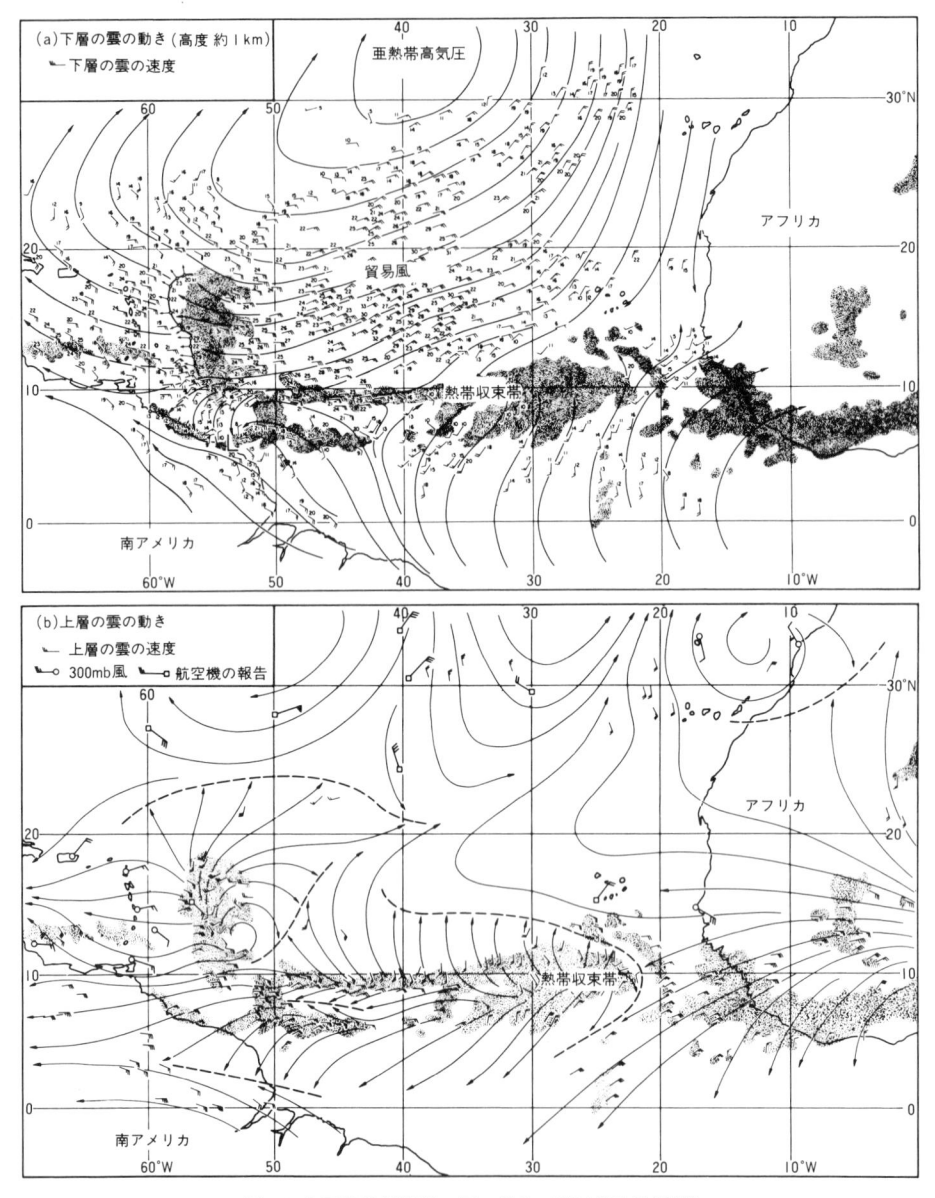

図7.6 大西洋熱帯海域の風の分布（藤田哲也氏提供）
影をつけた部分は発達した積雲系の雲が存在した地域．1969年7月14日15世界協定時ごろ．

ていくと仮定して，雲の動きから雲の高度における風向風速をある程度の精度をもって推定できる．図7.6(a)は対流圏下層（高さ約1km）の小さな積雲の動きを追跡して決めた風の分布である．一方，背の高い積乱雲の雲頂から流れでる巻雲のきれはしの動きを追って，上層の風を決めたのが図7.6(b)である．

　図7.6(a)でまず目につくのは，大西洋中央部で約10°Nより北の部分で北東の方向から吹いてくる風である．この風が北東貿易風である．貿易風は世界中で一番変化しないで，おだやかに吹く風である．カリブ海諸島やハワイ諸島など観光ポスターが誘惑する貿易風帯がここにある．一方，南半球から吹いてくる南東貿易風は赤道を越え，10°N付近で北東貿易風と出合う．下層で収束した空気は上昇し，多くの積乱雲を発生させる．この地帯を熱帯収束帯 (intertropical convergence zone，略してITCZ) という．熱帯収束帯で上昇した空気が圏界面に達すると，図(b)に示したように，中緯度に向かって流れだす．熱帯収束帯は太平洋にも存在する．このことは，あとで図7.12に示すように，5〜10°Nの地帯に東西に延びる年降水量の極大が存在することからも明瞭である．

　次に極地方には，弱いながらも冷たい空気が下降し，地表面に沿って中緯度に向かう極循環がある．この極循環とハドレー循環とにはさまれて，もう1つの循環がある．おおまかにいって緯度30°あたりで下降し，50〜60°で上昇する循環である．これをフェレル循環という．こうしてハドレーが提案した図7.3とは違い，対流圏の子午面内には各半球につき3つの循環があることになる．

【ハドレー循環とフェレル循環】ハドレー循環では相対的に温度の高い空気が上昇し，極循環では温度の低い空気が下降しているので考えやすいが，フェレル循環では相対的に平均温度が高い緯度に下降流があり，平均温度が低い緯度に上昇流があるので，どうしてこのような循環があるのか考えにくい．実はこれは緯度圏に沿ってぐるりと平均をとったために現れた見かけ上のものである．たとえば，地球上のある仮想的な地点の気温はいつも15℃前後という快適な気温で，1年の平均気温は15℃とする．ところが別のある地点では，夏は堪え難い猛暑であるが，冬は草木も凍る酷寒なので，1年の平均気温はやはり15℃という快適な気候のように見える．平均操作のいたずらである．ハドレー循環の上昇流の地域では，強弱の変動はあるものの，どの経度でもほぼ上昇流である．ところがおおまかにいうと，緯度60°あたりでは，いくつかの経度のところでは北東方向に進んできた温帯低気圧が発達していて強い上昇流があるので，その隣り近辺の経度では弱い下降流があるものの，緯度線に沿って平均すれば，この緯度では上昇流があることになる．逆に緯度40°あたりでは温帯低気圧の背後にある下降流が卓越して，

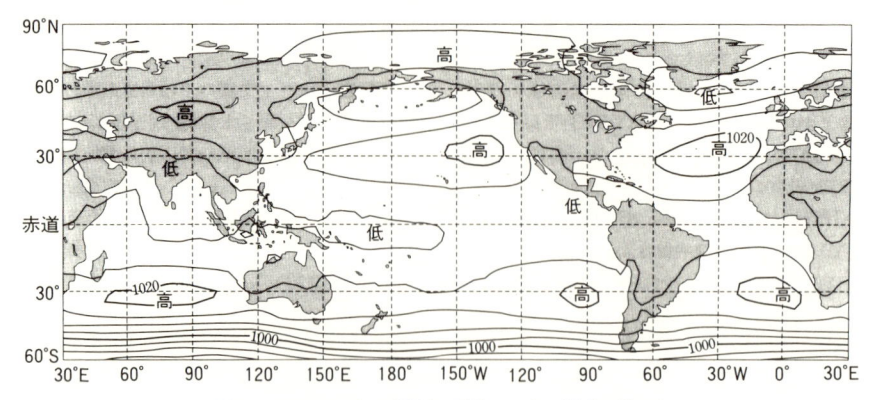

図7.7 1979〜90年の期間で平均した年平均海面気圧

緯度線に沿った平均は下降流となる．ハドレー循環もフェレル循環も人名に「循環」をつけたので，その正体の区別がわかりにくい．気象学では一般的に，ハドレー循環のように相対的に温度が高い地域で上昇し温度が低い地域で下降している鉛直面内の循環を直接循環とよび，フェレル循環のように温度が高い地域で下降し温度が低い地域で上昇している循環を間接循環とよんでいる．間接循環については，9.2節で中層大気の間接循環に関連して，さらに詳しく述べる．

上に述べたように，緯度20〜30°はハドレー循環の下降気流がある地帯である．そしてこの地帯は地上気圧で見ると高気圧となっている（図7.7）．これを亜熱帯高圧帯という．南北両半球の亜熱帯高圧帯にはさまれて赤道付近に気圧の低いベルトがある．赤道低圧帯という．亜熱帯高圧帯から赤道低圧帯に流れだす気流は，コリオリの力の影響を受けて，北半球では北東貿易風となり，南半球では南東貿易風となる．

亜熱帯高圧帯は帯といっても，海陸分布やそれに伴う季節風のために，文字どおり地球を取り巻いているというわけではなく，ところどころとぎれている．図7.7で北太平洋にある高気圧が北太平洋高気圧あるいは単に太平洋高気圧とよばれているものである．その動向（強さや西への張りだし具合）は梅雨前線の位置や活動に大きく影響するし，台風の移動経路にも影響する（8.7節）．北太平洋高気圧の西端が日本をおおえば，晴天続きの夏日となる．

すでに述べたように，亜熱帯高圧帯は下降気流の地域にあたるから，空は晴れ，雨は少ない．陸ならば砂漠地帯になる．サハラ砂漠やアラビア半島の砂漠

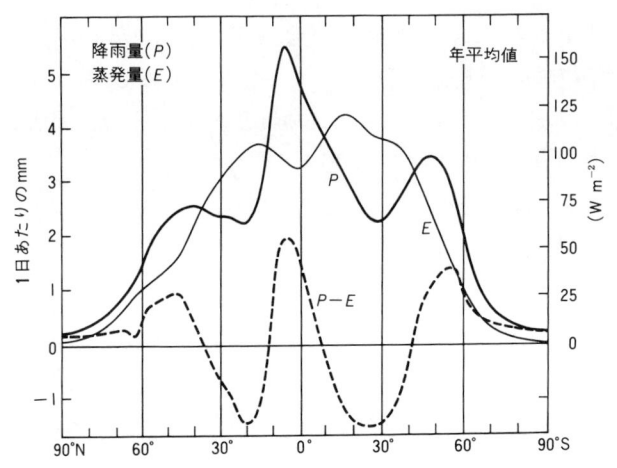

図7.8 年平均で見た降雨量と海面・地表面からの蒸発量とその両者の差の緯度分布 (C. W. Newton, ed., 1972: *Meteor. Monogr.*, **13**, American Meteorological Society.)

がそれである．砂漠地帯といえば，気温の高い赤道地帯にありそうだが，実は20〜30°の緯度帯にある．

　前節では熱の南北輸送について述べたが，大気中の水蒸気も南北に輸送される．図7.8に示したように，亜熱帯高圧帯では1年に1m以上の水の層が蒸発するが，降雨量はその60%くらいしかない．反対に熱帯収束帯では対流活動が盛んであるため，降雨量の方が蒸発量より多い．緯度40〜50°あたりに年降雨量の第2の極大があるが，これは主に温帯低気圧に伴って降る雨であり，ここでも降雨量のほうが蒸発量より多い．したがって図7.8の破線で示したように，亜熱帯高圧帯で余分に大気中にたまった水蒸気の一部は，熱帯収束帯に向かって輸送され積乱雲の雨となる．残りの部分は中緯度帯に向かって流れ，主に温帯低気圧に伴う雨となる．

7.3 地球をめぐる大気の流れ II　東西方向の循環

　前節では主に南北方向に地球をめぐる流れについて述べた．本節では東西方向の流れに注目する．いうまでもないが，このように2つの節に分けたのは全く記述の便宜上のもので，東西方向といい南北方向といっても，もとは1つの

流れにほかならない．ただ東西循環と南北循環では風速が1桁違うということがある．東西方向の風速は数十 m s^{-1} の程度であるのに，ハドレー循環に伴う南北方向の風速はたかだか数 m s^{-1} の程度である．また，中緯度帯では，低気圧の去来に伴って強い南寄りの風と北寄りの風が吹くが，図7.5を作成したときのように，経度と時間について平均してしまうと，これらが打ち消し合ってフェレル循環に伴う南北流の速さは1 m s^{-1} の程度となる．

図7.9は北半球の冬を代表する1月と，南半球の冬を代表する7月における対流圏上層の月平均の気圧分布である．全般的に見て，気圧は極地方で低く赤道地方で高い．風は地衡風平衡にあると見てよいから，風は西風で，風速は等高度線の間隔がつまっている地域で大きい．日々の高層天気図では中緯度の等高度線は大きく蛇行しているが，月平均した図7.9では滑らかである．殊に南半球ではほとんど円形に近く，前節で述べたように緯度による放射の違いが地球をめぐる大気の流れを支配していることがわかる．

それにくらべると北半球ではかなり円形からはずれている．殊に日本上空と北米大陸東岸上空に月平均でも気圧の谷があるのが目につく．等高度線もこんでいて，ここは偏西風が特に強い地域であることを示している．これらは南半球では見られない特徴で，大陸と海洋の分布による熱的効果やヒマラヤ山脈を

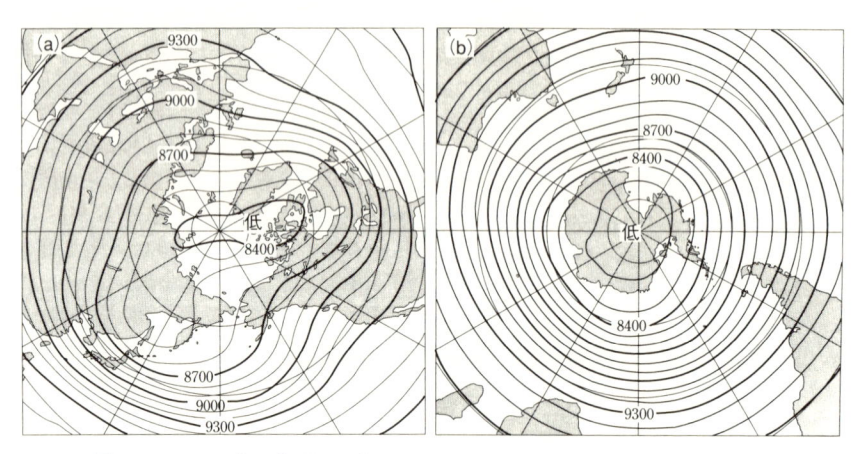

図7.9 1971〜90年の期間で平均した(a) 1月の北半球月平均300 hPa 等高度線と(b) 7月の南半球月平均300 hPa 等高度線（『気象科学事典』）
等高度線の間隔は100 m．

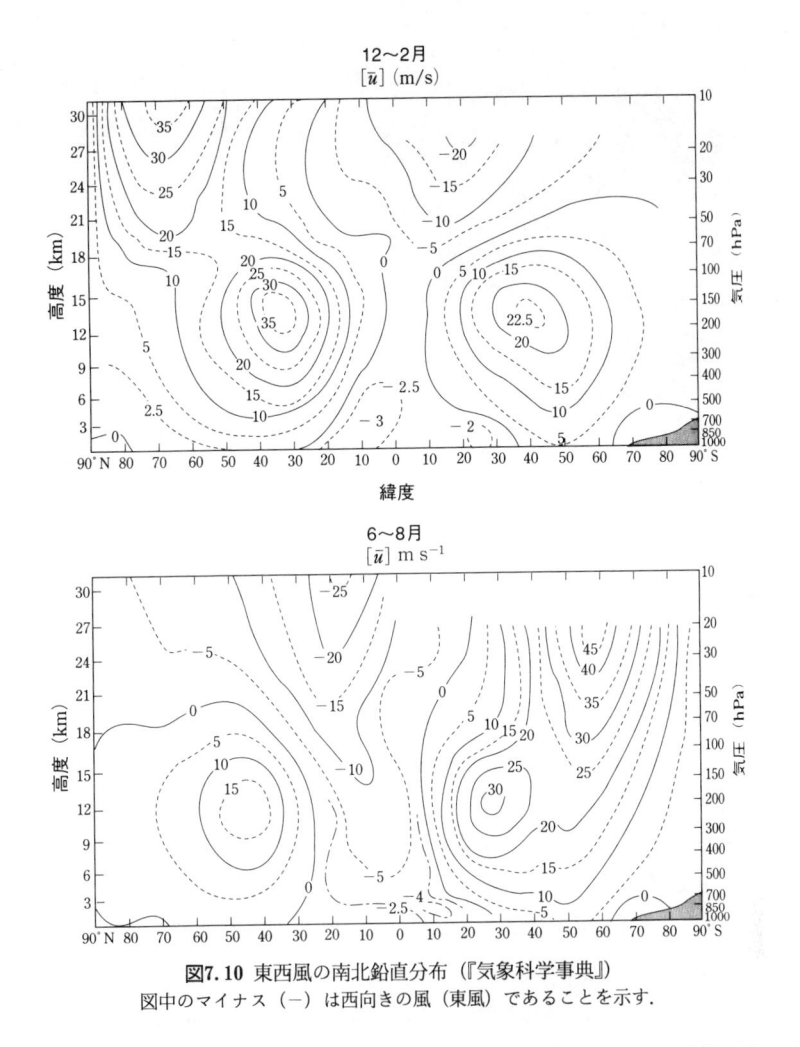

7.3 地球をめぐる大気の流れ II 東西方向の循環 —— 177

図7.10 東西風の南北鉛直分布（『気象科学事典』）
図中のマイナス（−）は西向きの風（東風）であることを示す．

含むチベット高原・ロッキー山脈などによる力学的効果が，惑星規模の流れを決めるのに重要であることの証拠である．そして偏西風が特に強い2つの地域は温帯低気圧がよく発生し発達する地域でもある（7.6節）．

次に東西方向の風速が高度と緯度についてどう分布しているかを示したのが図7.10である．まず赤道域に東風がある．これを偏東風とよぶ．下層の偏東風は前節で述べた貿易風にほかならない．上層にも東風があるが，この東風は

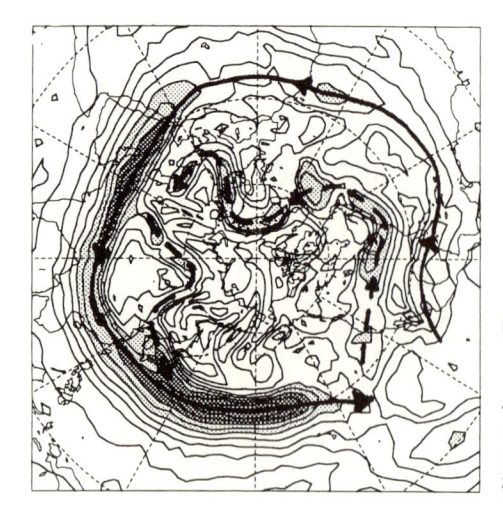

図7.11 1997年2月1日の300 hPaにおける風速分布（『気象科学事典』）
等値線の間隔は10 m s^{-1}. 20 m s^{-1}, 40 m s^{-1}, 60 m s^{-1}以上の領域にはそれぞれ淡い，中程度の，濃い陰影を施している．太実線は亜熱帯ジェット気流，太破線は寒帯前線ジェット気流を表す．

季節や年々の変動が大きく，いつも存在するものではない．特に年による変動は赤道成層圏の準二年周期変動（9.4節）と関係していると考えられる．極に近い高緯度帯にも東風があるが，平均的に弱い．

そして低緯度から高緯度までの広い範囲に偏西風が吹いている．中緯度の対流圏上層で偏西風が強い部分をジェット気流という．亜熱帯ジェット気流（subtropical jet stream）と寒帯前線ジェット気流（polar front jet stream）とに分類される．亜熱帯ジェット気流の軸は南北両半球の30°付近，高度200 hPaあたりにある．時間的にも空間的にも比較的変動が少ないので，図7.10のように月平均をとっても明瞭に認めることができる．ジェット気流の強さは，南北両半球ともに冬季に最大となる．

一方，中緯度から高緯度にかけては，特に冬季には，偏西風帯のなかで温帯低気圧（7.6節で述べる傾圧不安定波）の活動に伴って，亜熱帯ジェット気流の高緯度側に強風域が出現することがある．図7.11がその一例である．これを寒帯前線ジェット気流という．この例でもわかるように，寒帯前線ジェット気流がない地域もあれば，亜熱帯ジェット気流と共存してダブルジェットの状態となっている地域もある．日本付近上空や北米大陸上空などでは亜熱帯ジェット気流と寒帯前線ジェット気流が合流して，ただ1本のジェット気流となっていることがある．亜熱帯ジェット気流に比較して，寒帯前線ジェット気流は

時間的にも空間的にも変動が激しいので，その存在は月平均図（図7.10）では認めにくい．

【課外読み物】大学学部レベルであるが，大気大循環を勉強するのによい本として廣田勇『グローバル気象学』(東京大学出版会，1992) がある．

7.4 モンスーン

モンスーン (monsoon) という言葉は，アラビア語で季節を意味するmausimからきている．狭い意味では季節的に交替する季節風を表し，広い意味では季節風に伴う雨季も含めている．モンスーンは西アフリカの海岸地域と中米の一部の地域でも認められるが，最も顕著なのはアジア大陸の東・南部からインドネシア・オーストラリア北部にかけての地域である．卓越する風系が季節的に変わり，雨季・乾季の区別が明瞭である．これをアジア・モンスーンということがある．単にモンスーンといえばアジア・モンスーンをさすことが多い．本節でもこれに注目する．

図7.12は夏と冬の地表付近の風と雨量分布を示す．モンスーン地域では季節によって風がほぼ逆転していることがわかる．冬にはシベリアやチベット高原などに中心をもつシベリア高気圧から風が吹きだしている．特に極東域での吹きだしは強く，大陸から西日本付近にかけては北西の季節風となる．流れは南下するにつれて向きを変え，台湾付近の緯度では北東の季節風となり，さらに進んで東南アジアおよびインドまで達する．ベトナム中部やマレーシアなどでは，この北東季節風のときに雨季となる．

夏には2つの流れが顕著である．1つの流れは南インド洋からアフリカ東岸沿いに北上し，そこから北東に向きを変え，インド半島の西岸に向かう．これがインドの南西モンスーンで，インドの農作に不可欠な雨をもたらす．この流れはさらに東アジアまで延びている．その東アジアではもう1つの顕著な流れとして，西太平洋から北あるいは北西に向かう流れがある．これらの流れは強い日射により高温になった中国大陸の内部にまで延びている．

このように，モンスーンは大陸と海洋の熱的性質の違いによって起こる現象である．その点からいえば，おなじみの1日周期の海陸風（8.9節）に似た現

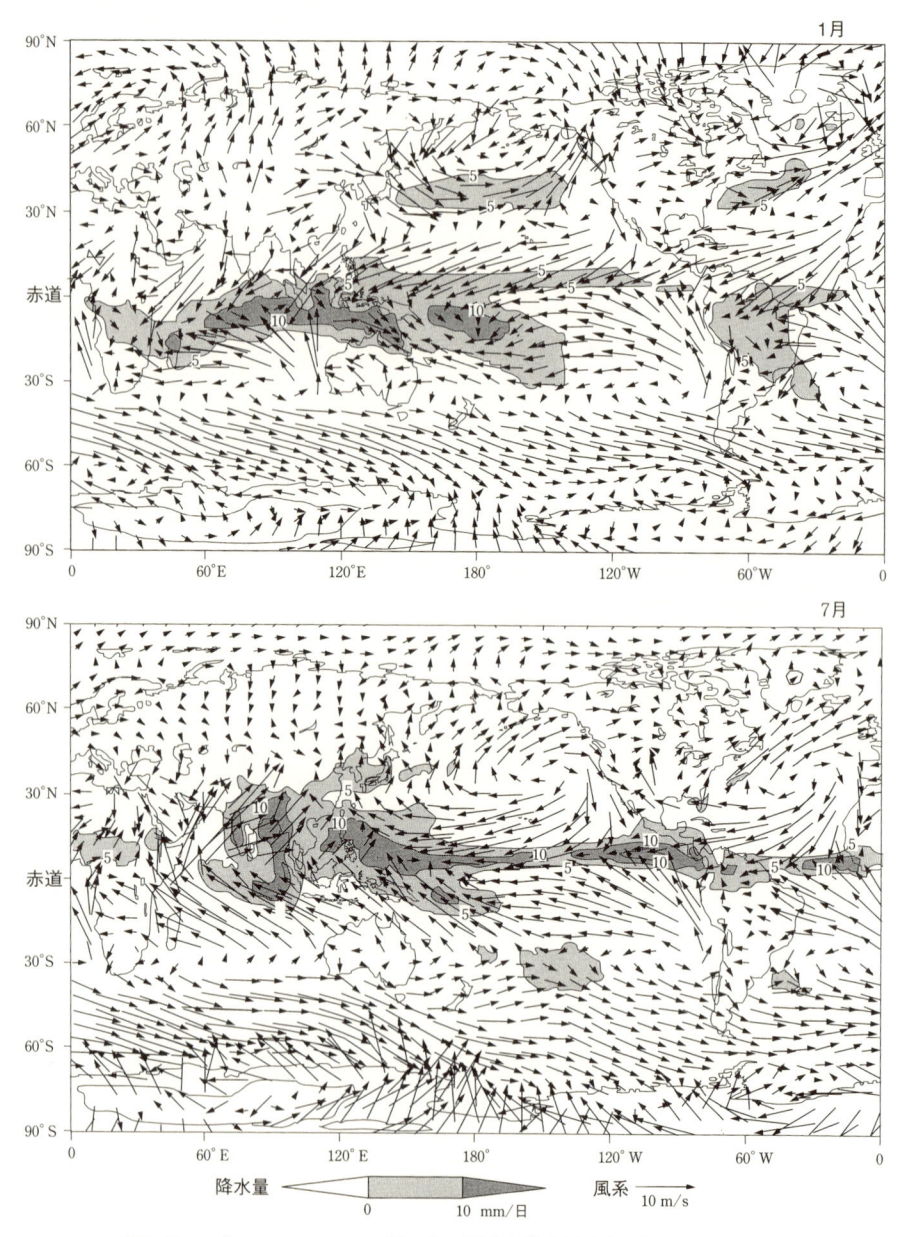

180──第7章 大規模な大気の運動

図7.12 アジア・モンスーンの夏・冬の風系と降水量分布（『気象科学事典』）

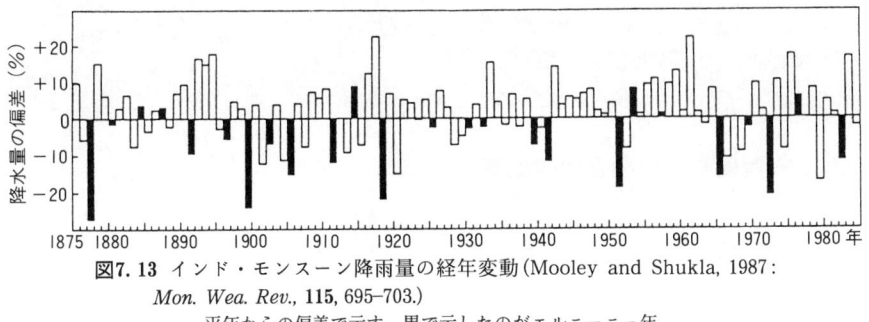

図7.13 インド・モンスーン降雨量の経年変動(Mooley and Shukla, 1987: Mon. Wea. Rev., **115**, 695-703.)
平年からの偏差で示す．黒で示したのがエルニーニョ年．

象である．しかしモンスーンの水平スケールは惑星規模であり，時間スケールは1年から数年と長いので，モンスーンには，いろいろな要因が複合的にからみあってくる．海陸風とは文字どおり桁違いに複雑な現象である．その一例が図7.13である．インドのモンスーン降雨量は年々大きく変動していることがわかる．そして図によれば，エルニーニョ（10.3節）の年に降雨量が少ない傾向がある．また，図には示してないが，モンスーン雨季の開始時期にも年々の変動がある．そうした変動はなんによって起こるのか．雨季はいつはじまるのか．それは予測可能か．モンスーンはきわめて興味ある問題を提供している．

夏のアジア・モンスーンを特徴づけるものとしてチベット高原がある．平均高度が5,000 mに近いので，インドの南西モンスーンは高原を越えられず，高原の南東部を迂回するようにして中国・東アジア方面に北上する．この気流は，高原の北を流れる相対的に冷たく乾いた偏西風と中国北部から日本付近で合流する．このためこの地域では水蒸気量と温位の南北傾度が大きい前線が出現する．これが梅雨前線である．すなわちアジア・モンスーンの開始とともに，チベット高原の風下に梅雨前線が形成されると考えられている．ただし細かくいうと，約130°Eより東の梅雨前線は，北太平洋高気圧の北西の端をめぐる南西の気流とオホーツク海高気圧から南下する気流の間にあり，中国大陸上の梅雨前線とは少し性格が違う．

チベット高原は熱的にも大きな影響を及ぼす．平均高度が5,000 mに近い広い地表面が強い夏の日射にさらされるのであるから，これは対流圏のほぼ中央の高度に熱源があるようなものである．高原上の空気は膨張し，対流圏上層に有力な高気圧ができる．チベット高気圧という．1994年の夏は日本では猛暑であったが，この夏のチベット高気圧は例年より強く，北太平洋高気圧と連結して，日本に連日の晴天をもたらした．それはさておき，チベット高原上で気温が高くなると，それまでヒマラヤ山脈の南面沿いにあった亜熱帯ジェット気流がチベット高原の北側にジャンプする．それとインド大陸

のモンスーンが突如開始する現象とが対応するといわれている．ちなみに図7.12で明らかなように，モンスーン期間中に東南アジアの降水量は多く，これに伴う潜熱の放出も大気加熱に大きな役割をしている．

7.5 偏西風帯の波動と温帯低気圧

　日々の高層天気図を見るとわかるように，偏西風帯はたえず南北に波をうっている（図3.4や図7.11）．いろいろな波長（気圧の谷から次の気圧の谷までの距離）をもつ波動が含まれているが，総観規模の気象として重要なのが波長約数千kmの波動である．これが地上天気図に見る温帯低気圧や移動性高気圧と結びついて，日々の天気の変化をもたらす．

　図7.14は発達中の偏西風波動の立体的な構造を模式的に示す．構造というのは波動に伴って風や温度あるいは上昇・下降気流がどう分布しているかである．左側の図は発達の初期の段階である．500 hPaの天気図では偏西風はすでに波をうちはじめていて，気圧の谷と気圧の尾根（あるいは気圧の峰）が認められる．図6.32で述べたように，気圧の谷の部分に低気圧性の渦が，気圧の尾根の部分に高気圧性の渦があると思ってよい．中緯度帯の500 hPaでは，だいたいいつも高緯度側で気圧は低く温度も低い．したがって気圧の谷の東側では南寄りの風とともに暖気が流れ込み，西側では寒気の移流がある．地上天気図で見ると，弱いながらも温帯低気圧が発生し，その中心は500 hPaの気圧の谷の少し東側にある．

　中央の図が発達期の構造である．発生期にあった低気圧性および高気圧性の渦は，単に偏西風にのって東に移動したのみならず，渦の強さも増し，したがって波の振幅（すなわち蛇行の程度）も増大している．気圧の谷の東側では南西風が，西側では北西風が強まっている．そして寒気の中心は気圧の谷の西側にある．この模式図で示した等高度線と温度の分布の相互関係は図3.4に示した実際の500 hPa天気図にも見ることができる（中国北部にある低気圧）．地上天気図では温帯低気圧が発達し，寒冷前線と温暖前線がはっきり認められるようになっている．この2つの前線にはさまれた温度の高い部分を気象学では暖域とよぶ．地上天気図の温帯低気圧の中心は依然として上層の気圧の谷の東

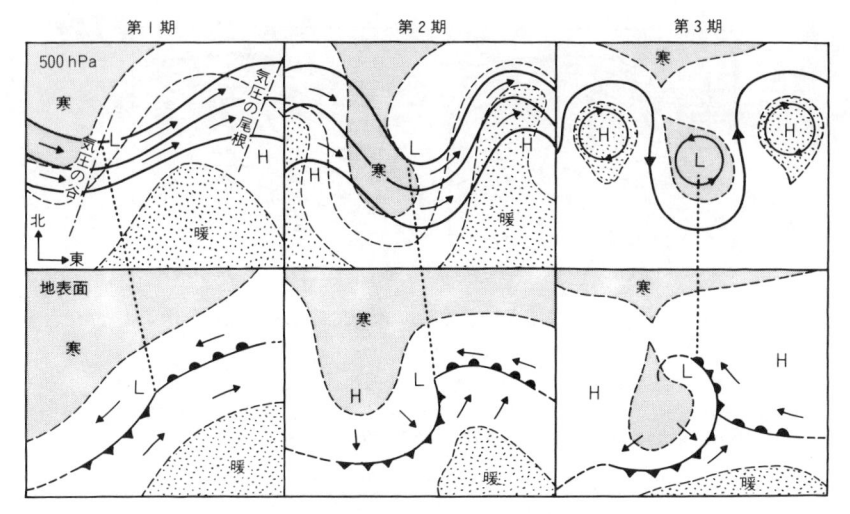

図7.14 温帯低気圧の発達の模式図
上段が 500 hPa の天気図で下段が地上天気図．実線は等高度線で破線は等温線．第1期は発達の初期，第2期では急速に発達中，第3期では完全に発達し，これ以後は衰退に向かう．HとLの記号はそれぞれ高気圧と低気圧の中心を示す．

側にある．つまり地上と上層の低気圧の中心（あるいは気圧の谷）を結んだ線（これを気圧の谷の軸とよぶことにする）は高度とともに西に傾いている．このことは発達中の気圧の谷（温帯低気圧）に共通した重要な特性の1つであることを次節で述べる．

図7.14右の図は発達しきった状態である．この状態の上層の低気圧を寒冷低気圧（cold low）とか寒冷渦（cold vortex），あるいは切離低気圧（cut-off low）とよんでいる[†]．低気圧の中心付近は周囲より温度が低いので寒冷低気圧と名がついたわけであるが，温度が低くても気圧が低いのは，寒冷低気圧の上方の対流圏界面がへこんで，その上の下部成層圏の温度が周囲より高いからである．ただし，どの気圧の谷もこの種の（つまり閉じた等高度線をもった）寒冷低気圧をつくるというわけではない．この段階では，地上の低気圧はいわゆる閉塞前線を伴う．また気圧の谷の軸はほとんど鉛直になってしまう．

[†] 寒冷低気圧が移動してくると，上層に寒気が入ってくるわけだから大気の成層は不安定となり，雷雨が起こりやすい気象状況となる．

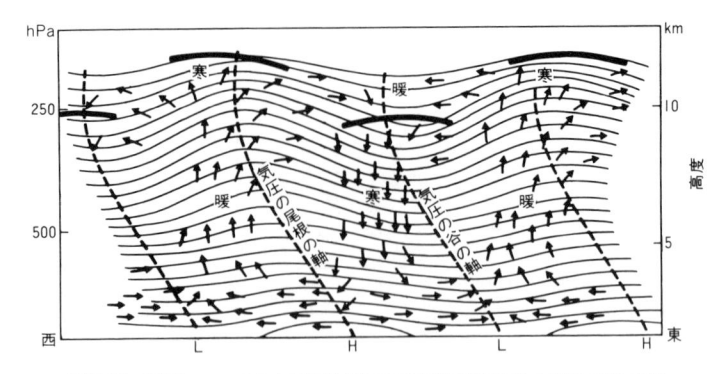

図7.15 発達しつつある偏西風波動の東西鉛直断面内の構造の模式図
実線は等圧面を表す．ただし等圧面の傾斜は5倍に誇張してある．太い実線は対流圏界面の位置．矢印は鉛直運動および等圧線を横切る流れを示す．

そして低気圧の進行速度が遅くなることが多い．低気圧性の回転をもつ渦が偏西風の低緯度側で切り離されたので，渦を流す偏西風が自分のまわりになくなってしまったからである．

図7.15は発達中の偏西風波動の東西鉛直断面内の構造を示す．すでに述べた2つの特徴，すなわち気圧の谷の軸が高度とともに西に傾いていること，および気圧の谷のところで対流圏界面が下がっていることを示している．もう1つ重要なことは，気圧の谷の軸の東側，地上天気図でいえば低気圧の中心から東側にかけて上昇流があり，気圧の谷の西側に下降流があることである．だから上層の気圧の谷が接近すると天気が悪くなり，通過すると天気が回復する．天気の変化を起こすのみならず，この上昇・下降流は次節で述べるように低気圧の発達に重要な役割をする．

図7.14と7.15に示した気圧の谷に伴う3次元的な流れの例を模式的に示したのが図7.16である．この場合，日本海中部に発達中の地上低気圧があり，その西に500 hPaの気圧の谷があって，すでに述べた発達する低気圧の特徴を備えている．事実，この低気圧の中心気圧は11月7日9時には1004 hPaであったが，24時間後の8日9時には960 hPaまで下がっている．この気圧の谷は東進中であるが，その移動中の気圧の谷に相対的な（すなわち移動中の気圧の谷とともに移動する観察者が見た）流れが太い矢印で表してある．実際的には観測された風から気圧の谷の移動速度を引けば，相対的な水平速度が得

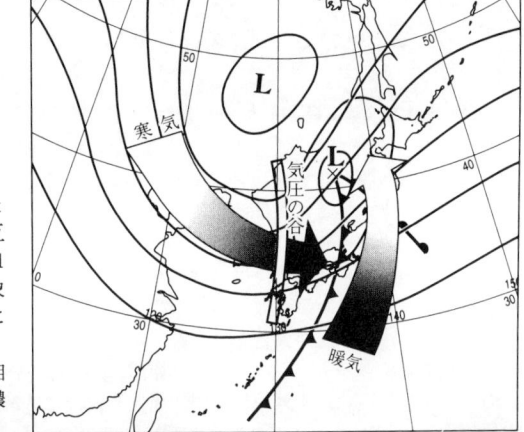

図7.16 発達中の地上低気圧と500 hPa の気圧の谷の相互位置（1995年11月7日21時）（前出『新教養の気象学』のなかの西本洋相氏による）
太い矢印は東進中の気圧の谷に相対的な3次元の流れを示し，影が濃いほど高度が低い．

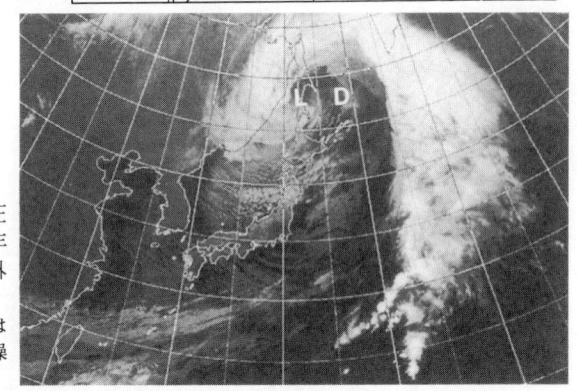

図7.17 上図発達中の低気圧に伴う雲域（1995年11月8日21時の赤外画像，同上）
Lは地上低気圧の中心，Dはドライスロットとよばれる乾燥した寒気を示す．

られるから，それに鉛直速度を加味すると図のような3次元的な流れが描ける．太い矢印のなかで濃い陰影ほど高度が低いことを表す．地上の寒冷前線の東側では太い矢印に沿って，下層の暖湿な空気がほぼ北に向かうとともに気圧の谷の前方にある上昇流によって上昇し，地上の温暖前線の上を越えて対流圏上層に達する．その間低気圧性の渦巻のため，図7.17に示したようなコンマ状の雲をつくる．一方，気圧の谷の西側には下降流があり，500 hPa の水蒸気量の少ない空気は下降しながら東に進む．下層に達した乾いて冷たい空気の一部は南西に向かい，暖湿な下層の空気と衝突して寒冷前線をつくる．一部は低気圧の中心に向かうので図7.17に示したように，低気圧中心近くには雲のない区

域が出現する．日本付近の冬ならば，ここに下層の筋状の雲が発達しているのが見える．この乾燥した寒気の部分をドライスロット（dry slot）という．

【気象衛星の水蒸気画像】気象衛星による赤外雲画像については5.4節で述べたが，1995年から「ひまわり5号」による水蒸気画像が利用できるようになった．これは水蒸気による吸収率が高い波長帯（6.5〜7.0μm）での赤外放射の強さを気象衛星で測定して，大気の上・中層における水蒸気の分布を知ろうとするものである．ふつう大気の中・下層にはかなりの水蒸気があるので，地表や大気下層からの6.5〜7.0μmの赤外線は途中の吸収により衛星には届きにくい．しかし，下降気流域では大気の上・中層とも水蒸気量が少ないため，大気下層の空気や雲からの赤外放射が衛星に届く．一方，上昇気流域では水蒸気量が大きく，上層雲がなくても中・下層からの赤外放射の相当量は吸収されてしまう．上層雲があれば，衛星に届く赤外線は雲の表面からの放射に近い．このため衛星に届いた赤外線の強弱を黒白で表現すると，下降気流域・乾燥域は暗く，上昇気流域・湿域で上層雲のない領域は灰色に，上層雲域は白くなる．図7.18は強い寒気を伴った上層の深い気圧の谷が本州西部と朝鮮半島をおおっているときの水蒸気画像である．天気図は省略するが，北海道・本州東部から南に延びる白い部分は地上の寒

図7.18 水蒸気画像が示す上層の寒冷渦（1997年4月7日09時，気象衛星センター）

冷前線に伴う雲を表し，その西に半円状に大きく広がる暗い部分が寒冷渦に伴う乾燥域を表す．雲がない地域でも水蒸気画像は大気の流れを生き生きと表現する．

【課外読み物】本書では天気図を用いて日本の四季の天気の説明をする余裕がないが，それについては，もともと本書の副読本のつもりで書いた『お天気の科学——気象災害から身を守るために』（森北出版，1994）を参照していただければ幸いである．また本書の別の面での副読本としておすすめしたいのが木村龍治『改訂版流れの科学 自然現象からのアプローチ』（東海大学出版会，1985）である．流体の力学の根幹である圧力の話からはじまって，対流や渦巻など，いろいろの流れの力学を平易に解説している．

7.6 傾圧不安定波

前節で述べた構造をもつ偏西風帯の波動を気象学では傾圧不安定波とよんでいる．傾圧大気中で時間とともに振幅が増大する波動という意味である．大気中で気圧の等しい点を連ねた面（等圧面）と密度が等しい点を連ねた面（等密度面）を描いたとき，両者が交わったら，その大気は傾圧大気であるという（図 7.19(a)）．大気の圧力・密度・温度の3者は気体の状態方程式（3.1節）で関係づけられているから，傾圧大気は等圧面と等温面が交わるような大気といってもよい（図 7.19(b)）．簡単にいえば，ある等圧面上で温度の分布を記入してみて，温度が一様でなく等温線が引けたら，大気は傾圧である．等圧面上に描かれた高層天気図を見ると，ほとんどいつも等温線が引いてあるから，大気はほとんどいつも傾圧の状態にあることがわかる．等圧面上で温度の水平傾度が大きいとき，大気の傾圧性が大きいといういい方を気象学はよく用いる．6.4節で等圧面上で温度の水平傾度があると，温度風の関係により，（一般的には）地衡風が高度とともに増大すると述べた．だから大ざっぱにいって，総観規模の気象を議論するときには，傾圧大気とは風速が高度とともに増大している大気と思ってよい（図 7.19(a)と(b)の右側に描いた風の高度分布）．一方，図 7.20 で示したように，等圧面と等密度面が平行になっている状態の大気を順圧大気という．順圧大気では高度とともに変化しない．

それでは傾圧不安定波というものはどうして起こるのか．ここで説明するのは少し困難であるが，一般的に，状態が不安定なときには，その不安定な状態を解消して，安定な状態に戻そうとして運動が起こる．たとえば大気の成層が

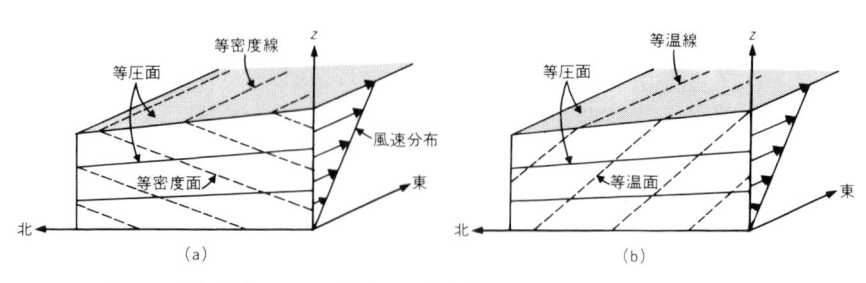

図7.19 (a)傾圧大気における等圧面と等密度面と風速分布の関係，(b)傾圧大気中では等圧面と等温面が交わっていることを示す図

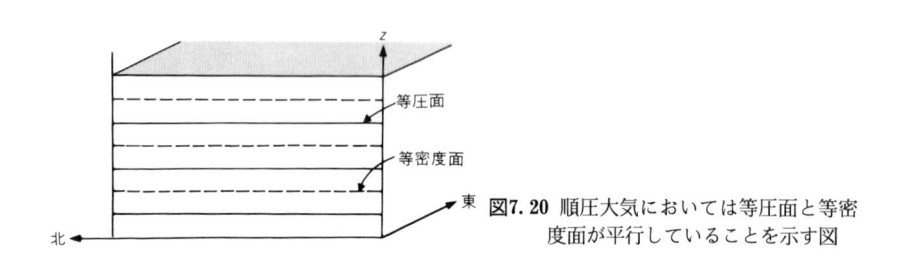

図7.20 順圧大気においては等圧面と等密度面が平行していることを示す図

　条件付不安定なときには，上下の空気を転倒させて安定な成層にするために積乱雲が発達する．傾圧不安定というのは，本質的には偏西風が高度とともにあまり急激に増加すると，そのような状態は不安定で，東西方向に数千 km の波長をもつ波動を起こすのである．東向きの地衡風速が高度とともに増加する割合は南北方向の水平温度傾度に比例する（温度風の関係）．かりに傾圧不安定波が起こらないとどうなるか．7.1節で述べたようにジェット気流の赤道側では吸収する太陽放射エネルギーが赤外放射で出ていくエネルギーより大きいから，大気の温度は上昇しようとする．極側ではその逆で大気の温度は下がろうとする．つまり温度の南北傾度は増大する．その温度傾度がある限度を越すと，大気はその状態に耐えきれず波動を起こして温度の南北傾度を弱めようとする．その波動が傾圧不安定波である．

　【**波が熱や運動量を輸送する**】前節で述べた発達中の偏西風の波動が熱を高緯度に運んで，南北の温度傾度を弱めようとする作用をしていることは，次のように示すことができる．式 (3.29) で定義した顕熱（エンタルピー，$C_p T$）の南北輸送を考えよう．T は

(a) 水平面図

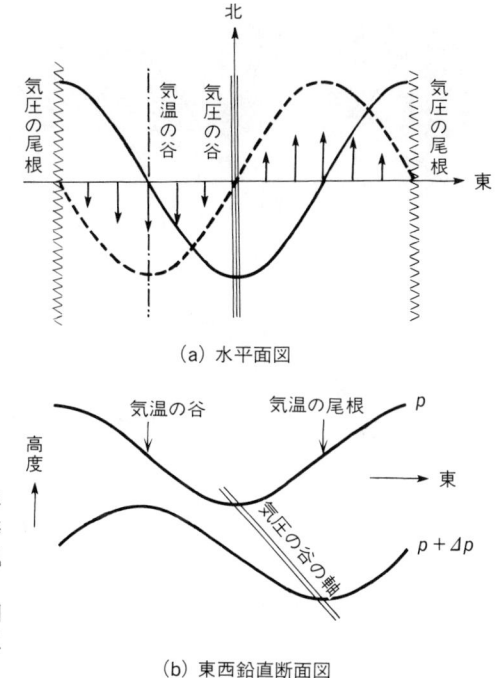

(b) 東西鉛直断面図

図7.21 (a)発達中の傾圧不安定波に伴う水平面上の等圧線(実線)と等温線(破線)とある緯度線上の風の南北成分(矢印)の相互関係，(b)東西方向の鉛直断面上で(a)図に対応する2つの等圧面の相互関係

温度，C_p は定圧比熱である．ある地点，ある高度において波動に伴う風の南北方向の成分を v，東西方向に1波長について平均した温度からのずれを T' とすると，その場所の単位時間・単位質量当りの波動による北向き熱輸送量は $C_p v T'$ で与えられる．そこで，ある水平面上で等圧線が図7.21(a)のような三角関数のコサインで与えられたとする．この気圧分布に対応する風が地衡風であるとすると，その南北成分は図に描いたように，気圧の谷から下流（東側）の気圧の尾根までは正（すなわち南寄りの風）であり，気圧の谷から上流（西側）の気圧の尾根までは北寄りの風である．

これに重ねて等温線を描く．気圧の谷になぞらえて，気温が極値（最低）をとる点を結んだ線を気温の谷（サーマルトラフ）という．いわば寒気の中心線である．まず気温の谷が気圧の谷の西側に位相が90°ずれている場合（破線）には，T' は気圧の谷から下流の気圧の尾根まですべて正である（すなわち相対的に暖気である）．だからこの範囲では熱を北に輸送していることは明らかである（vT' は正）．気圧の谷から上流の気圧の尾根までは，気温は相対的に低く（$T'<0$）北寄りの風（$v<0$）である．すなわち寒気が南に運ばれている．これも暖気を北に運ぶのと同じ効果がある（vT' はやはり正）．こうして全波長を通じて熱は北に輸送されている．

逆に気温の谷が気圧の谷の東側に90°だけ位相がずれて位置している場合には，波動

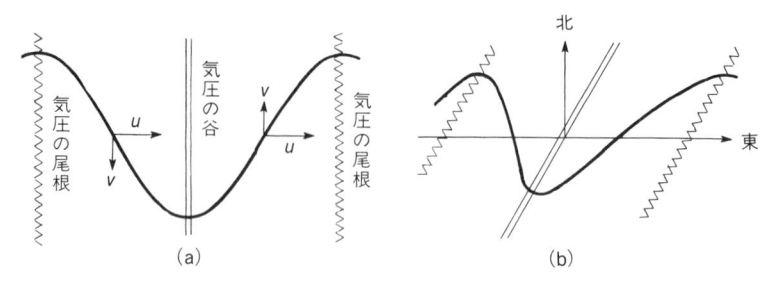

図7.22 偏西風帯の波動による西風運動量の南北輸送量の説明図
(a)輸送量はゼロ，(b)輸送量は正（極向き）．

によって熱は逆に南に輸送されてしまう（$vT'<0$）．両者の位相が一致している場合には，vT'が正のところも負のところもあるが，1波長について積算するとゼロになる．すなわち1波長当りの熱の南北輸送はゼロである．結論として，発達中の偏西風の波動がそうであるように，気温の谷が気圧の谷の西側（気圧の谷から上流の気圧の尾根までの間）にあれば，熱は北に輸送される．

ちなみに，図7.21(a)と同じく，ある水平面上で気温の谷が気圧の谷の西側に位置している状況を考える．このとき，少し気圧が違う2つの等圧面を描けば図7.21(b)のようになり，少し気圧が高い等圧面上の気圧の谷はもとの等圧面上のそれから少し東側に位置する．なぜなら，静水圧平衡の仮定により，2つの等圧面の間隔（高度差）は温度に比例し，間隔は気温の谷のところで最小となるからである．前節において，発達中の偏西風の波動（温帯低気圧）では，気圧の谷の西に寒気の中心があり（図7.14の中央の図），気圧の谷の軸は高度が増すとともに西に傾く（図7.15）と述べたが，静水圧平衡の仮定を用いれば，この2つは同じことをいっていることになる．

傾圧不安定波は熱だけでなく，東向きの運動量を高緯度（場合によっては低緯度）に輸送する．空気の密度をρ，東向きの風速をuとすれば，単位体積当りの運動量はρuであるから，波による高緯度向けの輸送量はρuvを1波長について積算すればよい．このとき波の形が図7.22(a)のように南北に走る気圧の谷の両側で対称であると，谷の東と西のρuvは打ち消しあって輸送量はゼロである．しかし高層天気図でよく見るように，気圧の谷が北東から南西に走っている場合にはゼロではなく，正の値をもつ（逆に気圧の谷が北西から南東に走っている場合には，東向きの運動量は低緯度に輸送される）．こうして傾圧不安定波は亜熱帯ジェット気流の西風運動量を輸送して，中緯度の偏西風を維持する役目をしているのである．

ここで話は7.1節に戻る．低緯度帯と高緯度帯の大気の温度がそれぞれ年々増加あるいは減少しないためには，余分な熱が極地方に向けて輸送されなければならないと述べた．実際に世界各地の高層気象観測データを用いて，大気中の極向き熱輸送量を各緯度圏について計算した結果によると，赤道付近から緯

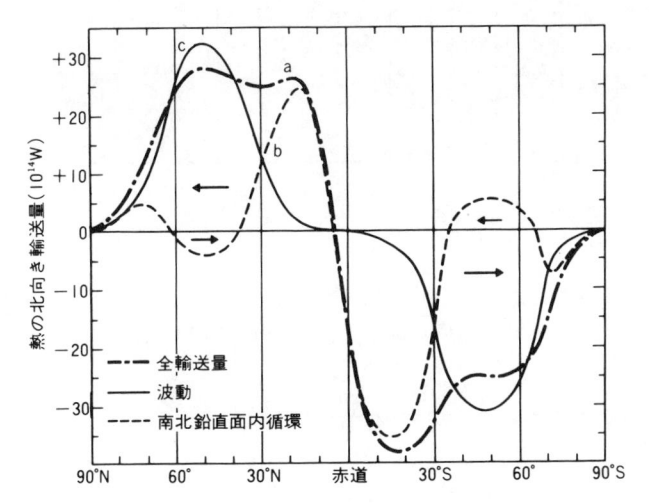

図7.23 大気中の熱の南北輸送量（C. W. Newton, ed., 1972: 前出）
正の値は北向き，負の値は南向きの輸送量を表す．

度30°くらいまではハドレーが考えたように，熱の輸送はハドレー循環によって行われている（図7.23の破線b）．そして緯度30°くらいから高緯度側では，波動による熱輸送が緯度別の熱バランスをとるのに主要な役目をしている（図の実線c）．つまり南北の温度傾度があまり大きくなりすぎないように，傾圧不安定波が発生して調節しているのである．

また図7.14で示した発達中の偏西風帯波動のもう1つの特徴として，気圧の谷の東側には相対的に暖かい空気があり上昇流があると述べた．このことの重要性をエネルギーの見地から見よう．2.5節では気体粒子の運動エネルギーと位置のエネルギーについて述べた．運動エネルギーと位置のエネルギーの概念をもっと巨視的に使うと次のようになる．大気中にある容積を考える．たとえば鉛直方向には地表面から圏界面まで，水平方向には1つの温帯低気圧をすっぽりおおうような容積を考える．この大きな容積をたくさんの単位容積に細分する．そのなかの1つの容積をとり，そのなかの空気の密度を ρ，空気塊の海抜高度を z としたとき，その空気塊の位置のエネルギーは $\rho g z$ であると定義する． g は重力加速度である．次にいま考えている空気塊が速さ $V(=\sqrt{u^2+v^2+w^2})$ で運動しているならば，その空気塊のもつ運動エネルギーは

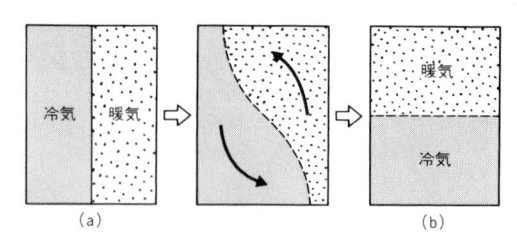

図7.24 冷気が暖気の下にもぐりこみ，位置のエネルギーが減ることを示す模式図

$(1/2)\rho V^2$ であると定義する．温帯低気圧全体の位置のエネルギーと運動エネルギーは，いま単位容積について考えた量を大きな容積全体にわたって加算すればよい．

これだけの準備をして，図7.24(a)に示したように，密度の違う空気が鉛直にたった壁を境にして並んでいる状況を考える．この境界の壁を取り除いたらどうなるか．重い空気は軽い空気の下にもぐりこみ，軽い空気は重い空気の上にのっていく．もし空気が混合しなければ，最後は図7.24(b)に示したように重い空気は完全に軽い空気の下にくる．(a)と(b)の状態をくらべてみると，(b)の状態の空気全体の位置のエネルギーは(a)の状態より小さい．重い空気はすべて下に，軽い空気はすべて上にあるからである．この位置のエネルギーの差が運動エネルギーになるのである．

この考えを実際に当てはめるには，重い空気は極側の寒冷な密度の大きい空気，軽い空気は赤道側の温暖な空気と思えばよい．ここで図7.15に示した傾圧不安定波の構造が大きな意味をもってくる．気圧の谷の東側では温度が高く上昇気流があり，気圧の谷の西側では寒冷な空気が下降運動をしている．これはまさに全体の位置のエネルギーを減少させる態勢である．これが減少した量だけ運動エネルギーが増加中である．すなわち温帯低気圧に伴って吹く風が強まっているのである．この点が温帯低気圧と台風とが決定的に違う点である．台風の運動エネルギーの源は水蒸気の凝結に伴って放出された潜熱である（8.8節参照）．

英語では温帯低気圧に相当する言葉はない．あるのは熱帯外低気圧（extratropical cyclone）か中緯度低気圧（midlatitude cyclone）である．中緯度は傾圧性が大きい緯度と性格づけられるから，この呼び方の方が熱帯低気圧と

図7.25 回転水槽による実験

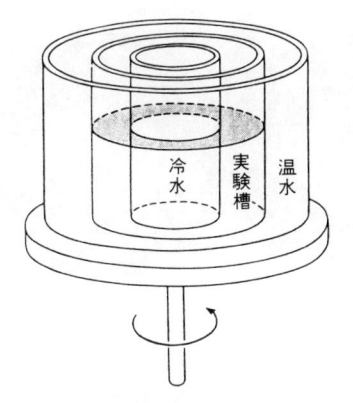

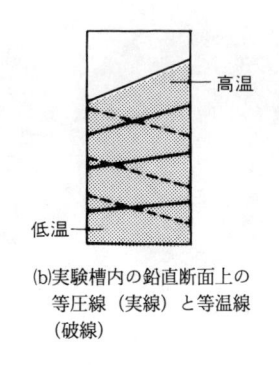

(a) 地球をめぐる風系を再現する回転水槽の実験装置

(b) 実験槽内の鉛直断面上の等圧線（実線）と等温線（破線）

の違いを明確に表現しているかもしれない．

　以上述べたように傾圧不安定波は南北の温度傾度がある限度を越えると発達するものであるから，比較的簡単に回転水槽を使って室内実験で再現することができる．ただし球形をした地球だと実験が困難なので，図7.25(a)のように三重の円筒容器をつくる．真中の部分(図で実験槽と記した部分)を大気に見たて，ただし空気の代りに水を入れる．実験槽の外側の壁を赤道に見たて加熱する（たとえば一番外側の円筒に温水を入れる）．実験槽の内側の壁を極と見たてて冷やす（たとえば一番内側の円筒に氷水を入れる）．ここで装置全体を共通の軸のまわりに一定の角速度で回転させる（たとえばターンテーブルの上におく）．実験槽内の水の表面の運動を見やすくするためには軽いアルミの粉末を浮かべておくとよい．こうして実験槽の外壁と内壁の温度差と回転速度を変えて実験してみると，水がさまざまなパターンの運動をすることが観察できる．

　まず回転速度が遅いと流れも温度も軸対称である．軸を通る鉛直断面内の温度と圧力の分布が図7.25(b)に示してある．水は高温の外壁で暖められて上昇し，低温の内壁で冷やされて下降する．暖かい水は上部にたまり，冷たい水は下部にたまって，安定な成層をしている．大気との類推をするためには，水の温度を大気の温位と読み替えると，図7.25(b)の温度分布が図3.6に示した温位の分布と似ていることがわかる．外壁に沿って上昇した水は上層で中心に向

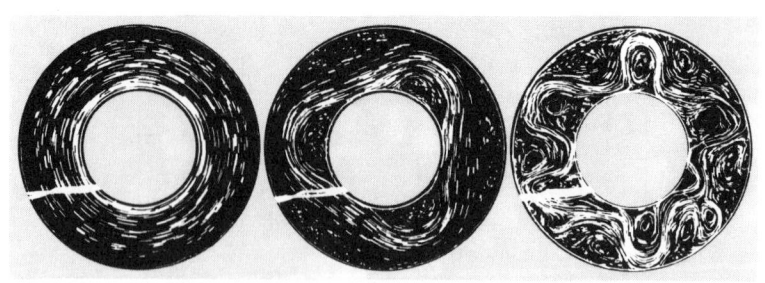

(a) 定常軸対称流　　　　(b) 定常波動　　　　(c) 不規則波動
($\Omega=0.341$ rad s^{-1})　　($\Omega=1.19$ rad s^{-1})　　($\Omega=5.02$ rad s^{-1})

図7.26 回転している水に水平温度差をつけたさい水面に生ずる流れの形 (R. Hide, 1969: *The Global Circulation of the Atmosphere*, G. A. Corby ed., Roy. Meteor. Soc.)
　　　　　　　　Ω は回転の角速度を表す.

かって流れるが，コリオリ力を受けて西風をつくり，下層で外壁に向かう流れは東風をつくる．こうして低緯度で卓越するハドレー循環に似た流れができる（緯度を ϕ とするとコリオリ力は $\sin\phi$ に比例するから，低緯度というのは回転速度が遅い場合に相当する）．そして，これは図6.6で述べたことであるが，実験槽内の水の表面は中心に対してへこむ向きに傾いている．それで，ある水平面では中心に向かう気圧傾度力とコリオリ力がバランスして，軸対称に回転している流れができているわけである（図7.26(a)）．図7.25(b)で明らかなように，等圧線と等温線は交差しており，傾圧大気が実験槽のなかで再現されている．

　温度差をそのままに保ち回転速度を少しずつ上げていくと，図7.26(a)に見られた円周運動はますます強まっていく．ところが回転速度がある値を越えると，突然円周運動は崩れ，図7.26(b)に示すように流れは波をうちはじめる†．実験槽の内壁に沿って3つの反時計回りの渦ができる．そして全体のパターンは回転方向と同方向に移動する．これがちょうど図7.14の中央の図に示した成熟期の傾圧不安定波に相当するわけである．

　さらに回転速度を増していくと，波の数（あるいは渦の数といってもよい）は 4, 5 と順次に増えていく．それとともに流れのパターンは時間とともにゆらぎ，図7.26(c)に示すように，流れの蛇行も不規則になってくる．図の(b)と(c)

---

† あるいは回転速度を一定に保ち，温度差を次第に大きくしていっても同じことが起こる．

の状態が実際の中緯度の上層大気の流れのパターンに対応するものである．

　こうして地球を南北方向と東西方向にめぐる流れは，南北の温度傾度と回転速度によって大きく支配されている．要約すれば低緯度帯では軸対称のハドレー循環が卓越し，中緯度帯では偏西風とそれに重なった軸対称でない波動が卓越している．

7.7 前線形成過程

　大陸や海洋のように，水平の広がりが 1,000 km 以上にわたって表面の状態が一様である地域に，大気が長い間（たとえば1週間以上）停滞していると，特有の性質をもった空気の塊ができあがる．これを気団（air mass）という．亜熱帯海域や冬季のシベリア大陸では，高気圧があまり移動せず，高気圧の中心付近では風は弱く，空気は同じ場所に停滞するので，気団の発源地としては合格である．気団は発源地に特有の温度や湿度をもつので，次のように分類するのがふつうである．まず温度の点から，熱帯気団（tropical），寒帯気団（polar），極気団（arctic）．湿度の点から大陸性気団（continental），海洋性気団（maritime）．一般に気団は上の2者を組み合わせて表現する．たとえば海洋性熱帯気団なら Tm，大陸性寒帯気団なら Pc である．

　気団は惑星規模の風とともに，発源地とは違った性質をもつ地表面に移動することがある．そのさい地表面との間で熱や水蒸気の交換を行うので，気団の特性も次第に変化していく．これが気団の変質である．一般に寒冷地に向かう暖気団は，下から冷やされるので成層は安定となる（3.9節参照）．雲ができるとすれば層状の雲である．反対に暖地に向かう寒気団では，下から暖められるのに加えて水蒸気の補給を受けることが多いので，対流性の雲ができやすくなる．

　日本付近は移動性の高気圧や低気圧の去来が多く，気団の発源地ではない．その代り季節によって違った気団の訪問を受ける．日本の気象に影響をおよぼすのはおもに次の3つの気団である．

　(1) シベリア気団（Pc）　シベリア大陸を発源地とし，冬季季節風によって日本海を横断し日本列島を通過する．日本海を通過するさい熱と水蒸気

を下面から受けとり,筋雲をつくり,日本列島の日本海側に雪を降らせることはよく知られている.

(2) 小笠原気団（Tm） 北太平洋上の亜熱帯高気圧を発源地とし,夏季関東以西の日本はこの気団の北西側の縁に位置する.高温・湿潤・晴天続きの天気をもたらす.ただしこの気団も三陸沖や北海道に移動する間に変質し,海霧を発生させる.

(3) オホーツク海気団（Pm） 梅雨期・秋霖期にオホーツク海上を発源地とする.冷たく湿潤である.主として日本東北部に影響をおよぼす.盛夏まで日本がこの気団におおわれる場合,北日本では低温と日照不足のため冷害が起こる.

2つの気団の境界線が前線である.立体的に見れば境界は面（前線面）をなし,前線面と地表面が交わった切り口が地表面での前線である.線といい面といっても,幾何学的な意味ではなく,1つの気団から隣りの気団に次第に移り変わる移行層あるいは遷移層である.ところが時と場所によっては,大気の流れのなかに移行層の幅を時間とともに小さく（すなわち水平温度傾度を大きく）しようとする働きをするものがある.この水平面上で温度傾度を増大させ,前線を形成あるいは強化させる過程を前線形成過程あるいは前線強化過程（frontogenesis）という.総観規模の大部分の温帯低気圧は偏西風の波動が傾圧不安定によって発達したものである.その波動に伴う流れのなかに図7.27で示す前線形成過程を起こす要素が含まれており,もともとの傾圧大気のなかのゆるやかな水平温度傾度が次第に強化されて,比較的短時間に（1〜2日の程度）,100 kmくらいの幅の帯に強い温度傾度ができあがる.これが寒冷前線や温暖前線である.

なぜそうなるのか解説することは難しいが,総観規模の前線形成過程に伴ってふつう2つのことが起こる.1つは,前線に直交する鉛直断面内で,暖気が上昇し寒気が下降するという直接循環が起こる.これが前線に沿って雲や降雨を発生させる.もう1つは前線に沿って式（6.25）の渦度が増大する傾向がある.これは前線をはさんで風の水平シアを増大させたり,寒冷前線の前方の暖気の下層に下層ジェット気流とよばれる局地的な強風帯をつくったりする.このように,前線形成過程はそれ自身生き生きとしたダイナミックな現象であり,単に等温線の間隔が狭くなったという静的な現象と見なすべきものではない.

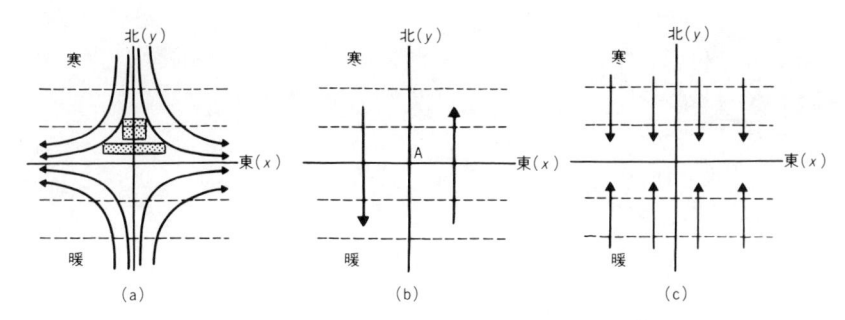

図7.27 前線を強化する水平面上の流れと温度場の関係の模式図
破線が等温線．(a)変形の場，(b)等温線に直角な方向に流れがあり，ただし等温線に平行な方向に流れの向きまたは速さが違っている場合，(c)流れに収束がある場合．

逆に前線における温度傾度を弱くさせようとする過程もある．前線消滅過程 (frontolysis) とよぶ．形成過程も消滅過程も，流れと温度（厳密には保存量である温位）分布の相互関係によって決まる．

前線形成過程は主として図7.27に示したような流れと温度分布の場合に起こる．話を簡単にするために，この状態では温度分布はx方向（東西方向）に一様であるとしている．図7.27(a)に示した流れは気象学では変形の場 (deformation field) といわれている．流れはy軸に沿って流れこんでくるとともに，x軸に沿って流れだしている．この流れにのって北側からは冷気が，南側からは暖気がx軸に接近する．このことはx軸に沿って等温線が密集すること，すなわちx軸に沿って前線が発達することにほかならない．

xとy方向の速度をそれぞれuとvと書くと，aをある定数として$u=ax, v=-ay$としたときの流れを図示したのが図7.27(a)である．この流れでは，式 (6.24) で定義した発散も，式 (6.25) で定義した渦度もゼロである．この流れを変形の流れという理由は，たとえば図7.27(a)に示したように，北からの流れのなかに正方形を考えると，時間とともに正方形は南に移動するが，同時にもとの正方形は東西方向に引き伸ばされた細長い長方形になってしまう．しかし，この流れには発散・収束はないから，正方形と長方形の面積は同じである．ただ流れのなかにおかれて流れとともに動く図形の形は変わるから，そうよぶのである．図の正方形の上辺と下辺は2本の等温線の一部であるから，長方形に変形したときには，上辺と下辺の間隔（等温線の間隔）がせばまり，前線が強化

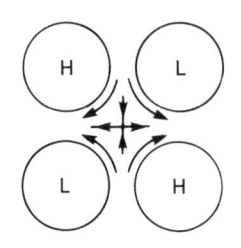

図7.28 図7.27(a)の変形の場を生む仮想的な高気圧(H)と低気圧(L)の配置

されたことは明瞭である．

　図7.27(b)の場合には流れは南北方向だけを向いているが，その速さあるいは符号がx方向に変化している．このとき，たとえば図(b)のA点の東側では南風，西側では北風であり，温度のコントラストが強くなり，前線ができあがる．図(c)で示した収束を伴う流れも前線形成過程に重要である．x軸に沿った方向の前線をつくるという意味では，図(a)と図(c)の状況は似たように見えるが，流れとしては本質的な違いがある．それは前者の変形の場には収束がないことである．つまり収束がない流れの場でも，前線形成過程は起こりうることを示している．

　図7.28は図7.27(a)で示した変形の場を生む仮想的な高・低気圧の配置の一例である．かりに高緯度側のHは冬季のシベリア高気圧か移動性高気圧，Lは本州を通過した低気圧，その南のHは北太平洋高気圧とすると，この変形の場により台湾の北で東西に延びる前線が形成されることになるが，一般的に現実の前線形成過程では図7.27の3つの過程が程度の差こそあれ同時に働いている．

　微分に慣れた読者のために追加すると，一般的に流れは並進・発散・渦度・変形という4要素で構成される．xとy方向の速度成分をそれぞれuとvとすると，点(x_0, y_0)の近傍の速度はテイラー展開を用いて

$$u = u_0 + \frac{\partial u}{\partial x}x + \frac{\partial u}{\partial y}y \tag{7.1}$$

$$v = v_0 + \frac{\partial v}{\partial x}x + \frac{\partial v}{\partial y}y \tag{7.2}$$

となるが，これは次のように変形できる．

$$u = u_0 + \frac{\delta}{2}x - \frac{\zeta}{2}y + \frac{D_1}{2}x + \frac{D_2}{2}y \tag{7.3}$$

$$v = v_0 + \frac{\delta}{2}y + \frac{\zeta}{2}x + \frac{D_2}{2}x - \frac{D_1}{2}y \tag{7.4}$$

ここで u_0 と v_0 が並進の項であり,

$$\delta = \frac{\partial u}{\partial x} + \frac{\partial v}{\partial y} = 発散 \tag{7.5}$$

$$\zeta = \frac{\partial v}{\partial x} - \frac{\partial u}{\partial y} = 渦度 \tag{7.6}$$

$$D_1 = \frac{\partial u}{\partial x} - \frac{\partial v}{\partial y}, \quad D_2 = \frac{\partial v}{\partial x} + \frac{\partial u}{\partial y} \tag{7.7}$$

D_1 と D_2 が変形の項とよばれているものである.

7.8 数値予報と数値実験

　世界中の気象官署や船舶では,広域の気象状況を知るために同時観測を行っている.世界協定時(UTC)の0時から3時間または6時間ごとに地上観測を,0時と12時(日本時間の9時と21時)の1日2回高層観測を行う.観測結果はそれぞれの国の中枢(わが国では気象庁)を経て国際的地域センターに送られ,地域センター間のデータが交換された後,各国に送り返される.こうして世界中の観測資料が短時間のうちに集められ,天気図作成の基本的な資料となる.しかし太平洋など観測点の少ない地域では,これだけの資料では十分な解析ができないので,航空機からの報告や気象衛星の観測資料なども集められる.

　これらのデータに基づいて天気予報が出されるわけであるが,数日先までの天気予報に大きな役割を果たしているのが数値予報である.その手段はこうである.ある時刻,たとえば今日の9時に大気の状態を表す風・温度・気圧・湿度などの物理量がすべて観測によってわかったとする.一方本書でこれまでにその一部を見てきたように,大気の状態の変化は物理学・化学の法則に従っている.本書では述べないが,その法則は数式(大部分は偏微分方程式)で表現され,運動方程式,質量保存の式,熱力学方程式,水分の量や相変化を表す式,大気中の放射過程を表す式,いろいろの化学変化式などからなる.これらの理論式は,現在の大気の状態が3次元の空間座標の関数としてわかっていれば,その状態が今後短時間にどれだけ変化するか教えてくれる.ところが理論式の

多くが偏微分方程式の形であるので，観測された気象データをそのまま使って計算するのに都合が悪い．それで次のような工夫をする．

　まず大気を鉛直方向にはいくつかの水平面（あるいは等圧面）で区分する．たとえば高さ1kmおきの水平面を考えてもよい．次におのおのの水平面上に一定の間隔（たとえば30km）おきに縦横の平行線を引いて細分する．この規則正しく配列された交点を格子点（grid point）という．実際の気象観測所は規則正しく碁盤の目のように配列されているわけではない．しかし各格子点の周囲にある観測所で実測した値を用いて，各格子点で各気象要素の一番確からしい値を決める．こうして本来は空間座標の連続関数であった大気の状態を，いくつかの水平面上の多数の格子点での値で表現するわけである．あとは理論式のなかの微分を差分でおき換え，たとえば現在9時の状態から出発して，微小時間 Δt 後（たとえば5分後）の状態を各格子点で計算する．こうして9時5分における大気の状態がわかる．この計算を繰り返していけば，たとえば24時間後，48時間後のすべての格子点の値が計算できる．すなわち格子点の網で代表される大気の将来の状況が予報されたわけである．数値予報のなかに降水量の予報も含まれている．

　それにしても，かりに格子点の間隔を30kmとすれば，それより小さな水平スケールをもつ現象は，この数値予報の網目には引っかかってこない．たとえば第8章で述べる個々の積乱雲などは捕捉できない．ところが格子間隔30kmで囲まれた面積のなかで激しい対流性の降雨があれば，多量の潜熱が放出される．これが温帯低気圧の発達を大きく支配することがある．つまり数値予報の網目からもれた局地的な現象が，より大規模な大気の運動に影響をおよぼすことがある．この種の問題を解決するためには，格子点で表現される気象要素の値を使って，格子間隔より小さいスケールで起こる現象の影響をうまく数値予報のなかに組み入れなければならない．また数値計算に伴う誤差をなるべく小さくするよう，数値計算をなるべく迅速に行うことができるよう，応用数学的な研究も必要である．いずれにせよ，このように理論的な式に基づいて客観的に天気予報をすることが実用化された．これは(a)天気の変化を支配する大気の振舞いが，ある程度理論的に理解できるようになったこと，(b)レーウィンゾンデ・気象衛星その他大気の状態をモニターする技術および通信技術が進歩

して，世界的規模の気象データが短時間に利用できるようになったこと，(c)汎用大型計算機が進歩して，短時間に莫大な量のデータの解析と数値計算を処理できるようになったこと，などが相まってはじめて可能になったものである．

これに関連して数値実験（numerical experiment）あるいはモデル研究（modeling study）について述べよう．これは物理学や化学で行う実験に対応して計算機で行われる実験である．たとえば関東平野で発達する海陸風の実態とその機構を知りたいとする．そのためには，まず周辺の海域を含めた実験地に，密な地上および高層気象観測網を展開して海陸風を実測する必要がある．しかも海陸風は気象状況によって，かなり発達の程度が違う．たとえば日射の強度や継続時間，あるいは関東平野に北寄りの風が吹いているか南風かなどである．それを調べるには観測をかなり長期にわたって行う必要がある．このような野外での実測と並んで有益なのが数値実験である．その手法は原理的には数値予報と全く同じである．まず海陸風の振舞いを支配すると思われる理論式をたてる．ふつう連立偏微分方程式の形をとる．これを数値モデル（numerical model）という．そしてこれを差分方程式の形に直し，ある状態（たとえば日の出直前の状態）を初期の状態として計算機を用いて数値的に積分して，その結果を実測と比較する．比較の結果が満足すべきものであれば，その海陸風のモデルは十分よく実際の海陸風を再現できたといえる．この点で数値実験のことを数値シミュレーション（numerical simulation）ということもある．

ものごとの振舞いを知るために，物理学や化学ではパラメターを変えて実験するのが当り前である．自然相手の気象学ではそれはあまり容易でない．その点数値実験が有力な研究手段となる．曇天の日の海陸風の発達を知りたければ，モデルのなかの日射量をそれに応じて変えて，数値計算をもう一度行えばよい．関東平野でなく濃尾平野の海陸風を知りたければ，モデルのなかの海岸線の形や地形を濃尾平野に対応したものに変えてやればよい．海面に広く油を流して海面からの蒸発を抑制したら，台風の発達がどれだけ弱められるかを知りたければ，台風発達のモデルにおいて海面の条件を変えてやればよい．ある現象がいくつかの原因で起こっているとき，その原因の相対的な重要性を調べるには，その現象をよく再現できるモデルをつくって，それからその原因を1つずつモデルから消去して，どういう現象が起こるか調べるとよい．こうして複雑な現

象を起こすしくみを知る手がかりが得られる．このような利点があるため，大は地球をめぐる風やグローバルな気候の研究から，小は雲のなかの雨粒の成長の研究にいたるまで，数値実験は気象学で広く行われている．本書でもいろいろな数値実験の結果を引用している．

　ただし，いうまでもないことであるが，数値実験の結果は実測とくらべて検証されなければならない．かりに雷雨をコンピューターでシミュレートしてその結果に基づいて雷雨のなかではこれこれの過程が起こっているのだと議論しても，数値実験の結果が実際のものと一致していなければ，モデル雷雨の議論にとどまり，実際とは関わり合いのないことになる．

【課外読み物】数値予報は現在の気象学の重要な分野の1つであるが，専門的な事項であり，紙数の関係で本書では十分な解説をする余裕がない．興味ある読者には一般向け新書版の岩崎俊樹『数値予報』（共立出版，1993）をおすすめしたい．

第8章
メソスケールの気象

8.1 ベナール型対流

　一般に熱をある場所から他の場所に伝達するには3つの形態がある．第1は第5章で述べた放射である．温度が絶対零度でない限り，すべての物体の表面から熱が電磁波の形で放射されている．この放射線を第2の物体が吸収すれば，第1の物体の熱が第2の物体に伝達されたことになる．2つの物体の間が真空であってもこの形の熱の伝達は行われる．第2の形態は熱の伝導である．熱い紅茶をスプーンでかき回していれば，紅茶の熱がスプーンを通して指先に伝達されている．この形の伝達を行うには媒介となる物質が必要であるが，その媒質自身は移動しない．第3の過程は，高温の物質自身が低温の場所に移動して熱を伝達するやり方である．気象学では局所的に高温な大気の部分が浮力によって鉛直上方に移動する運動を対流（convection）とよんでいる．もちろん局所的に低温な大気の部分が負の浮力で沈降するのも対流である．

　最も簡単な形の対流の1つがベナール型の対流である．図8.1に示したように薄い流体層を下面からゆっくりと，また下面全体にわたって一様に加熱する．流体層の上面はいつも温度が一定に保たれるようにしておく．たとえば流体層を入れた容器の上面に温度が一定の水を循環させて上面を冷却すればよい．下面の温度が次第に高くなるとともに，熱は伝導によって流体中を上に運ばれていき，図8.1左のような直線的な温度の高度分布ができる．ちょっと考えると流体層の下面を加熱すれば，すぐにも対流が起きそうであるが実はそうではない．下面と上面の温度差がある限度に達したときだけ対流が起こりはじめる．

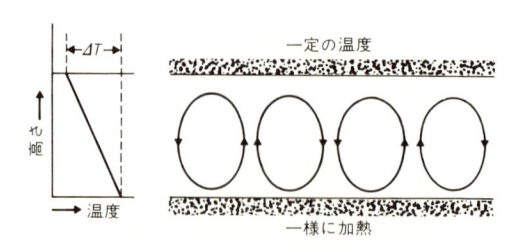

図8.1 下面から流体層を一様に熱したときにできる細胞状の対流（右図）と対流が発生する前の流体層内の温度の高度分布

なるべく運動が起こらないように流体の粘性が働いているからである．耐えに耐えて，遂に温度差がある臨界値に達したとき，その状態は不安定で，それを解消するように流体のなかの運動が起こる．この臨界値は流体層の厚さ (d)，流体の動粘性係数 (ν)，流体の温度伝導率 (κ)，流体の体積膨張係数 (α) で一義的に決まる．流体としてグリセリンを使用した場合，流体の厚さが1 cm ならば臨界温度差は約27度である．

上記の d, ν, κ, α，および上下面の温度差 ΔT と重力加速度 g とで次のような無次元の量を定義することができる．

$$Ra = \frac{\alpha g \Delta T d^3}{\kappa \nu}$$

これをレイリー数（Rayleigh number）という．ΔT がある臨界値を越えると対流が起こるということを一般化すると，レイリー数がある臨界値を越えると，流体のなかに対流が起こるということができる．この臨界レイリー数の値は実験するとき上面と下面の条件をどうするかで違う．上面と下面を剛体の板でおおって，そこで摩擦がある場合の臨界値は1,708である．上面の板をとり除き，そこでは摩擦がないようにした場合は1,101である．たとえばグリセリンについては $\nu = 1.2 \times 10^{-3}$ m^2 s^{-1}，$\kappa = 9.3 \times 10^{-8}$ m^2 s^{-1}，$\alpha = 0.47 \times 10^{-3}$ °C^{-1} である．したがって深さ1 cm のグリセリンの層については，臨界レイリー数1,101に対応する温度差 ΔT は26.6°C となる．水の場合は $\nu = 1.0 \times 10^{-6}$ m^2 s^{-1}，$\kappa = 1.45 \times 10^{-7}$ m^2 s^{-1}，$\alpha = 0.21 \times 10^{-3}$ °C^{-1} であるから，深さが同じく1 cm なら ΔT は0.08°C である．水はグリセリンにくらべるとはるかに粘性が弱いから，わずかな温度差で対流が起こるわけである．

これを熱の伝達という点から見よう．上下面の温度差が臨界値以下の場合には，加熱されている下面から冷却されている上面までの熱の伝達はすべて流体

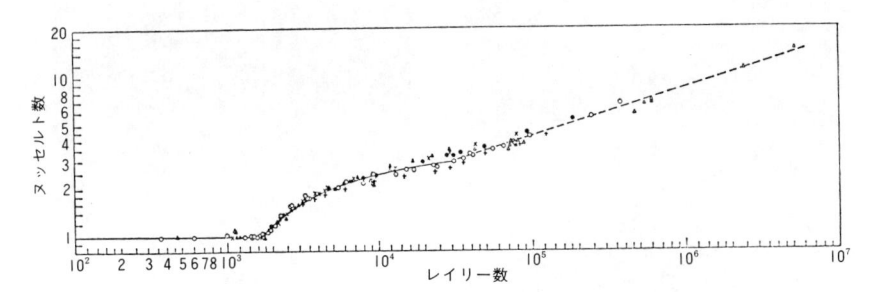

図8.2 レイリー数とヌッセルト数の関係 (S. Chandrasekhar, 1961: *Hydrodynamic and Hydromagnetic Stability*, Oxford Univ. Press.)

流体層の深さを d,熱伝導率を $\mu(=\kappa\rho C_v)$,上面と下面の温度差を $\varDelta T$ とすると,熱伝導だけで上方に輸送される熱量は $\mu\varDelta T/d$ で与えられる.流体層内の水平面を通って上方に輸送される熱量をこの $\mu\varDelta T/d$ を単位として表した数がヌッセルト数である.ヌッセルト数が1より大きいことは,対流が熱輸送に寄与していることを示す.

層を通っての伝導で行われている.ところが温度差が臨界値を越えると,もはや熱の伝導だけでは間に合わず,もっと効率のいい方法をとる.すなわち熱伝導に加えて,熱せられた流体自身が上昇し熱を上方に輸送するのである.したがって流体層内の水平面を通って上方に輸送される熱量を測ってみると,図8.2に示すように,温度差(一般的にはレイリー数)が臨界値を越えたところで,不連続的に急増する.逆にいえば,このような測定によって臨界レイリー数を実験的に決めることができる.

しかも面白いことに,こうして起こった対流は図8.1に示したように,規則正しく上昇運動と下降運動が細胞(セル)状に配列している.下面は一様に熱したのだから下面に沿って一様に温度が高くて軽い流体がある.その上に重い流体があるのだから,軽い流体は上に行き重い流体は下に沈んで上下に転倒しようとする.ところが軽い流体が一斉に上昇し重い流体が一斉に沈むことはできないから,そこは譲り合って,ある部分は上昇し,ある部分は下降するという形態をとるのである.そしてこの細胞状対流の横のスケールと深さ(縦のスケール)の比は2〜3の値をとるときちんと定まっている.

ここで述べた対流は1900年にフランスの科学者ベナール(Bénard)がはじめて室内実験で示し,1916年に英国のレイリー(Rayleigh)が理論的説明を与えたので,ベナール型対流あるいはベナール・レイリー型対流とよばれている.

(a)日本海上のすじ状雲

(b)メキシコ湾上のすじ状雲

図8.3 ベナール型対流による筋雲の例

　実際の大気中でも，室内実験のベナール対流ほど規則正しくはないが，ベナール型対流が発生しているのを見ることがある．晴れた夏の日の午後，陸地が日射で暖められるので対流が起こり，上昇流の部分で水蒸気が凝結して，いかにも軽やかな白い雲が発生する．綿雲とか羊雲，あるいは好晴積雲とよばれている雲である（6.7節）．

　冬季日本海上を北西の季節風が吹き渡っているとき，「ひまわり」の雲画像で日本海上に筋状の雲が発達しているのを見かける．これもベナール型対流の雲の一種である．すなわちシベリア大陸からの寒冷な空気が海面温度が高い日本海上に出ると，下から暖められ対流が起こり，積雲が発生する．ところがベナール型対流の細胞は強い風にさらされると，その風の方向に並ぶ性質をもっていることを理論的に示すことができる．こうして風の方向にたくさんの積雲が並んだのが筋状の雲の正体である（図8.3(a)）．同じような筋状の雲は，冬季冷たい北寄りの風が北米大陸から暖かいメキシコ湾上を吹き渡るときにも見られる（図8.3(b)）．

ただし厳密にいうと，筋状の雲は単純にベナール型対流による雲ではない．それはすでに述べたように，純粋のベナール型対流では，細胞のアスペクト比（横と縦の比）は2～3と決まっている．ところが筋状の雲では，アスペクト比（図8.3で筋状雲の間隔と海面から雲頂までの高さの比）は，場所によって違うが，5から20くらいもある．純粋なベナール対流よりずっと扁平なのである．どうしてそうなのか，いろいろな説が出されているが，まだ定説はない．

また図8.1や図8.2で示した室内実験のベナール対流において，レイリー数が臨界値を少し越えた状態では，きれいな細胞状の対流であるが，レイリー数が大きくなるにつれ流れは変わり，いろいろな複雑な流れのパターンをとるようになる．これを一般的に非線形なベナール型対流という．序説で述べたロレンツがカオス現象を発見したのは，このような非線形のベナール型対流の研究中であった．

8.2 降水セルと雷雨

前節で述べたように，流体の層内で上下の温度差が大きくなりすぎると，そうした成層は不安定だから上下に転倒し，不安定を解消しようとしてベナール対流が起こる．同じようにして，水蒸気を含んだ大気が条件付不安定（あるいは対流不安定）な成層をしていると，そうした不安定を解消するように下層の軽い空気は上昇し上下の転倒が起こる．実際には対流が起こる前に，より水平スケールが大きい上昇流がいろいろな原因で発生しており，それにのって地面近くの空気塊が上昇し，自由対流高度に達すると，あとは浮力によってぐんぐん上昇するという形で（3.8節），条件付不安定を解消する．

具体的な例をあげよう．大気が条件付不安定のときには，晴れた夏の日の午後に山岳で雷雨が発生しやすい．これは山岳の斜面が日射によって暖められ，谷風とよばれる風が山麓から山頂に向かって吹く（8.9節）．この風にのって山麓の空気塊が自由対流高度まで達し，あとは浮力によって，ときとしては圏界面にまで達する雷雲となる．谷風は雷雲が発生する手助けをしているだけで，谷風が直接圏界面まで届いているのではない．そして雷雲の周囲では，雷雲内の上昇流を補償するように，広い範囲にゆっくりした下降気流がある．こうした形で上下の空気の転倒が起こっているのである．

これは次節で述べることであるが，雷雲は外からは1個の大きな雲の塊のように見えるが，内部に入って見るとそのなかに数個の積乱雲が共存しているこ

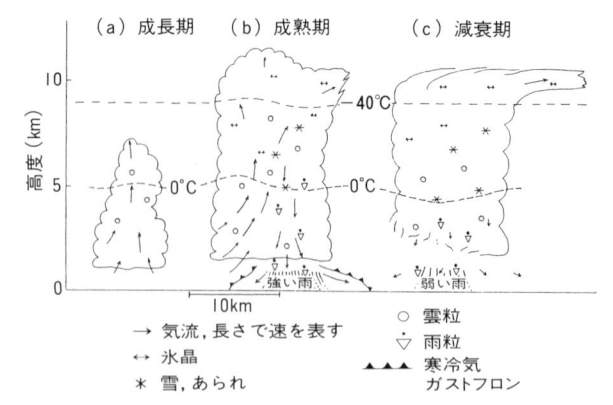

図8.4 積乱雲の生涯における各発達段階の特徴 (H. R. Byers and R. R. Braham, Jr., 1949: *The Thunderstorm*, U. S. Weather Bureau.)
(a)成長期は強い上昇気流，(b)成熟期は激しい降水と一部下降冷気流の出現，
(c)減衰期は上昇暖気流の消滅，降水は弱まり雲は消散しはじめる．

とが多い．生物の組織が細胞から成るのになぞらえて，雷雲という組織を構成している積乱雲のことを降水細胞あるいは降水セル（precipitation cell）とよぶ．

個々の降水セルは成長期（あるいは発達期）・成熟期（最盛期）・減衰期（消滅期）という3段階を経て一生を終わるのがふつうである（図8.4）．その寿命はふつう30分から60分である．まず成長期は雲が上方へ延びていく段階で，雲のなかの温度はまわりより高く，雲のなかはすべて上昇流である．雲粒があり，雨粒もわずかながらできているが，上昇流が強いために上方に運ばれ地上には落下していない．温度が0℃の高度を越えていることが多く，しばしば雲の上部では第4章で述べた過程により氷晶などの氷粒子が発生しつつある．

やがて雲頂は対流圏上部に達する．このときまでには雲粒から雨粒が形成されている（4.4節）．また雲のなかでは氷粒子をつくる過程が進み，あられ，雪など大きな氷の粒子も形成されている．こうした大きな水や氷の粒子の落下速度は速く，上昇流に打ち勝って落下をはじめる．このとき周囲の空気をいっしょにひきずり降ろす．こうして中層から下降流がはじまる．この下降流の出現が成熟期のはじまりである．このとき雲の上部にはまだ上昇流があるから，最盛期は上昇流と下降流が共存している時期である．落下中の氷粒子が0℃

8.2 降水セルと雷雨──209

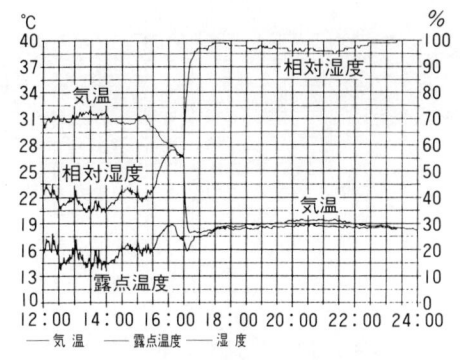

(a) 気温・露点温度・湿度グラフ

(b) 風速グラフ

(c) 降水強度・降水量グラフ

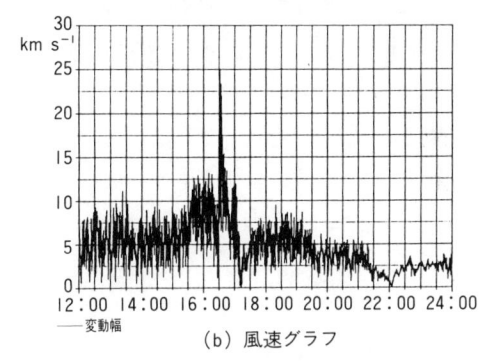

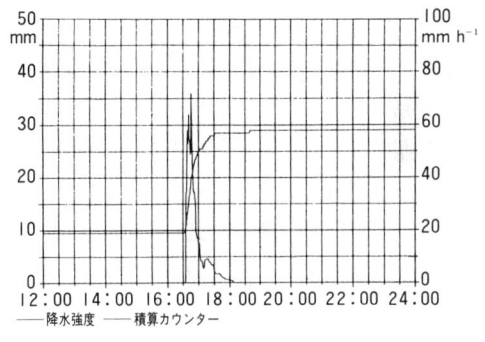

図8.5 1996年7月3日，宇都宮地方気象台における自記気象記録（気象庁）

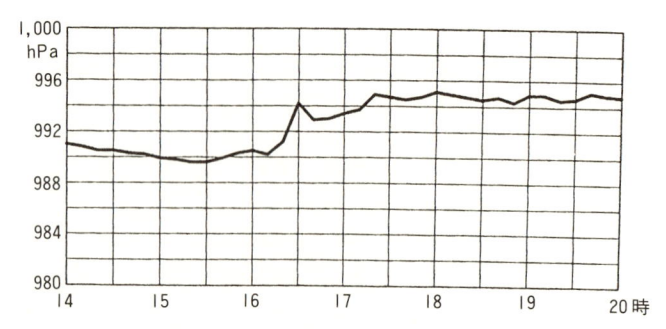

図8.6 1996年7月3日14〜20時宇都宮地方気象台における現地気圧グラフ（気象庁のデータから作成）

高度を通過するさいには融解して空気を冷やすので，下降流は強まる．雲粒からできた雨粒も，氷粒子が融けてできた雨粒も落下して雲底を離れ地上に向かう．雲底下の空気は飽和していないから，雨粒からの蒸発が起こり，空気をさらに冷やす．下降流はますます強くなる．

こうしてできた冷気は雲底下にたまる．これが冷気プール (cold pool) あるいは冷気ドームといわれているものである．冷たい空気が溜まっているのだから，その部分の地上の気圧はまわりより高い．この局所的な高気圧を雷雨性高気圧とかメソハイ (meso high) とよんでいる．高気圧から地表面に沿って冷気が放射状に流れだす．これを冷気外出流 (cold outflow) という．その先端がもとからあった周囲の空気と衝突する線がガストフロントである．ガスト (gust) は突風の意味で，この線に沿って突風が強く，昔は突風前線とか陣風前線とかよんでいた（図8.5参照）．寒気が暖気のなかに押し寄せてできる寒冷前線の小型版のようなものである．

そして上昇流の消滅が減衰期のはじまりである．つまり下層の空気が上昇し水蒸気が凝結するさいに放出する凝結熱によって浮力ができ上昇流を維持していたのに，いまや中層から下層にかけては下降流となったので，いわば糧道を絶たれた降水セルは死滅するしかないのである．こうして雲内はすべて下降流となり，残っていた雨粒も氷粒子も弱いシトシト雨として降るか，空中で蒸発するかして，雲は消える．

次にガストフロントと冷気プールの実例を示そう．ある夏の晴れた日，北関

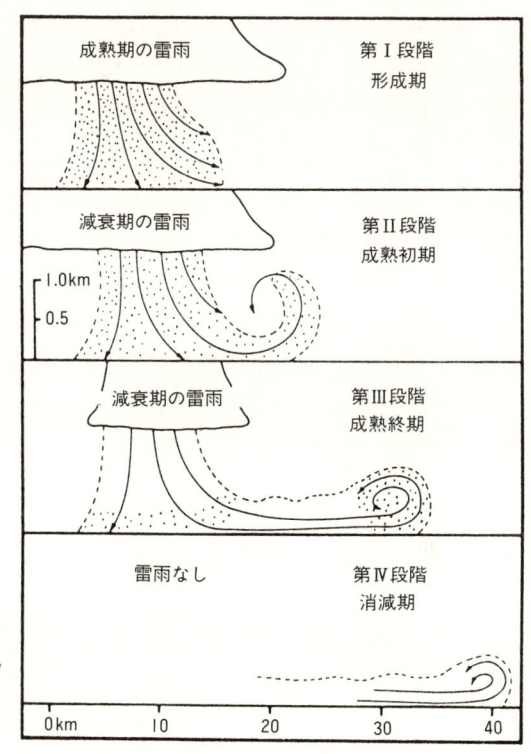

図8.7 雷雨に伴うガストフロントの生涯の4段階(Wakimoto, 1982: *Mon. Wea. Rev.*, 110, 1060–1082.)
点々は降水粒子の存在を示す.

東から福島県にかけて線状に並んだ雷雨群がほぼ東に進んだ．そのなかで特に強い雷雨が通過した宇都宮地方気象台における自記気象記録が図8.5と図8.6である．15時15分には約31°Cであった気温は16時30分までに約4.5°C下がり，それから約10分の間にさらに8.5°Cも下がっている．約85分間に13°Cも気温が下がったことになる．同じ16時30分に，相対湿度は飽和に近い値に増加し，25 m s^{-1}の突風（ガスト）も吹き，ほんの少し遅れて，瞬間的には最大降水強度70 mmの強雨を含む雨が約30分降っている．こうして16時30分ごろ最大級の強いガストフロントが宇都宮を通過したことがわかる．その前の4.5°Cの気温降下は隣の降水セルの冷気プールが先に宇都宮に到着したのであろう．図8.6は気圧の変化を示しているが，ガストフロントの通過とともに，最大で約4 hPaの気圧上昇を記録している．

参考までに図8.7に典型的なガストフロントの形成から消滅までの一生を示

す．第1段階は成熟期の積乱雲の雲底から雨粒とともに冷たい下降流が降りてきたところである．実際には降りてきたというようななまやさしいものではなく，第2段階では下降流は勢いよく地表面にぶつかり水平に広がっていく．その先端（ガストフロント）は渦を巻いている．第3段階ではガストフロントは衰弱期の積乱雲から遠ざかりつつある．ときには第4段階として示したように，母体の積乱雲は消滅したあとでも冷たい空気からなるガストフロントだけは遠方まで伝わっていくこともある（8.9節の重力流参照）．

また，ときには雷雨に伴う下降流が地表面に沿って広がり地上に被害を及ぼしたり，離着陸中の航空機が墜落事故を起こすほど強いことがある．そうした下降流をダウンバースト（downburst）とよぶ．大気の不安定度が強いとき発生しやすい．

8.3 降水セルの世代交替（自己増殖）

メソ気象の話では，よく一般場の風（略して一般風）とか環境の風とかいう用語を使う．これはメソ現象に伴う風を除いた，より大きなスケールの場の風のことである．これからこの章で述べるように，メソ現象の振舞いはその現象を取り巻くスケールの大きい場に支配されることが多い．人間の育ち方はその人を取り巻く環境によることが大きいというのと同じ意味で，一般風を環境（enviroment）の風とよんでいるわけである．

また一般風の鉛直シアという用語もよく使う．これは高度が違う2点の風ベクトルの差である．風速の差だけを問題にするときには風速シアといい，風向だけを問題とするときには風向シアというが，いずれも鉛直シアの一部分である．鉛直シアが強いというときには，風速か風向か，あるいはその両者が高さとともに大きく変化している状況を意味する．大気の成層状態が同じでも，風の鉛直シアが違うと違った形態の雷雨が出現することは，以下に見るとおりである．

さて本論に入って，前節では孤立した降水セルはふつう30～60分の寿命で一生を終わると述べた．実をいうと，図8.4は鉛直シアが弱いときに発達する降水セルの一生の図である．シアが強いときには図8.8のようになる．ここで

8.3 降水セルの世代交替（自己増殖）

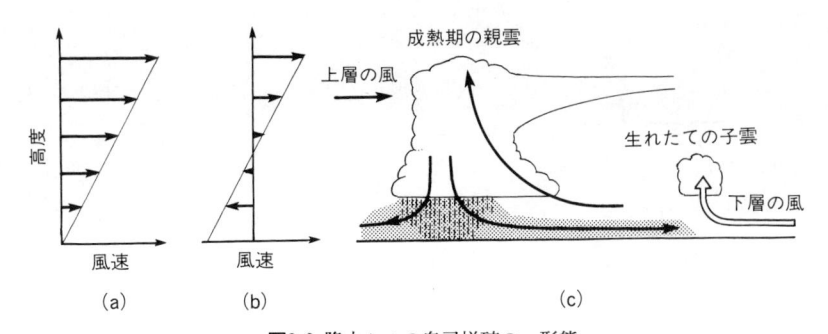

図8.8 降水セルの自己増殖の一形態
(a)仮想的な一般風の高度分布，(b)移動中の降水セルに相対的な一般風の高度分布，(c)この一般風の下で，親雲から子雲が生れる様子．陰影の部分は冷気外出流．

は簡単化のため，一般風はどこでも西風で（風向のシアはゼロ），風速は地表面ではゼロで，高度とともに増加しているとする（図(a)）．ふつう降水セルは対流圏の中層の風，あるいは雲がある層全体の平均的な風で流される．それで，流されつつある降水セルに相対的な（つまり移動中の降水セルから見た）一般風は，図(b)で示したように，上層では図の左から右に吹いているが，下層では逆に右から左へ，降水セルに吹きこむように吹いている．この下層の風が降水セルから流れている冷気外出流と衝突するので，ガストフロントのところで上昇流ができる（図(c)）．上昇流が十分に強く，下層の空気が十分に湿っているときには，上昇流は凝結高度に達し，ここで雲が発生する．ふつう冷気外出流は地表に沿って放射状に広がるので，こうしてできた雲はアーク状（円弧状）をしている．これをアーク雲という．レーダーや気象衛星の雲画像で見ると，降水セルを取り囲んだ円弧状の細い雲の線として認められる．

　大気が条件付不安定で，ガストフロントにおいて強制的に起こされた上昇流が強く，下層の空気が自由対流高度まで達すれば，ここで新たに降水セルが発達する．もとの降水セルを親雲とよぶことにすれば，親雲から子雲が生まれたことになる．そして水蒸気をたっぷり含んだ下層の一般風の空気は子雲の方に吸いこまれて，親雲の方には行かないので，やがて親雲は死に絶え，子雲が成長を続ける．これを降水セルの世代交替という．あるいは生物の細胞が自己増殖するのになぞらえて，降水セルは自己増殖をするという．

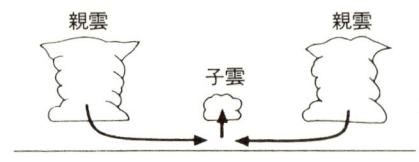

図8.9 降水セルの自己増殖の別の形態：雲の併合（両親の雲から子雲が生れる様子）

　降水セルの自己増殖は別の形でも起こる．1つは，図8.9に示したように，降水セルが接近して存在している場合，文字どおり2つの親雲からの冷気外出流が衝突して子雲が生まれる形である．これは比較的頻繁に起こる．もう1つは，親雲が分裂し，その片方あるいは両方が成長する形である．これは比較的稀である．

　こうして降水セルの自己増殖が起こると，降水系全体としての寿命は単独の降水セルのそれよりずっと長くなる．もう1つ重要なことは，降水セルの自己増殖によって降水系全体としての移動が，一般風によって流される個々の降水セルの移動とは違ってくることである．たとえば図8.10(a)は3個の降水セルから成る雷雨を真上から見下ろした模式図である．降水セル群を中心として，ガストフロントが円弧状に広がっている．ここで，下層では南風，中層では西風とする．この状況では子雲はガストフロント上の図に示した位置に発生するであろう．そしてこれが発達して降水系の一員になる間にもとの降水セルは中層の西風に流されている．その結果，見かけ上からは降水系は全体としては，中層の一般風の風下よりは右側にずれた東南東の方向に動いたと見えるであろう．図8.10(b)は，下層で東風，中層で西風の場合である．このときには子雲は降水系の東側で発生する．したがって降水系全体としては，個々の降水セルの移動速度よりも速く東に移動するように見える．

　例として，群馬県における夏の熱雷を見る．雷雨は東に移動することが多いが，南東に動くことも少なくない．後者の場合でも，中層の一般風は北西風ではなく，西風のことが多い．昔はその移動方向の理由がよくわからなかったので，群馬県の雷雨は利根川に沿って下る傾向があるなどといわれた．実際には，こうしたときには群馬県や埼玉県の地上風向は南ないし南東で，引き続いたセルの自己増殖が移動方向を決めるのに寄与していると思われる．

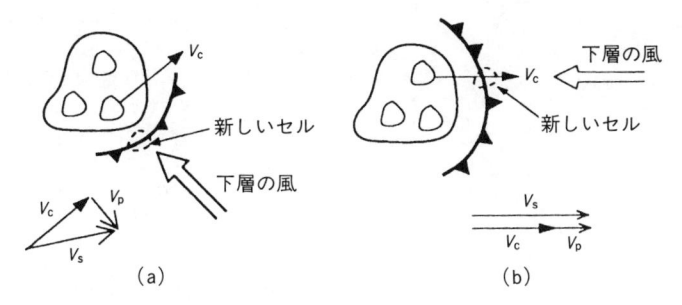

図8.10 新しい降水セルの誕生と,メソ対流系全体としての動きの関係 (Houze, 1993: *Cloud Dynamics*, Academic Press.)
前線記号のついた線がガストフロント. V_c は個々の降水セルの連続的な移動速度のベクトル, V_p は, もし個々のセルが移動しなかったならば, 新しいセルの誕生によりメソ対流系が動いたと見える速度ベクトル. V_s はメソ対流系全体としての移動ベクトル.

8.4 団塊状のメソ対流系

　降水セルは孤立して出現することもあるが,多くの場合には複数個の降水セルが同時に存在して,メソスケールの対流系を構成している. これをメソ対流系（mesoscale convective system）と総称する. 記述の便宜上, これを団塊状メソ対流系と線状メソ対流系に分ける. 文字どおり, 前者は大きさが10 kmから数十 kmの塊であり, 後者は多数の活発な降水セルが線状に並んだものである.

　まず団塊状の対流系について述べる. 主にレーダーで観測した形態の違いにより, これをさらに次のように分類する.

　(1) 気団性雷雨

　これは発達段階が違う複数個のセルが雑然と集合しているものである. 内部を見ると図8.11のように, あるセルは上昇流だけをもっているから成長期にあり, あるセルには上昇流と下降流が共存しているから成熟期にある. この型の対流系は, ある地域が単一の気団におおわれ, 一般風の鉛直シアが弱い状況で発生しやすい. それで気団性雷雨（air mass thunderstorm）とよぶのである. 夏季に日本が太平洋高気圧におおわれ晴天の日に発生する雷雨の多くは,

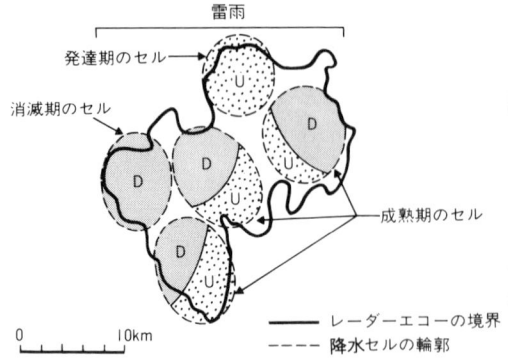

図8.11 気団性雷雨内で数個の降水セルが水平に分布している様子 (H. R. Byers and R. R. Braham, Jr., 1949: *The Thunderstorm*, U.S. Weather Bureau.) 発達中のセルには上昇気流（Uの記号）だけがあり，成熟したセルには上昇気流と下降気流（Dの記号）が共存し，消滅しつつあるセルには下降気流だけがある.

この構造をもっている．次項の(2)と対比させると，気団性雷雨は組織化されていないマルチ（多重）セル型雷雨であるといえる．

(2) 組織化されたマルチセル型雷雨

これは，いくつかの降水セルで構成されている点で気団性雷雨と似ているが，セルが規則的に組織化されている点で違う．図8.12にマルチセル型雷雨の構造が模式的に示されているが，これはいろいろな発達段階にある複数個（この場合は4個）のセルが共存しているときのスナップショットと見てよい．ストームは全体として図の左から右に移動している．まず図の雲の右端 $n+1$ と記号したセルはストームの先端で新たに発生したセルである．セル $n+1$ とその後ろにあるセル n は成長期にあるセルで，上昇気流で占められている．降水粒子はすでに生成されているが，まだ地上に落下するまでに至っていない．$n-1$ のセルは成熟期にあるセルである．すなわち雲頂は最高の高度に達し，下層には下降気流，上層には上昇気流がある．ひょうを含めた強い降雨もある．$n-2$ のセルは減衰期にあるセルである．そのなかには上昇気流はなく，セル全体に弱い下降気流があり，雨は降っているが弱い．

ストーム全体としての空気の流れを見ると，高温高湿の空気がストームの先端でストーム内に流入し，上昇して上層でストームの背後に流れだす．中層の乾いた空気が紙面に直角にストーム内に流入し，それより上の雲の部分から落下してきた降水粒子からの蒸発のため冷却されて幅広い下降気流となる．ストームの下層はほとんどこの下降気流で占められている．さらに下降気流は地表

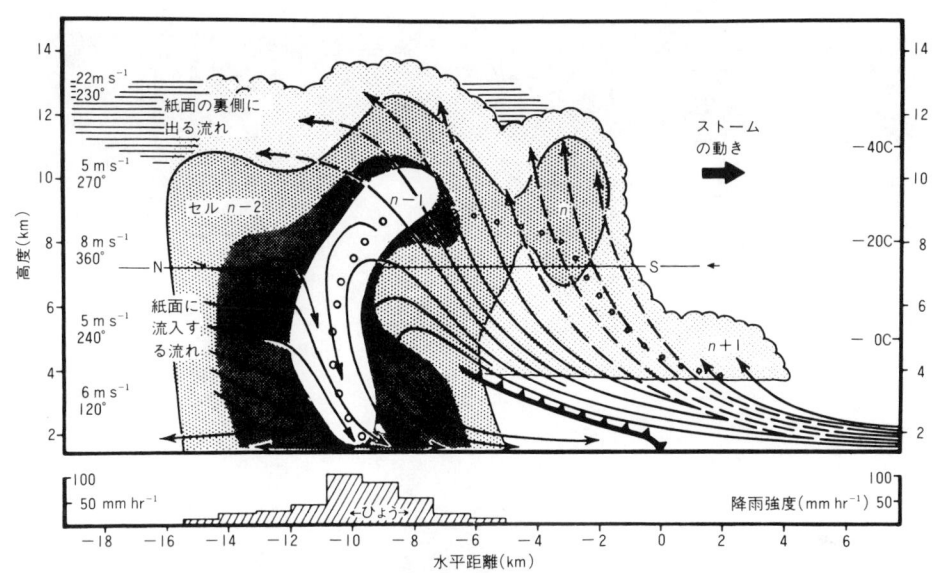

図8.12 1973年7月9日米国コロラド州で観測されたマルチセル型のストームの構造 (K. A. Browning *et al.*, 1976: *Mon. Wea. Rev.*, **104**, American Meteor. Society.)

ストームの進行方向に沿った鉛直断面図. $n-2$, $n-1$, n, $n+1$ という順序で発生発達した降水セルから成る. 実線は移動中のストームに相対的な空気の流れ. ただし流れは3次元的であり, 紙面に直角に入りこむ流れや紙面から出ていく流れもあり, その部分の流れは破線で示してある. 白丸で描いた曲線は, 右手前方の雲底で生成された粒子が成長し, ひょうになって落下するまでの軌跡を表す. 一番外側の線は雲の輪郭を表し, 以下2段階に陰影をつけた部分と白い部分はレーダーエコー強度が 35, 45, 50 dBZ であることを示す. 図の左側に示した風速 (m s^{-1}) と風向 (角度) は移動しつつあるストームに相対的な一般風である.

面近くで水平に広がり, ストームの先端部で流入してくる高温高湿な空気を持ち上げ, 新しいセル $n+1$ を発生させる. 組織化されたマルチセル型のストームでは, この過程が繰り返し行われている.

気団性雷雨と違い, 組織化されたマルチセル型雷雨は一般風の鉛直シアが強いときに発生する傾向がある.

(3) スーパーセル型ストーム

これは数個の降水セルの集合体というよりは, 単一の上昇流域と下降流域をもった巨大な雲の塊である. 大きさは 10〜40 km くらいである. 大気の不安定度も一般風の鉛直シアも強い状況で発達する. 図8.13はその構造と移動し

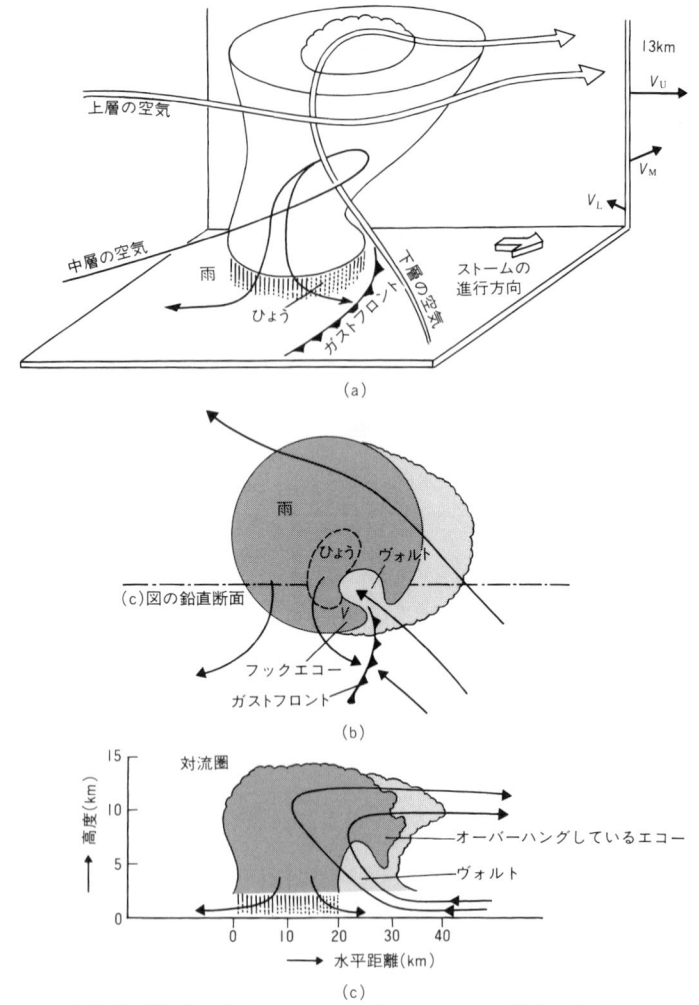

図 8.13 成熟期にあるスーパーセル型のストームの構造の模式図

(a)移動しつつあるストームに相対的な3次元的な空気の流れ．図の右側に，ストームに相対的な対流圏下層（V_L），中層（V_M），上層（V_U）の一般風が示してある．地表面におけるガストフロントの位置も示してある．(b)上から見たストームの構造．薄い陰影は小さい雲粒から成る雲の部分で，濃い部分が強いレーダーエコーをもつ降水部分．実線はストームに相対的な対流圏下層における流れ．上昇気流や下降気流があるから，図の下半部のように，ある水平面内の流線は途中でとぎれている．スーパーセル型のストームに伴って竜巻が起こるとすれば，V の記号の位置で発生する．(c)鉛直断面で見た構造．細い実線は流線を表すが，下層空気が上昇し雲の上部で雲を脱出する流れが同一断面内で起こっているわけでなく，実際にはこの紙面に直角な方向の流れも重なっている．

つつあるストームに相対的な流れを模式的に示す．ストームに伴う流れは著しく3次元的な性格をもっているから，2次元的に表現した図は注意して見る必要がある．

さて図8.13(a)と(c)に見るように，対流圏の下層およびストームの先端部で高温高湿の空気がストームに流入し，上昇流となっている．この上昇流はきわめて強いので，雲底付近で生成された雲粒はレーダーで検出されるほど大きな降水粒子に成長する時間的余裕がないうちに対流圏上層に運ばれてしまう．図8.13(b)と(c)でヴォルト(vault)と記した部分がその弱いレーダーエコー強度の領域であり，実はここで$10 \sim 20$ m s^{-1}の強い上昇運動が起こっているのである．図8.13(b)でフックエコー(hook echo)と記したのは，かぎ型をしたレーダーエコーのことである．このエコーがあることがスーパーセルの特徴である．

スーパーセル型のストームが発生する気象状況では，対流圏中層の湿度は低いのがふつうである（つまり対流不安定度が強い）．図8.13(a)で見るように，中層の空気は下層の流れとは約90°ずれた方向からストームに侵入し（つまり一般風の鉛直風向シアが強く，下層風が南東ならば中層風は南西），上昇気流の東側を迂回しストームの北西側に回る（あとで述べるようにストーム内の風の回転運動のため）．そのさいもっと上層から落下してきた雨粒の蒸発のため冷却し，下降気流となり，上昇気流の北西側に雨を降らせる．そして冷たい下降気流は地表面付近でストームから流れだし，ストームに流入してくる温暖な風と衝突してガストフロントをつくる．すでに述べたように鉛直シアが弱い環境の風で発達する孤立した降水セルの寿命時間は1時間以下であるが，スーパーセル型のストームのそれは数時間におよぶ．降水セルが短命なのは，はじめ上昇気流があったのと同じ場所で，下層に下降気流が発達し，上昇気流の根元が断ち切られてしまうからである．これに反してスーパーセル型のストームでは図8.13(c)のように，上昇気流は鉛直方向に対して傾いており，水蒸気が凝結して潜熱を出し雲に浮力を与える場所と，降水粒子が落下してきて雲を冷やす場所とが分離されている．この構造は環境の風の鉛直シアが強いからこそ可能であり，このような構造をもつスーパーセル型のストームは準定常的な状態を保つことができる．

スーパーセルの最大の特徴はストーム全体が回転していることである．回転

の方向はほとんどすべてのスーパーセルで反時計回りである．フックエコーというのも，落下してきた雨粒がこの回転している流れに巻きこまれてかぎ状になったものにほかならない．そしてスーパーセルが米国で特別に注目されているのは，竜巻（トルネード）がしばしばスーパーセルに伴って発生するからである．発生するとすれば，フックエコーのところで発生することが多い．そして，ここには水平スケールについて多重構造がある．すなわち，まず10kmの桁のストーム・スケールの運動（メソ・サイクロンとよばれる）があり，そのなかに埋まって1～2kmくらいの（人によってよび方が違うが）トルネード・サイクロン・スケールの運動があり，そしてそのなかに埋まってスケールが100～1,000mのトルネードがある．いつもこの三重構造をもっているわけではないが，竜巻の大きさはつねに親雲より1桁も2桁も小さい．

　その後の研究により，スーパーセル・ストームにもいろいろ変種があることがわかってきた．今日では図8.13に示した構造をもつストームを古典的スーパーセル・ストームとよぶ．また最近ではスーパーセルに関係なしに発生する竜巻もかなりあることが注目されている．これらをひとまとめにしてノン・スーパーセル竜巻という．その成因としては，ガストフロントをはさんだ両側で風の違いが大きいとき（すなわち水平シアが大きいとき），そうした流れの状態は不安定なので，ガストフロントに沿って渦巻の列ができる．そこを積乱雲が通過すると，そのなかの上昇流によって渦巻が上方に伸ばされ，竜巻の強さになると考えられている．

【課外読み物】本書ではダウンバーストやスーパーセルや竜巻の実例について述べる余裕がないが，これについて興味がある読者は，大野久雄『雷雨とメソ気象』（2001，東京堂出版）や，前に紹介したが本書の副読本の性格をもつ『お天気の科学——気象災害から身を守るために』（1994，森北出版）を参照していただければ幸いである．

8.5　線状のメソ対流系

　これは活発な降水セルが線状に並んだものである．あるものはその線に直角の方向に比較的速く移動し，あるものの進行は遅い．ふつう前者をスコールライン (squall line)，後者を降水バンド (rain band) とよんでいる．しかし，どの程度以上の速度で伝播すればスコールラインとよばれるのか，定義があるわけではない．ここでは，比較的速く移動し，通過時に特有の風・気温・湿

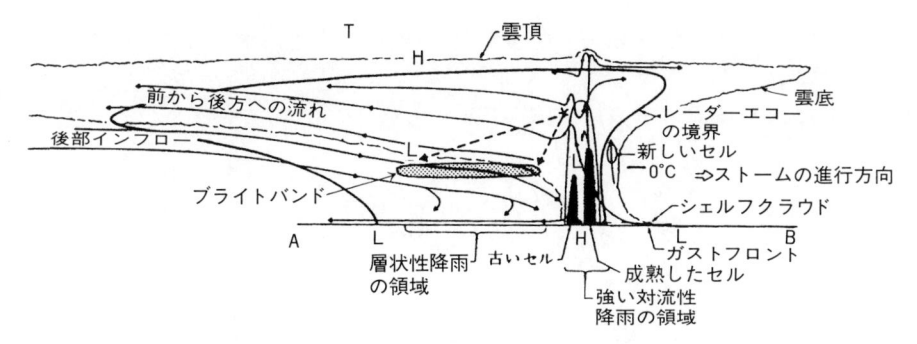

図8.14 中緯度スコールラインの構造の鉛直断面模式図 (R. A. Houze *et al.*, 1989: *Bull. Amer. Meteor. Soc.*, **70**, 608–619.)

図の左から右に進行中のスコールラインに相対的な流れを細い実線で示す．一番外側のギザギザの線が目視による雲の輪郭．太い実線は気象レーダーで検出される範囲．影をつけた部分および黒塗り部分はレーダー反射強度が強い．破線は降水粒子(雪)の軌跡．HとLはそれぞれ相対的に気圧が高い領域と低い領域．

度・気圧・降水などの変化（図8.5と図8.6）をもたらす降水セルの列をスコールラインとよぶことにする．降水バンドについては次節で述べる．

スコールラインについては，熱帯および米国で観測例が多く，多くの点で共通の構造をもっている．その内部構造を鉛直断面で模式的に示したのが図8.14である．スコールラインは図の左から右に進行中であり，それに相対的な（すなわち動いているスコールラインから見た）流れも示してある．一方，地表面での水平構造を模式的に示したのが図8.15である．

まず先端部には強い対流性降雨の領域がある．ここでの構造は前節で述べた組織化されたマルチセル型雷雨に似て，ガストフロントのところで新しい降水セルが発生し，それがガストフロントに相対的に後方に動く間に成長して成熟期に達し，やがて衰える．この対流性領域の凝結高度から上では凝結に伴う潜熱の放出のため，温度はまわりより高く，図8.14に示してあるように，中層での気圧はまわりより低い．しかし雲底下には冷気のプールがあるので地表面では気圧は高い．これが前に述べたメソハイとか雷雨性高気圧とよばれている局地的な高気圧である．ここから流れだす冷気は一部は前方のガストフロントに向かい，一部は後方に向かう．

対流性領域の後ろには層状性の雲が長く延びていて，弱いシトシト雨も降っている．その長さは数十kmから100 km以上にもおよぶことがある．つまり

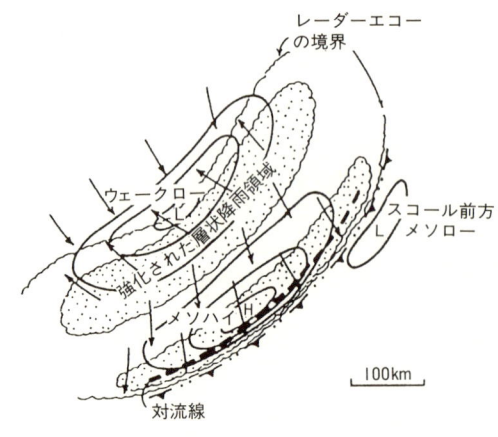

図8.15 成熟期にあるスコールライン内の低層レーダーエコー，気圧，および南東方向に進行中のスコールラインに相対的な風（矢印で示す）の分布の模式図（Johnson and Hamilton, 1988: Mon. Wea. Rev., 116, 1444-1472.）

スコールライン内部の全体としての流れを見ると，対流性領域を通過した空気はスコールラインの中層から上層にかけてゆっくり上昇しながら後方に向かう．ここには図8.14で示したように対流性領域の降水セルの上部でできた雪などの氷粒子が落下してきて，層状性の雲をつくるのに寄与している．そして層状性の雲と前から後ろへの流れの下の中層には，逆に後ろからスコールラインに流入してくる流れ（後部インフロー）がある．これはゆっくり下降しながら対流性領域近くまで達する．下降流に伴う断熱圧縮のため，後部インフローの下では温度は比較的高く，このため地上では低気圧となっている．図8.15に示したウェークロー（wake low）というのがそれである．一方，ガストフロントの前方にメソローというのが描いてあるが，これは対流領域で上昇した空気の一部が圏界面でスコールラインの前方に水平に流れつつ下降し，断熱圧縮のためまわりより温度が高くなり，その静水圧平衡の関係で地表面では局所的な低気圧となっていると思われている．

なお図8.14において，層状性の雲のなかに薄いエコー強度の強い領域が描いてあるが，これをブライトバンド（bright band）という．層状性の雲をレーダーで観測するときの特徴といっていいもので，0℃層のすぐ下で反射強度が局所的に極大となる層をいう．水平に延び，普通厚さは0.5 kmの程度である．0℃層より少し上では，凝集や着氷により落下してくる氷粒子が急速に大きくなり，それが0℃層を通過するさいに融けて大きな水滴となる．そして

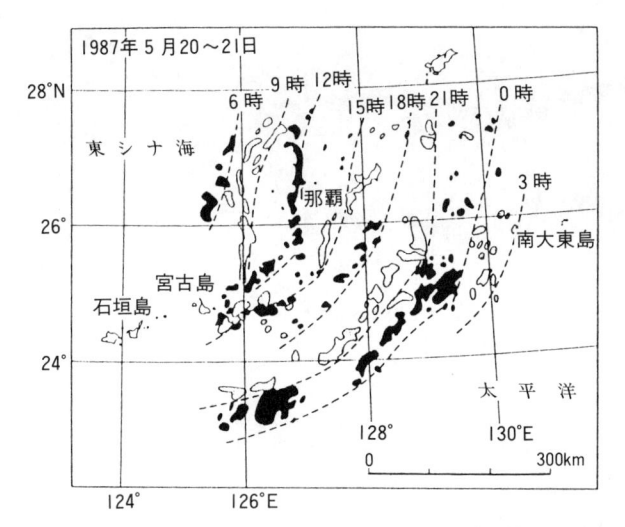

図8.16 1987年5月20〜21日，スコールラインの反射強度が33dBZ以上の領域の位置の推移（石原ほか，1992: 天気, **39**, 727-743.）

水滴は氷の面よりレーダー電波をよく反射（正確には後方に散乱）させる．

　上に述べた構造をもつスコールラインが通過したときの地上観測点での気象の変化は，定性的にはほぼ図8.5と図8.6と同じである．突風が吹き，気温が急下降し，シャワー性の強い雨が降り，相対湿度はほぼ100%となり，気圧が急上昇する．ただ図8.5と違って対流性の強い雨の後に弱いシトシト雨がしばらく（1時間とか2時間とか）続くのがふつうである．図8.14と図8.15に示した層状の雲の通過に対応する．ただし，いうまでもないが，図8.14と図8.15は典型的な場合の図であって，実際にはスコール前方のメソローがなかったり，ウェークローが出現しなかったり，いろいろである．

　日本でもスコールラインはもちろん出現する．例をあげると，図8.16は5月に沖縄で観測されたスコールラインである．南東の方向に約6 m s^{-1}の速度で進み，最盛期には全長460 kmのアーク状の先端部をもち，21時間も継続し，日本では最大級のスコールラインであった．これが那覇市を通過したときの自記気象記録が図8.17である．対流性領域の通過がはじまる14時35分から1時間降水量が60 mmを越える強い降雨が観測された．それとともに，気温は20分間に24.9°Cから3°C降下し，風速は2〜3 m s^{-1}から6〜8 m s^{-1}に

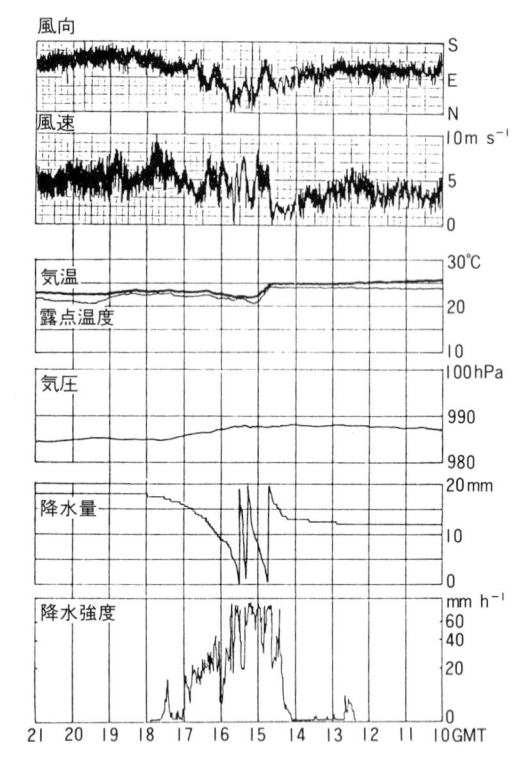

図8.17 1987年5月20日10〜21時の那覇市（沖縄気象台）における自記気象記録（石原ほか，1992：前出）

増加した．しかしメソハイに対応するような急激な気圧の上昇は認められない．もともと大気の湿度が高かったため，雲底は低く，雲底下での雨滴からの蒸発は少なく，冷気プールの発達は弱かったものと思われる．

8.6 梅雨期の集中豪雨

集中豪雨という言葉ははじめマスメディアで用いられていたのが定着したもので，どれだけの広さの地域にどれだけの雨が降れば集中豪雨とよぶのか，学問的に定義があるわけではない．強い雨を表す言葉に豪雨と大雨があるが，この両者も明確に区別されていない．実際の用例を見ると，大雨は多量の雨が降ることを表し，豪雨は災害をも含んだ空間的・時間的なまとまりをもった現象

8.6 梅雨期の集中豪雨――225

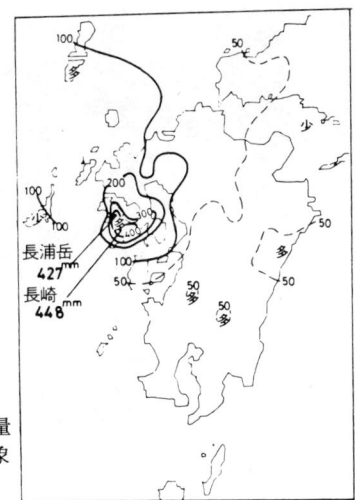

図8.18 九州地方における 1982 年 7 月 23 日の日降水量分布図（福岡管区気象台, 1982: 災害時自然現象報告書, 昭和 57 年第 1 号）

に使用されている．その豪雨の地域的・時間的な集中性が顕著な場合が集中豪雨である．

　梅雨期にはわが国，特に西日本はしばしば集中豪雨に襲われる．いずれの場合にも梅雨前線に向かって南西の湿った風が吹きこみ，気象衛星「ひまわり」の雲画像で見ると，梅雨前線に沿って雲のクラスターが通過するさいに発生していることはほぼ共通しているが，集中豪雨をもたらすクラスターの内部構造はさまざまである．ここで内部構造というのは，多数の積乱雲が集合していると，その上部にあるアンヴィルが連結していたり，層状性の雲も同時に発生していたりして，雲画像では大きな雲の塊（これを雲のクラスター，clusterという）としか見えないが，その上層雲のおおいの下を気象レーダーで観測したり，アメダスなど密な地上観測網のデータを使って調べたときにわかる降雨量や気温や風などの分布や時間変化などである．

　例として，最も大きな災害をもたらした集中豪雨の 1 つ，1982 年 7 月 23 日の長崎豪雨を見る．図 8.18 がその日の日降水量分布で，長崎地方を中心として，さしわたし数十 km の地域に 1 日で 400 mm を越す雨が降っている．長崎市長与町役場では 23 日 19 時から 20 時にかけて 187 mm という記録的な 1 時間降水量を観測している．この集中豪雨のため 300 名近い人命が失われた．

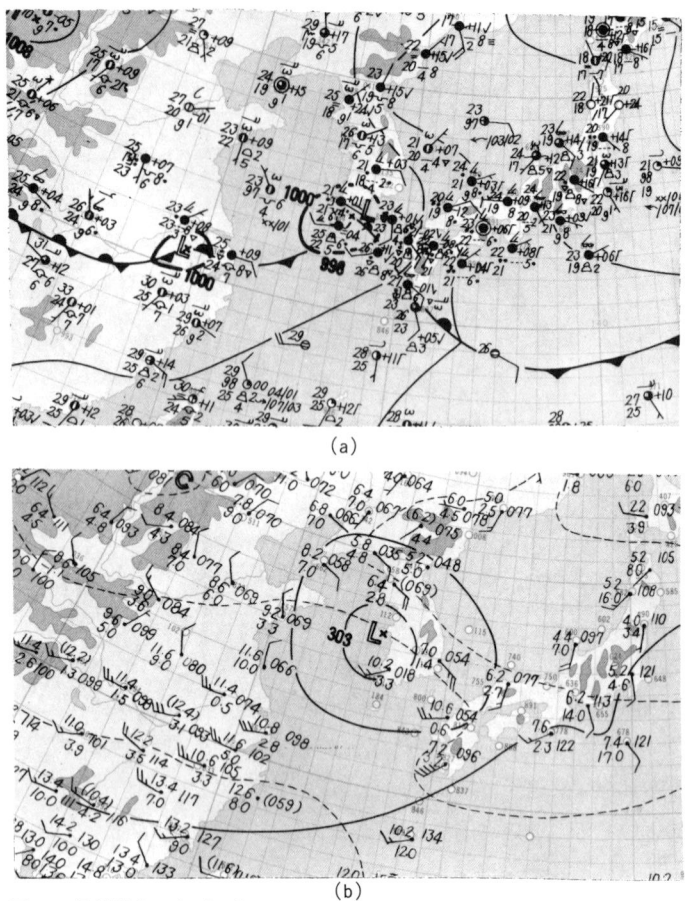

図8.19 長崎地方が豪雨に襲われている最中の1982年7月23日21時における
(a)地上天気図と(b)700 hPa天気図

図(b)における実線は10 mを単位とする等高度線で，たとえば303は3,030 mを表す．破線は等温線．

　長崎地方が豪雨に襲われている時刻の地上天気図が図8.19(a)である．九州の北西，朝鮮半島の南端に弱い低気圧があり，梅雨前線がほぼ東西に延びている．この場合もそうであるが，一般的に日本付近の梅雨前線に伴う水平温度傾度は小さく，主に露点温度と風向の差が著しい．低気圧の中心は700 hPa天気図（図8.19(b)）でも認められるが，500 hPa天気図（図3.4）では閉じた等高度線として認められない程度の背の低い低気圧である．一般的に梅雨期に日

8.6 梅雨期の集中豪雨——227

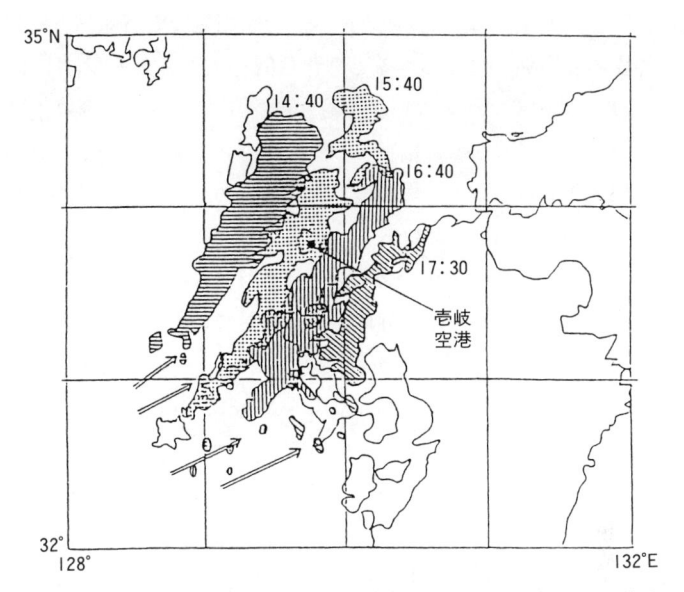

(a)1982年7月23日長崎豪雨をもたらした降水バンドのほぼ1時間おきの位置
(Ogura et al., 1985: *J. Meteor. Soc. Japan*, **63**, 883-900.)
太い矢印は小さなレーダーエコーの移動を示す.

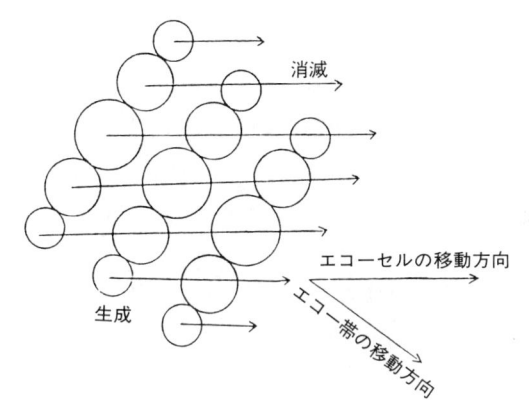

(b)降水バンドを構成する個々の降水セルの移動と新しい降水セルの発生

図8.20 長崎豪雨のさいの降水系の動き

本付近に出現する低気圧は，7.5節で述べた上層の気圧の谷を伴う総観規模の低気圧（傾圧不安定波）にくらべると，背は低く水平スケールは小さい．6.8節の分類に従えば，メソαスケールをもつ低気圧である．長崎豪雨はこの低気圧中心の南東側，温暖前線に相当する位置で降っている．そしてこの降雨域に向かって図3.9で示したように，湿舌が南寄りの風にのって延びていて，豪雨をもたらす水蒸気を補給している．

さらに「ひまわり」の赤外画像で見ると，図5.11で示したように雲のクラスターが東進してきて，豪雨の時刻にちょうど長崎地方の上空に位置している．この上層雲のおおいの下の降水セルの振舞いをレーダーで観測したのが図8.20である．まず大きく見ると，図8.20(a)のように，14時40分には線状のエコーがほぼ南西から北東の方向に延びている（一般的に降水バンドの向きは下層風の風向に平行なことが多い）．この線状エコーは時速約30 kmで南東に移動するが，個々の降水セルは図8.20(b)に模式的に示したように，ほぼ中層の一般風と同じく東向きに移動している．ただ線状エコーの南西の端に次々と新しいセルが発生したので，線状エコー全体としては南東方向に移動したように見える（これは図8.10で述べたことである）．ところが時間とともに線状エコーは次第に団塊状に形態を変え，しかも重要なこととして，長崎地方に接近したころには動きがほとんど止まってしまった．降水セルがいくら強雨を降らせても，それが速く移動すれば，ある地点での集中豪雨とはなりにくい．ある地点に留まって強雨を降らせるので集中豪雨となる．しかもこの場合，西南西の方向から新しいセルが次々と進行してきて，停滞して豪雨を降らせているエコーに合流して，雨量をますます大きくした．なぜはじめのエコーが長崎付近で停滞したのか，まだよくわかっていない．

梅雨期の西日本で最大の被害をもたらしたもう1つの集中豪雨，1957年7月25日の諫早豪雨も図8.19とよく似たメソαスケールの気象状況で起きている．

集中豪雨を起こす少し違ったプロセスの典型的な例が1993年8月1日の南九州における豪雨である．この日，1時間降水量30 mmを越える雨が持続的に降り，洪水が起こって，23名の人命が失われた．図8.21がそのときの地上天気図である．梅雨前線が中国の黄河付近から九州まで延びているが，長崎豪

8.6 梅雨期の集中豪雨── 229

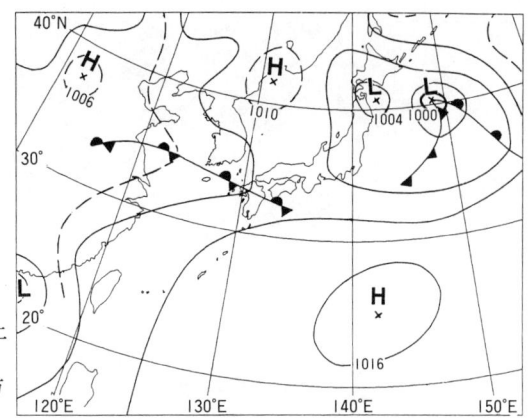

図8.21 1993年8月1日9時の地上天気図（気象庁）
この日，図8.22に示す南九州地方の集中豪雨が発生した．

雨や諫早豪雨の場合と違って低気圧はない．図8.22(a)が豪雨のときのレーダーエコー図である．大きく見ると，線状エコーがほぼ定常的に停滞していたので集中豪雨となった．もっと詳しくエコー図を見ると，実は線状エコーの風上側に次々と新しいセルが発生し，それが成長しながら700〜800 hPa以下の一般場の風向に移動するという過程を繰り返していた．発生後のセルの移動速度は $10\mathrm{~m~s}^{-1}$ と遅く，発達するにしたがって $15\mathrm{~m~s}^{-1}$ を越えた．おそらくは，セルの背が高くなると，より高層の風で流されると思われる．数値モデルを用いて図8.22(a)のシミュレーションを試みた結果が図8.22(b)で，繰り返し起こるセルの発生と移動がよく再現されている．

　8.3節において，成熟期あるいは減衰期の降水セルの雲底下から流れでる冷気外出流が下層の一般風と収束を起こして新しいセルが発生するという降水セルの自己増殖の過程を述べた．しかし前節で述べたことであるが，梅雨期には大気は湿っているので，雲底高度は低く，雲底下の雨粒からの蒸発は弱く，雲底下の冷気プールはあまり発達しない．つまり上記の過程による新しいセルの発生は期待できない．図8.22で起こっていることは，（おそらくは梅雨前線の一部として）線状の収束帯があり，その風上側の先端でセルが発生し，成長するとより高いところの一般風によって風下に流される．収束帯のその空いた同じ場所に次のセルが誕生するということの繰返しである．ひとたび線状対流系ができてしまうと，そのなかでは凝結熱による加熱のため，雲底高度より上で

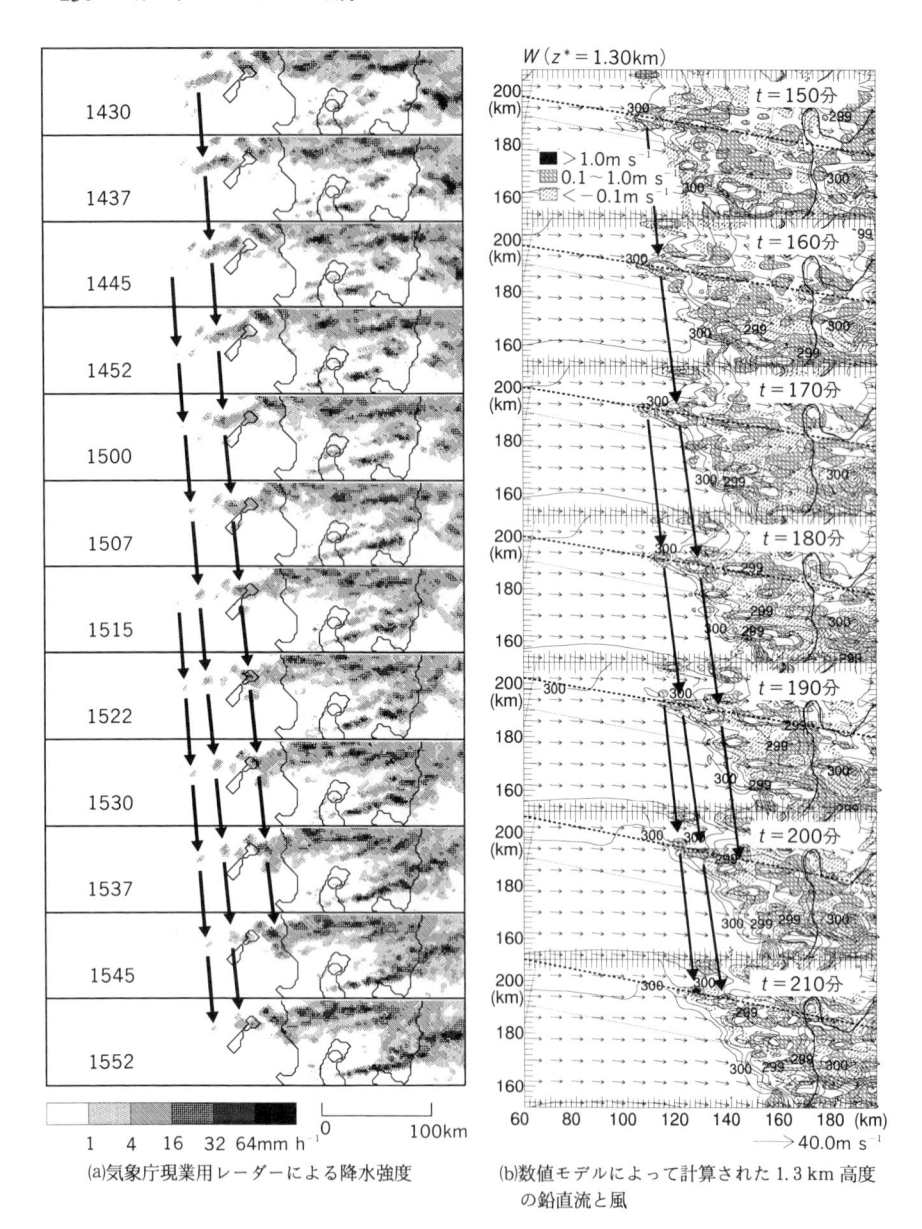

230——第8章 メソスケールの気象

(a) 気象庁現業用レーダーによる降水強度

(b) 数値モデルによって計算された1.3km高度の鉛直流と風

図8.22 1993年8月1日南九州地方に発生した集中豪雨(加藤輝之,1999：気象庁欧文彙報)
図中の太い矢印は降水セルの移動を示す．

は温度はまわりより高い．それで地表付近では気圧はまわりより低く，ここが局所的な気圧の谷となる．気圧の谷に風が吹きこみ，収束帯が維持されているというプロセスが考えられる．

このように，次々に新しいセルが発生しては風下側に流されて，見かけ上一般風の方向にほぼ平行に線状対流系が維持されていることは，よく出現するもので，これをバックビルディング（back building）型の線状対流系という．島根県の浜田市・益田市を中心として，1983年，85年，88年と続いて豪雨が襲ったが，これらはいずれもこの型の豪雨であった．バックビルディング型とは別に，梅雨期に局所的な地形の関係で線状対流系が発生しやすい地域もある．

8.7 台風の概観

熱帯や亜熱帯の海洋上で発生する低気圧を熱帯低気圧とよぶ．赤道より北で，100°Eと180°Eの間の北西太平洋域に存在する熱帯低気圧のうち，最大風速が17.2 m s^{-1}以上になったものを台風とよぶ．7.2節において，北太平洋の10°Nあたりで北東貿易風と南半球から赤道を越えてきた南東貿易風が収束して熱帯収束帯をつくり，多数の雲のクラスターが発生すると述べた．雲のクラスターはその形や大きさを絶えず変えている．あるものは弱まってやがて消えるが，あるものは長時間持続して台風へと成長する．もちろん台風にまで成長する雲クラスターは，クラスター全体から見ればほんの一部である．

図8.23は顕著な熱帯低気圧の主な発生海域と移動経路を示す．北太平洋，南太平洋の西部，南北インド洋，北大西洋などで多くの熱帯低気圧が発生していることがわかる．地域により，強い熱帯低気圧には特有の名前がついている．たとえば，南太平洋・180°E以東の北太平洋・北大西洋で最大風速が33 m s^{-1}（64ノット）以上の熱帯低気圧をハリケーンといい，北インド洋では17 m s^{-1}以上のものをサイクロンという．いずれも現象としては台風と同じものである．図8.23で興味あるのは，赤道のすぐ近く，南北緯度5度くらいまでは強い熱帯低気圧が発生していないことである．6.2節で述べたとおり，緯度をϕとするときコリオリ・パラメターは$\sin\phi$に比例するから，赤道のすぐ近くということは，コリオリ力が小さい地域ということであり，台風の発生にはコリオリ

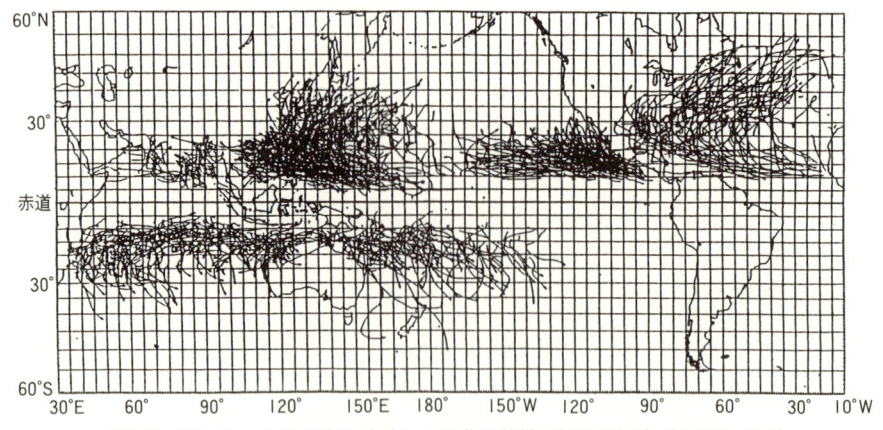

図8.23 1979年から1988年に発生した顕著な熱帯低気圧の経路（WMO, 1993）

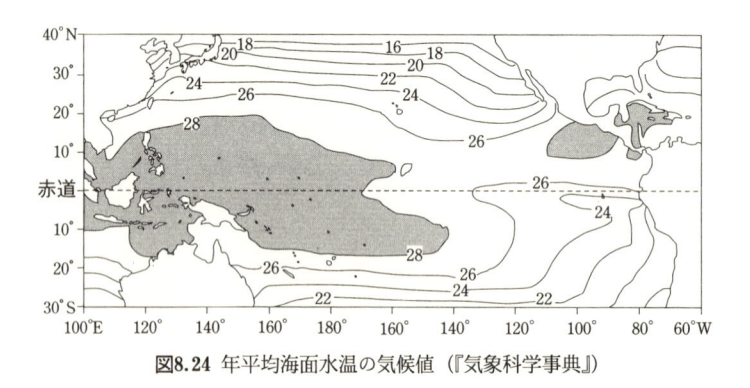

図8.24 年平均海面水温の気候値（『気象科学事典』）

力が重要な役割を演じていることを示唆する（次節参照）．

　図8.23でもう1つ目立つことは，南半球の東太平洋で顕著な熱帯低気圧がほとんど発生していないことである．その主な理由はその海域の表面水温が低いからである．図8.24に示した平均的な世界の海面水温分布図と図8.23とくらべると，水温が27℃以上の海域と顕著な熱帯低気圧の発生域がよく一致していることがわかる．同じ熱帯の海といっても，比較的水温が低いペルー沖の南太平洋やハワイの南の中部北太平洋，また南大西洋では熱帯低気圧が発生しないのである．一般的に台風は海面水温が26～27℃以上の海域で発生するといわれている．

8.7 台風の概観——233

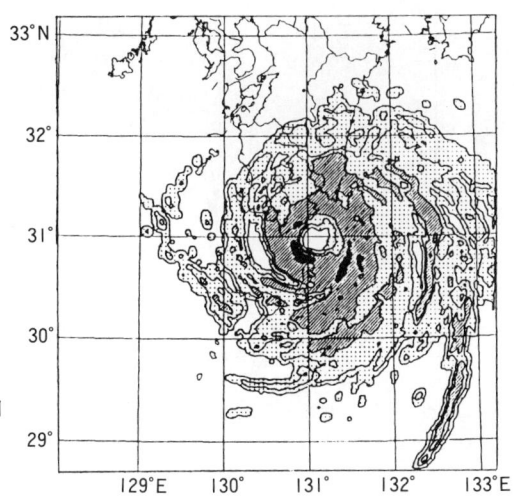

図8.25 気象レーダーによるエコー分布のスケッチ図（気象庁田畑明氏による）
強いところほど濃い影がつけてある．

　次に，7.6節において中緯度の大気の特徴は傾圧性が大きいこと，すなわち南北方向の気温の傾度が大きいことであると述べた．逆にいうと熱帯の大気の特徴は南北方向の気温傾度が弱いこと，すなわち水平方向に気温が一様なことである．台風はその気温一様な大気中で発生・発達する渦巻であるから，寒冷前線や温暖前線など，冷気と暖気の境である前線を伴うことはできない．それで台風の雲や風速，降雨の分布は中心に対してほぼ軸対称で，等圧線の形もほぼ円形である．これが温帯低気圧との大きな違いである．

　この見かけの違いに劣らず重要なことは，低気圧という渦巻の運動のエネルギーの源の違いである．7.6節で述べたように，傾圧性の大きい中緯度で発達する温帯低気圧のエネルギーの源は大気がもっている位置のエネルギーである．つまり冷気が沈み，暖気が上昇するために生ずる位置のエネルギーの差が運動エネルギーとなった．気温が水平方向に一様な大気中で発達する台風は，この意味の位置のエネルギーから運動エネルギーへの変換はない．台風の運動エネルギーの源は，雲のなかで水蒸気が凝結するさい放出される水蒸気の潜熱である．

　図8.25は典型的な台風に伴う雲をレーダーで観測したものである．中心部に雲の少ない「眼」があり，それを取り囲んでたくさんの積乱雲と層状性の雲

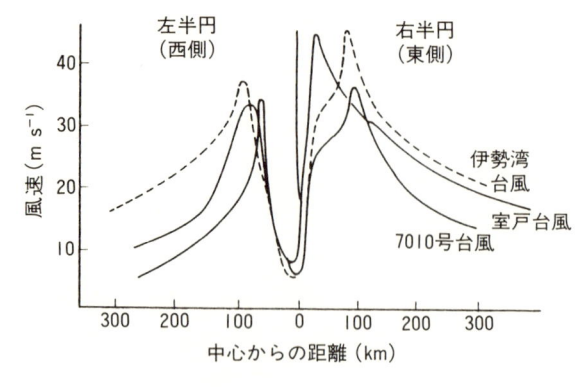

図8.26 台風の中心からの距離とともに地上風速がどう変わるかを示す図（気象庁パンフレット「台風に備えて」）

からなる雲のバンドがある．これを眼の壁雲（アイウォール）という．眼の壁雲は高さ12 km以上，ときには16 kmにも達する．ここが台風に伴う大雨を主に降らせるところである．さらに図にも示したが，眼の壁雲の外側に数本のスパイラルレインバンド（らせん状降雨帯）というものもあるのがふつうである．このバンドの雲は眼の壁雲より一般的に背が低い．高さ数km程度の積雲から成っているものもあるが，かなりの雨を降らせるものもある．らせん状降雨帯は内側降雨帯と外側降雨帯と分けることもあるが，その区別が明瞭でないこともある．

　図8.26は移動中の台風について，台風の中心からの距離で風速がどう変わるかを示したものである．中心に向かうにつれて風速は急激に強くなり，中心から30〜100 kmのところで風速は最大である．さらに細かく見ると，台風の進行方向に向かって右側の方が風速が強い．これは右側では台風固有の風速に台風の移動速度が加わっているからである．このため右側の半円領域を危険半円，左側を可航半円という．

　台風は第1近似的には，台風を内に包む大規模な風系に流されて移動する．それで，発生後まもなく低緯度にいるときには，偏東風にのって西に進む台風が多く，北上して中緯度の偏西風帯に入る台風は東寄りに移動するようになる．この西向きから東向きに進行方向を変える点を転向点という．一例として図8.27に1991年の台風19号の移動経路を示す．この台風は中国・四国地方のミカンや青森県のリンゴなど農作物に4,000億円以上の被害を与えたり，保険史上世界最高の5,000億円以上の損害保険金の支払いを記録したりした有名な

8.7 台風の概観 —— 235

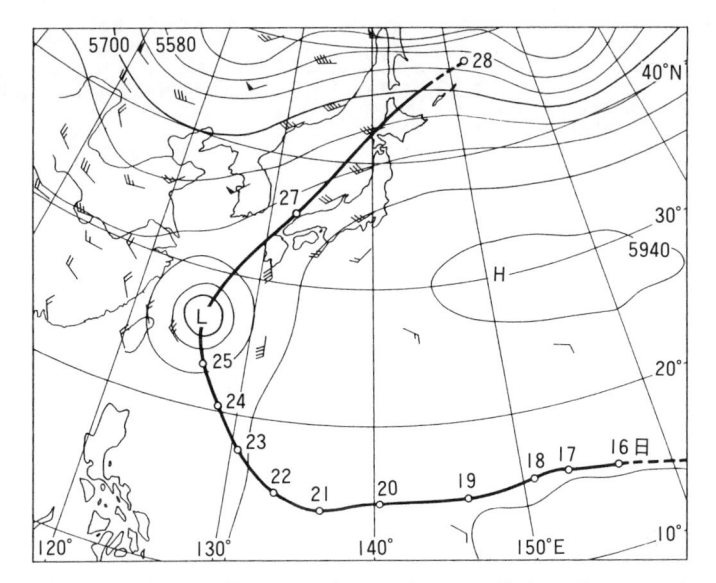

図8.27 1991年9月，台風19号の毎日21時における位置と9月26日21時の500 hPa 高層天気

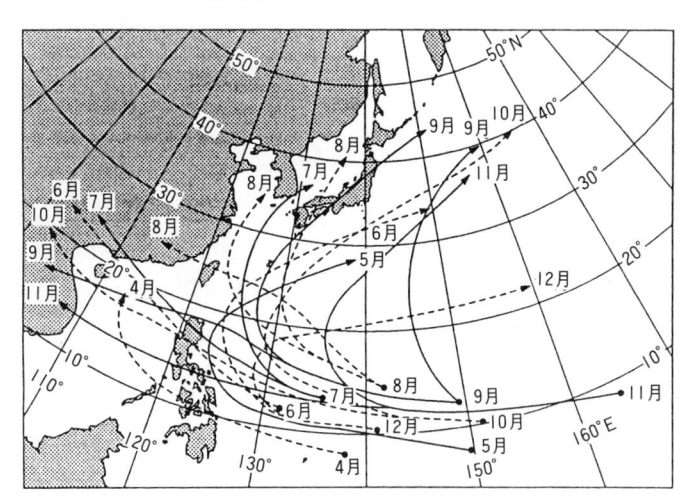

図8.28 台風の月ごとの代表的な移動経路（『気象科学事典』）

表 8.1 北西太平洋域における台風発生数などの平均値（1961〜90 年の 30 年間の平均）（気象庁）

	1月	2月	3月	4月	5月	6月	7月	8月	9月	10月	11月	12月	通年
発　　　生	0.6	0.2	0.4	0.7	1.1	1.9	4.2	5.5	5.2	4.0	2.7	1.2	27.8
日 本 接 近	—	—	—	0.1	0.5	0.9	2.1	3.6	2.6	1.4	0.6	0.1	11.0
南西諸島接近	—	—	—	0.1	0.4	0.7	1.6	2.4	1.5	0.7	0.5	—	7.5
本 土 接 近	—	—	—	—	0.1	0.4	1.0	2.1	1.2	0.7	0.1	—	5.3
本 土 上 陸	—	—	—	—	0.0	0.1	0.4	1.2	0.8	0.2	0.0	—	2.8

「日本」には南西諸島，小笠原諸島などを含む．「本土」とは九州，四国，本州，北海道を指し，その他の島は含まない．「接近」とは台風の中心が 300 km 以内に近づくこと（たとえば，8 月 29 日から 9 月 2 日にかけて接近した台風があった場合，8 月と 9 月の両方で接近数を数える．したがって月の合計数は通年の数より小さくはない）．「上陸」とは中心が日本本土の海岸線に達したことで，短時間のうちに再び海上に出た場合は含まない．

台風である．図には 9 月 26 日 21 時の 500 hPa 高層天気図が重ねてある．この図で注目してほしいのは，等高度線から推定できる台風中心地点における 500 hPa の風向（すなわち等高度線に平行な方向）が，26 日から 27 日にかけての台風の移動方向とほぼ一致していること，および一般的に偏西風速は偏東風速よりずっと強いので，転向点を過ぎた後は 1 日の移動距離が急に大きくなることなどである．

偏東風や偏西風およびその中間に位置する亜熱帯高気圧の位置や強さ，はりだしの程度などは日によって違うが，平均的に季節によって変化する．このため台風の移動経路も図 8.28 に示したように季節的に変化する．ごく大雑把にいうと，発生した台風の約半数は西進を続けて南シナ海方面に進み，あとの半数が北上して転向する．いうまでもなく図は代表的な経路を示したもので，これとは大きく違う経路をとる台風もある．わが国に影響を与える台風が多いのは 8 月と 9 月である（表 8.1）．平均的に見ると，1 年に約 28 個の台風が発生し，2.8 個の台風が本土に上陸するが，こうした値は年によってずいぶん違う．

8.8 台風の構造と発達

温帯低気圧にくらべると，成熟期にある台風の構造は簡単である．すでに述べたように，台風には温暖前線も寒冷前線もなく，台風の中心に対してほぼ軸対称な構造をしている．

8.8 台風の構造と発達──237

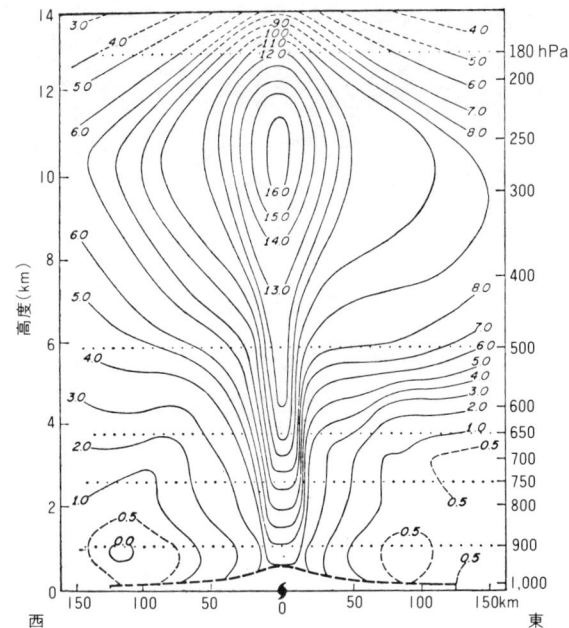

図8.29 1964年10月1日, 飛行機観測によるハリケーン・ヒルダ (Hilda) の気温偏差の鉛直断面図 (H. F. Hawkins *et al.*, 1968: *Mon. Wea. Rev.*, **96**, 617–636).
点線は5つの観測機の飛行高度を示す. 180 hPa より上方では観測がないので破線で描かれている. 等温線は1℃おき.

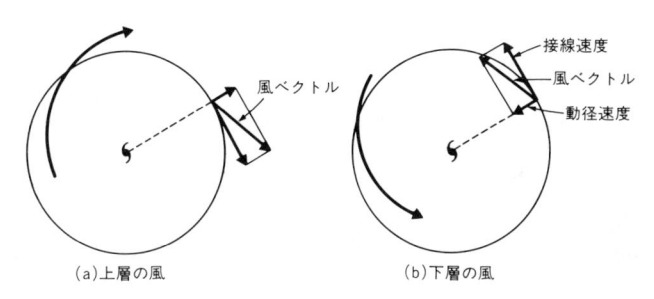

図8.30 台風に伴う風を接線速度と動径速度の2成分に分解する

　図 8.29 は典型的な台風内の気温分布を示す. ただし台風に伴う固有の気温分布を強調するために, 各高度で観測した気温と, その高度での気候学的な平均気温との差をプロットしてある. 特徴は海面高度からほぼ圏界面まで, 台風の中心付近の気温が潜熱の放出に伴う加熱のためまわりより高いことである. それで静水圧平衡の関係により, 各高度で中心付近の気圧はまわりより低い. しかもまわりの気圧と中心付近の気圧との差, いわば台風の中心に向かう水平

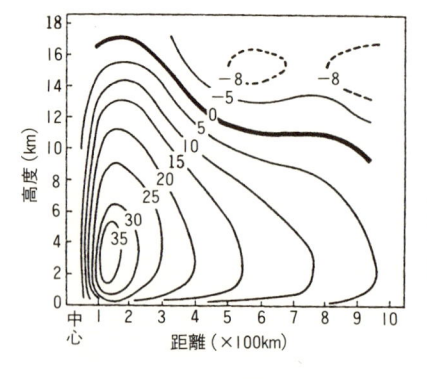

図8.31 風の接線成分の鉛直断面図（T. Izawa, 1964: Technical Note No. 2. Meteorological Research Institute.）
いくつかの台風についての平均．

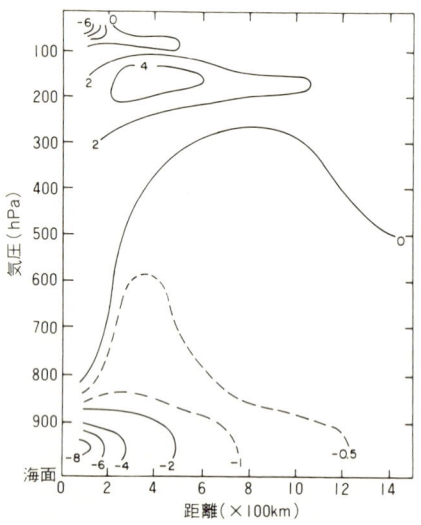

図8.32 鉛直断面内における大西洋西部のハリケーンの動径速度分布の平均（W. M. Frank, 1977: *Mon. Wea. Rev.*, **105**, 1119–1135.）
単位は m s^{-1}．

　気圧傾度は高度が低いほど大きい．このことはあとで述べるように，中心をめぐる渦巻の向きが高度によって違うことに関係する．

　次に風の分布であるが，記述の便宜上，風ベクトルを図8.30のように2つの成分に分ける．1つは台風の中心を中心とする円周に接した成分で，これを接線速度という．他はそれに直角な方向の成分で，動径速度という．ふつう接線速度は反時計回りの速度を正に，動径速度は中心から外に向かう成分を正にとっている．図8.31は多くの台風について接線速度を中心からの距離および（気圧で表して）高度の関数として示したものである．このように多くのケースについて平均をとると，分布は個々の場合にくらべて滑らかになるが，図から次のような特徴が読みとれる．①接線速度は大気境界層の上，約2 km あたりで最大である．②接線速度は中心に近づくにつれ大きくなり，中心から約100 km あたりで最大となる．さらに中心に近づくと弱くなる．③対流圏上層で台風中心から遠方では接線速度が負である．すなわち時計回りに回転している．

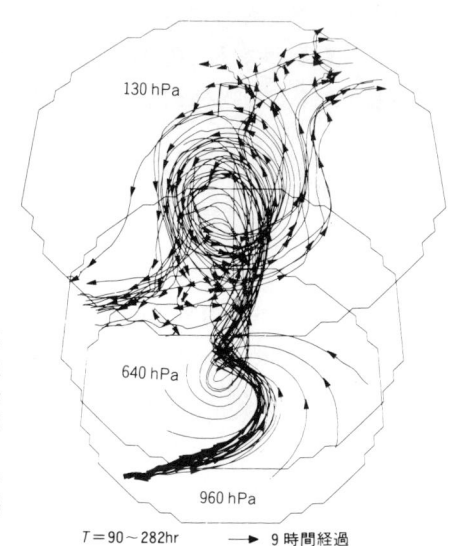

図8.33 台風発達の数値モデルにおいて計算された192時間にわたる空気粒子の軌跡（Anthes, 1972: *Tropical Cyclones —Their Evolution, Structure and Effects*, Amer. Meteor. Soc.）
空気粒子は境界層内から出発するものとしている．おのおのの軌跡に沿った矢印は9時間の間隔を示す．

図8.32は動径速度の分布を示す．中心に向かう速度が負の符号をもつ．分布の特徴は，①動径速度は境界層のなかで最大である．これは，ほぼ円形をした等圧線に応じて，地面摩擦のため風が等圧線を横切って中心に向かって吹いていることの反映である（図6.19参照）．中心に集まった空気は上昇する（この上昇気流が台風の発達・維持に重要な役割をすることをあとで述べる）．②境界層の上のいわゆる自由大気中では，対流圏上層を除いて弱いながら中心に向かう動径速度がある．その大きさは接線速度にくらべると1桁以上弱い．したがって大気のこの部分では，第1近似として空気の運動は傾度風であると見てよい．③対流圏上層の薄い層では，空気は台風の中心から外に流れだしている．

図8.31と図8.32に示した風の分布に対応して，はじめ境界層にあった空気塊の軌道を描けば図8.33のようになるであろう．空気塊は反時計回りに回転しながら四方から台風の中心に接近し，壁雲がある狭い領域で回転を続けながら上昇する．約1〜2日の間に空気塊は対流圏上層に達し，そこでこんどは時計回りに向きを変えつつ台風中心から脱出する．ただしこの空気塊の軌跡を計算するさいには，台風の眼のなかの下降気流は考えていない．

台風に伴う風の分布が図8.31〜8.33のようになっている理由は，角運動量

の保存則を考えると理解しやすい．この量については6.2節で述べたが，復習すると，質量 m をもつ物体が中心から半径 r だけ離れた円周上を接線速度 v で回転運動をしているとき，この物体は，

$$\text{角運動量} = mrv \tag{8.1}$$

だけの角運動量をもつ．もし，この運動に摩擦力が働いていないで，しかも接線方向になにも力が働いていなければ，この角運動量は不変である．これが角運動量保存則である．

ところがいまは，角速度 Ω で回転している地球上の空気塊の運動を考えている．緯度 ϕ という地点で大気の運動に有効な地球の自転の角速度は $\Omega \sin\phi$ である（図6.7）．この地球自転による接線速度は $r\Omega \sin\phi$ であり，角運動量は $mr^2\Omega \sin\phi$ である．結局いま考えている場合には，単位質量をもつ空気塊について，絶対角運動量とよばれる量

$$\text{絶対角運動量} = r^2\Omega \sin\phi + rv = \text{一定} \tag{8.2}$$

という保存則が成り立つ．これが絶対空間（慣性系）から見た角運動量の保存則である．

【問題 8.1】

(a)緯度10°Nのところに弱い熱帯低気圧があったとして，中心から500 kmのところで $v=1$ m s^{-1} という接線速度で回転していた空気が，中心から50 kmのところまで接近したとき，v はどれだけの大きさとなるか計算せよ．

(b)同じく熱帯低気圧が赤道の真上にあった場合の v を計算せよ．ただし $\Omega=7.3\times 10^{-5}$ s^{-1}，$\sin 10°=0.174$ とする．

（答）(a)72.8 m s^{-1}．(b)10 m s^{-1}．

ここに例示したように，10°Nにあった低気圧は台風とよばれる資格をもつようになるのに，赤道上にあった低気圧はそうはならない．前節において，台風は赤道から南北約5°くらいまでの地帯ではほとんど発生しないことを述べた．その理由が問題8.1である．

この角運動量の保存則を用いて図8.33をもう一度ながめる．台風中心から遠く離れて境界層のなかをゆっくり回転していた空気塊は次第に中心に接近する．そのさい摩擦のために角運動量は厳密には保存されないが，それでも接線速度は中心に近づくにつれて増大する．しかしある程度以上大きくなると，回転している空気塊に外向きに働いている遠心力のため（遠心力の大きさは接線

速度の2乗に比例する), それ以上中心には接近できなくなる. この地点がほぼ図 8.31 で示した風速最大の地点に相当する. そして空気塊は回転しつつ上昇する. 前に述べたように対流圏上層では中心に向かう気圧傾度力は下層におけるそれより小さい. このため空気塊は遠心力によって外にはじきとばされる. これが図 8.32 に示した正の動径速度の領域である. 中心からの距離が大きくなると, 角運動量の保存則により, 次第に接線速度が小さくなり, やがてそれまで正であった接線速度は負になる. すなわちそれまで反時計回りに回転していたのが, 時計回りに回転するようになる.

　台風の発達の見地から重要なのが, 上に述べたように, 中心からある距離の地点で接線速度が最大となることである. ほぼこの地点で地面摩擦のため台風の中心に向かう境界層内の動径速度も最大となる (このことは観測データの不足のため図 8.31 には表示されていない). なぜこのことが重要かといえば, この地点より中心側では境界層内で収束があり, 収束した空気は境界層の上端を通って上昇する. 一般的に熱帯の大気は中層から下層にかけて条件付不安定な成層をしている. 下層の空気がこの上昇流にのって自由対流高度に達すると, あとは浮力によって上昇する. こうして多数の積乱雲が発生する. これが眼の壁雲である (図 8.25). 雲のなかで水蒸気が凝結するさいには潜熱が放出され空気を暖める. それで図 8.29 に示したように台風の中心部ではまわりより温度が高い. 静水圧平衡の関係により中心部の気圧はまわりより低い. 壁雲のなかの上昇流を補償するため, 一部は眼のなかの下降流となり断熱圧縮を受け, 一部は壁雲の外の下降流となる (もともと壁雲の外では境界層内の発散のため, 境界層の上端を通して下降流がある). 中心部の気圧が低くなれば, まわりの空気はますます中心部に引き寄せられせる. 角運動量保存則により, 中心をめぐる渦運動は強まる. こうして, はじめに弱い渦運動があると, 渦運動→地表摩擦による収束→大気境界層上面を通る上昇流→積乱雲群の発達→凝結熱の放出→中心の高温化→中心気圧の低下→渦運動の強化, というように原因が結果を生み, 結果が原因となって渦の回転運動は加速度的に増大し, 強烈な風を伴った台風という渦巻ができるのである.

　上に述べた過程により, 条件付不安定な大気中で水平スケールが 1～10 km の降水セルが発達し, その集積効果として水平スケールが 100 km である台風が発達する現象を

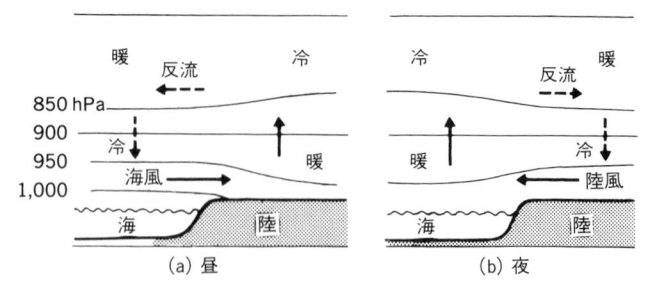

図8.34 海陸風に伴う気温・等圧面・流れの分布の模式図（浅井冨雄，1996：ローカル気象学の図をもとに作製）
暖・冷は同一水平面上の相対的な温度の違いを示す．

第2種の条件付不安定（conditional instability of the second kind，略してシスク，CISK）による現象という．

【課外読み物】台風について，よくまとまった平易な解説書として大西晴夫『台風の科学』(1992, NHKブックス649) がある．

8.9 海陸風と山谷風

　海陸風はおなじみの現象である．晴天の日には，海岸近くでは日中に海から陸に向かって海風が吹き，夜間には陸から海に向かって陸風が吹く．いうまでもなく，海陸風が起こる原因は，海面と陸面における日射加熱の違いである．かりに海面と陸面で日射に対するアルベドが同じで，同じ量だけの熱を吸収したとしても，海面の温度の方が上昇しにくい．その理由は，①海水の比熱の方が陸地（土壌）のそれより大きい．②海面の方が陸面より蒸発量が大きく，吸収した熱のうち水蒸気の潜熱となってしまう割合が大きい．③陸地では表面で吸収した日射の熱は比較的表面近くに留まっているのに，海洋表層では海水が混合され，熱は海中深くまで逃げてしまう．こうした理由から海面温度の日変化（最高温度と最低温度の差）は小さい．晴穏な日には1.5°Cに達することもあるが，平均して0.2°Cくらいである．一方地面温度の日変化は非常に大きく，20°Cを越えることもある．

　こうして日中には地面温度が上昇し，それに接した大気下層が下から暖められるので，陸上の大気は膨張する．水平方向にも鉛直方向にも膨張するが，海

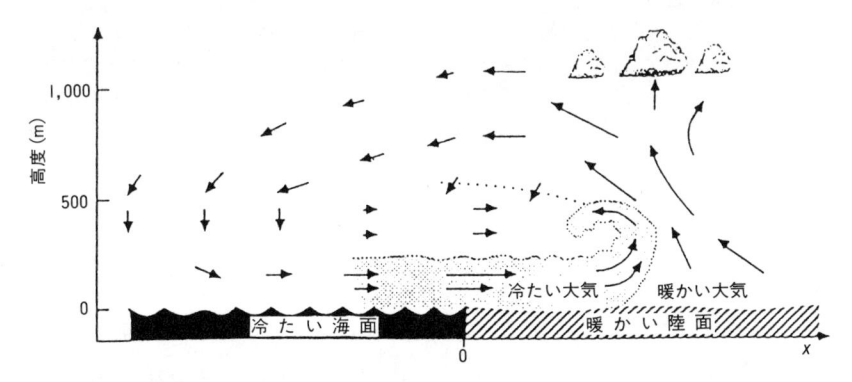

図8.35 海風前線とそれに伴う流れの模式図(Ogawa *et al.*, 1986: *Bound.-Layer Meteor.*, **35**, 207-230, Kluwer Academic Publishers.)

　陸風に関与する陸地の水平スケールは 10〜100 km であるのに，加熱される大気の層の厚さは 1 km の程度である．だから水平方向の膨張は陸地全体の規模にくらべて無視できて，主に鉛直方向に膨張すると見てよい．陸地の加熱前には等圧面は水平であったとすると，加熱による膨張のため，ある高度より上では断熱上昇による冷却の方が地面からの加熱より強く，温度は同一高度の海上より低くなる．静水圧平衡の関係によりその高度での気圧は増す（図 8.34(a)）．それで陸上から海上に向かう気圧傾度ができ，上層で陸から海に向かう流れができる（図の反流）．この流れの先端では空気の収束があり下降流ができる．流れの根元では発散により空気が取り除かれたのだから地表面の気圧は下がる．こうして海から陸に向かう気圧傾度ができ，風が吹く．これが海風である．量的には反流の層の方が海風のそれより厚く，最大の反流の強さは海風のそれの 3 分の 1 の程度しかない．

　このように水平面上で温度の勾配があると，暖気が上昇し冷気が沈降して鉛直面内で循環が起こる．対流の一種である．夜間には図 8.34(b)に示したように，定性的にすべてが逆になる．実際の海陸風では，コリオリ力が働くから，海陸風は海岸線に直角の方向からは少しずれて吹く．

　【鉛直対流と水平対流】 このように海陸風は対流の一種であるが，8.1 節で述べたベナール型対流とは性格が違う．ベナール型対流では，対流が起こる前には流体の下面で

も上面でも温度は水平方向には一様であり、ただ上面と下面の温度差がある限度を越え、成層が不安定となったとき対流が起こった。海陸風は大気の成層は安定であるが温度が水平面上で一様でないために起こった対流である。これを区別するため、上下方向の密度差が不安定となって生ずる対流を鉛直対流、外から与えられた水平方向の密度差がもとで起こる対流を水平対流ということがある。ヒートアイランド現象は水平対流の一種である。

　海陸風の強さは、日射量・海面水温・地表面の性質（地表面における植生や土壌中の水分の量など）などによる海上と陸上の温度差によって違うし、地形や海岸線の形状にも影響される。ごくおおまかにいうと、最大風速は海風が $5\sim6$ m s^{-1}、陸風が $2\sim3$ m s^{-1} であり、最大風速が現れる高さは、海風が $200\sim300$ m、陸風が $50\sim100$ m である。一般的にいって、海風の方が陸風より強い。

　ときとして図8.35に模式的に示したように、海風の先端部と陸上にある空気との間でいろいろな気象要素が不連続的に変わっていることがある。特に露点温度と風が不連続的に違う。これを海風前線という。前線という言葉を使っているが、もちろん温帯低気圧に伴う寒冷前線とはなにも関係のない局地的な前線である。海風前線は数十 km から 100 km も内陸に侵入することもある。フロリダ半島のように、雷雨が発生しやすい地域では、海風前線に伴って雷雨が発生することが知られている。一般風が海から陸に吹いているときには、海風が内陸に侵入する距離は長くなるが、海風前線は不明瞭になる傾向がある。反対に陸から海に吹いているときには逆になる。このように、海陸風の形状は一般風の影響を受けやすい。

【重力流】図8.35に示した海風前線の形を見ると、図8.7に示した成熟期あるいは減衰期にある降水セルの雲底下から流れでるガストフロントに似ていることに気がつく。事実、両者は気象学でいう重力流（gravity current）と同じ性格の流れである。図8.36に示したように、細長い直方体の水槽の一ヵ所に鉛直な隔壁をつくり、片側に真水、他の片側にそれより密度の大きい液体（たとえば塩水）を入れ、塩水には白い色をつけておく（図(a)）。隔壁を急に取り去ると、塩水は重いから水槽の底面に沿って軽い真水の下にもぐりこんで流れていく（図(b)）。これを重力流という。底面で見ると、重い塩水の下の圧力は軽い真水の下のそれよりも大きい。この圧力の水平傾度によって塩水は真水の下を流れているわけである。2つの液体に密度の差があるから起こる流れなので、重力流のことを密度流（density current）ともいう。

　図8.36から時間が経った重力流の姿が図8.37である。ただし図8.36とは逆に、重力

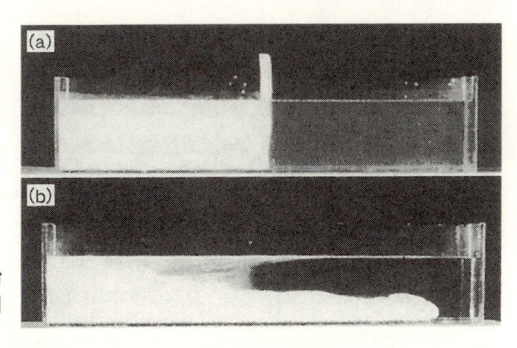

図8.36 重力流の室内実験（木村龍治氏提供，新教養の気象学，朝倉書店）

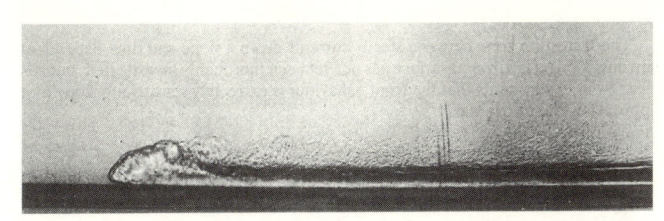

図8.37 右から左に進行中の重力流(Simpson, 1987: *Gravity Currents in the Environment and the Laboratory*, John Wiley and Sons.)

流は右から左に走っている．蛇がかま首を持ち上げて地表面を走っているように見える．蛇の背中の部分では，流れの鉛直シアが大きいため，流れが不安定となり渦ができている．図8.7の第4段階の冷気外出流や内陸に100 kmも侵入する海風前線（図8.35）は重力流の性格をもっている．実験室内の塩水に相当するものが冷気外出流や海風前線の冷たい空気である．

次に谷風であるが，これは広い意味と狭い意味の2とおりに使われている．広い意味では，図8.38に示したように，山の斜面が日中日射によって加熱されるため，山の斜面に沿って谷（山麓）から山頂に吹く風をいう．この谷風が吹く理由は，斜めにさす日射にたいして，斜面の方が平地よりも単位面積当りよけいに日射を受けて，よけい昇温するからではない．図8.38において，斜面にある点Aも平地にある点Bも，ほぼ同じだけの熱を受ける．ところがBの上空でAと同じ高度にあるCの空気は，地面から離れているので，Aほどは温度が上昇しない．それで同じ水平面で見ると，Aの方がCより温度が高い．そうなれば海風のところで説明したように，Aのところの空気が上昇し，鉛直面内で循環が起こる．この循環の斜面に沿った部分が谷風となるわけであ

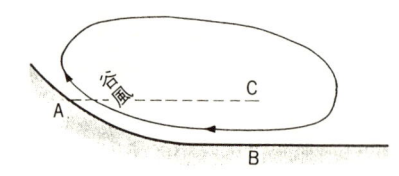

図8.38 広い意味の谷風（斜面上昇風）の説明図

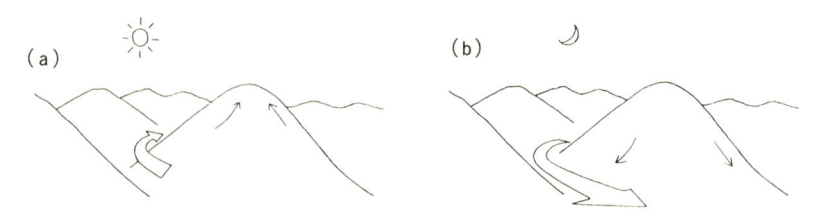

図8.39 山谷風の模式図（前出『新教養の気象学』のなかの木村富士男氏による）
(a)日中の谷風．太く白い矢印は狭い意味の谷風，細い矢印は広い意味の谷風（斜面上昇風），(b)夜間の山風，太い矢印は狭い意味の山風．細い矢印は広い意味の山風（斜面下降風）．

る．逆に夜間には山頂から谷に向かって風が吹き降りる．これが山風である．山風は冷たい空気が山腹に沿って吹き降りるのであるから，直観的に考えやすい．

　狭い意味の谷風は図8.39のように，文字どおり日中谷筋に沿って山に上昇する風をいう．夜間谷筋にそって降りる風が山風である．広い意味の山谷風は，この狭い意味の山谷風も含んでいる．

　わが国のように，山が海岸線近くまで迫っていて，平野部が比較的狭い地形の地域では，日中海風と谷風が連結しているような風が吹くことがある．さらにわが国の本州の場合，強い日射のため中部山岳地帯に日中低気圧が発生することがある．図8.40(a)がその一例である．一般的にこのような低気圧を熱的低気圧（thermal low）という．このときの風が図8.40(b)に示してあるが，関東平野の風には夏の北太平洋高気圧に伴う総観規模の南寄りの風，海風，谷風，熱的低気圧に吹きこむ風が含まれていると思われる．そして，このような風系のときには，京浜工業地帯の大気汚染物質が遠く長野県まで流れこむこともある．

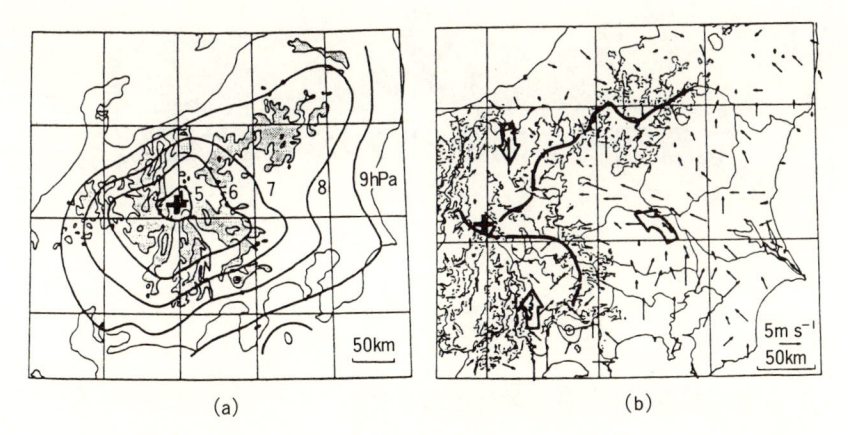

図8.40 1983年7月29日15時,本州中部における(a)地上(海面高度)気圧（1,000 hPa が減じられている）と(b)地上風の分布（栗田秀実ほか,1988：天気, **35**, 23-35.)

【課外読み物】 浅井冨雄『ローカル気象学』(1996,東京大学出版会) には海陸風をはじめ山越え気流・ヒートアイランド・豪雨・豪雪などいろいろな局地的な気象が記述されている.また吉野正敏『新版小気候』(1986,地人書館) と『風の世界』(1989,東京大学出版会) には世界と日本のさまざまな地域の地形の影響を受けた局地風や局地的な気候がまとめられている.荒川正一『局地風のいろいろ』(2000, 成山堂書店) は内容が豊富で読みやすい本である.

第9章
成層圏と中間圏内の大規模な運動

9.1 なぜ成層圏や中間圏に興味があるのか

　成層圏と中間圏の化学的組成については第2章で述べた．この章では対流圏界面から高度約 100 km までの大気中に起こっている大規模な運動について述べよう．第7章で述べたように，日々の天気の変化に直接結びついているのは対流圏内の運動である．ジェット航空機で旅行したことのある読者は知っているだろう．飛行場が厚い雨雲に暗くおおわれ，エアターミナルの送迎デッキに群がる人影がさだかに見えないほど雨粒が激しく航空機の窓をたたいても，ひとたび航空機が飛びたち，雨雲を突きぬけると，そこにはまばゆいばかりの陽光があふれ，濃い青空が果しなく広がっていることを．成層圏や中間圏では雲ができたり，雨が降ったりすることはほとんどない．その理由は，水蒸気がほとんどないからである．また3.6節で述べたように，気圧が下がると水の沸点も下がり，高度 40～70 km の領域では気温は水の沸点より高く，雲粒は蒸発して水蒸気となってしまう†．天気の変化がなくても，1960年代の後半ごろから，このような上層大気の運動の研究が活発になっている．これは次のような，相互に関連した3つの事情によるものと思われる．
　第1は実用的な面である．ジェット旅客機で上部対流圏や下部成層圏を飛ぶ

---

† 例外は冬季南極成層圏でできる極成層圏雲である (2.2節)．また中間圏界面付近 (高度約 80 km)，すなわち図2.1によれば最も低温の層に出現する夜光雲 (noctilucent cloud) というものがある．ほんの僅か存在する水蒸気が昇華して，大きさが $0.1 \mu m$ 程度の氷晶になる．これが薄明光を反射して地上から観察できる．

ようになったので，当然成層圏内の大気の運動をもっとよく知る必要が出てきた．また第2章で述べたように，地球上の生物にとって有害な太陽から来る紫外線は，オゾン層のオゾンが吸収してくれている．そのオゾンがどの場所にどれだけの量存在しているかは，単にその場所の太陽放射の強さや酸素・窒素などの気体分子の分布だけでは決定されない．対流圏・成層圏を含めて全地球的な規模での大気の流れによってオゾンが輸送されることも考慮しなければならない．また噴霧器の発射材などとして使われているフロンが，やがて成層圏に達してオゾン層を破壊することが明らかになった（2.2節）．それに関連して下部成層圏を飛行する超音速ジェット旅客機の排気ガスがオゾンを破壊する危険性も議論されている．これらの問題を量的に調べるためには，成層圏内の運動をよく知る必要がある．

　第2の理由は観測技術の進歩である．3.3節で述べたレーウィンゾンデによる上層観測は高度約30 kmが上限である．それより上層ではゾンデの気球が破裂してしまう．したがって測定にはロケットを使わなければならない．小型ロケットを打ち上げ，測器を積んだパラシュートを落下させて温度・気圧・風速風向の高度分布を測定する．ふつう気象ロケットは高度60〜70 kmに達するが，特殊なものは90〜100 kmくらいまで到達する．

　気球やロケットによる観測では，その場所に測器を直接持ちこむことになるが，1970年代に入ってからは，人工衛星による成層圏・中間圏の遠隔測定（リモートセンシング）技術が急速に進歩した．おなじみの「ひまわり（GMS）」は高度約36,000 kmで地球に相対的に静止している衛星であるが，ここでいう衛星はいわゆる極軌道衛星で，高度約1,000 kmを太陽に同期して約100分程度で地球を回り，地球全域を1日1回の割合で観測する．静止衛星にくらべると飛行高度が低いので，いろいろな大気の状態をモニターすることができる．一例をあげると，大気中の二酸化炭素（CO_2）の濃度は高度約80 kmまではほぼ一定である．そして二酸化炭素が放射する赤外線の強さは，その場所の温度に依存するし，吸収係数は赤外線の波長に依存する．それで極軌道衛星に下向きの放射計をのせ，いくつかの違った波長別に二酸化炭素の赤外放射の強度を測定し，それから逆にそのような放射をするためには，大気の温度の高度分布はこうなっているはずという計算をする．温度の高度分布がわか

れば，静水圧平衡の関係式を用いて気圧の高度分布を計算できる．これを衛星の軌道に沿って繰り返せば，温度・気圧のグローバルな水平分布もわかる．あとは温度風の関係式を使って，大規模な風の分布を知ることができる．

さらに近年は地上からのリモートセンシングとして，VHF帯の電波（図1.2）を使った測定技術が進歩してきた．これは原理的には前に述べた気象用のドップラーレーダーと同じである．ただ雲のなかの雨粒からの電波の反射（厳密にいえば雨粒による電波の散乱）を受信するのではなく，大気の屈折率のゆらぎからの散乱を受信して，発信・受信アンテナの頭上の風の高度分布を知ることができる．小型のものはウィンド・プロファイラーと呼ばれ（プロファイルは高度分布の意味），主に対流圏内の風の高度分布を測定する．大型のものは高度数百kmまでの風を，しかも（小型のものでもそうであるが）衛星による観測と比較して時間的にも高度的にもはるかに高い分解能で測定できる．京都大学のMUレーダーはその代表である．

このような測定の結果，成層圏と中間圏の様子はずいぶんよくわかるようになってきた．それとともに，成層圏では予想もしなかった意外な現象が起こっていることもわかってきた．詳しいことはあとで述べるが，たとえば成層圏ではある地点の温度が数日間で40℃も上昇することがある．これを成層圏の突然昇温という．また赤道地帯の下部成層圏から上部対流圏にかけては，平均して26ヵ月の周期で東風と西風が交互に入れかわっている．1年周期か，その倍数の2ヵ年で何かが変化するというのならばまだ理解しやすいが，26ヵ月というのは，いかにも半端な数である．こうした現象がなぜ起こるのか，気象学者の興味を強く刺激した．科学者の好奇心が成層圏や中間圏の研究を推進させた第3の要因である．いろいろな説が出され，その説を検証するために新しい観測技術が開発され，それがさらに新しい事実を発見し，従来の説が改善され新説が提案されるという具合に進歩が積み重なっていった．

このような進歩の結果，成層圏と中間圏の大気の運動は，まとまった1つの風系を成していることがわかったので（9.2節），最近では高度約10kmから110kmの層をひとまとめにして中層大気（middle atmosphere）とよぶようになった．対流圏と熱圏の間の層の意味である．便利なので本章でもこのよび方を使う．

9.2 中層大気の大循環

　第7章では対流圏内の大気の大循環，すなわち地球の両極の間をめぐる流れや東西方向に地球をめぐる流れの平均状態について述べた．本節では中層大気の大循環を述べる．図9.1は地表から高度約110 kmまでの1月における温度の緯度・高度分布を示す．緯度線に沿って経度につき360度ぐるりと平均し（これを経度平均ということにする），さらに1ヵ月について平均したものである．7月における同様の図は示さないが，対流圏界面より上では（成層圏下部における僅かな違いを除けば），図9.1の左右をひっくり返した図にほぼ似ているから，以下では図9.1の右半分を冬半球の代表，左半分を夏半球の代表と見なす．第7章で述べたように，大陸や海洋の分布ならびにヒマラヤ山塊やロッキー山脈などの地形の影響で，北半球と南半球では，対流圏内の大循環にはかなりの違いがあった．ところが以下述べるように，対流圏界面より上の緯度・高度分布では，北半球と南半球の違いよりも，冬半球と夏半球の違いの方が断然大きいので，冬半球・夏半球というよび方をするのである．

　さて図9.1を大きな目で見ると，等温線はほぼ水平に走っている．このことは温度は鉛直方向に急激に変化していることを示し，これが大気を図2.1で示

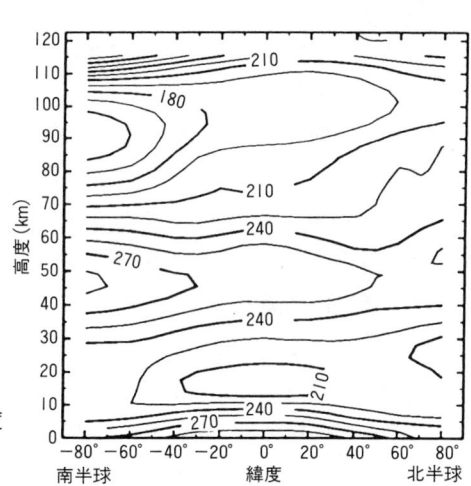

図9.1 1月における経度平均温度の緯度
　　　　高度分布（CIRA 86 による）
　　　単位は K．

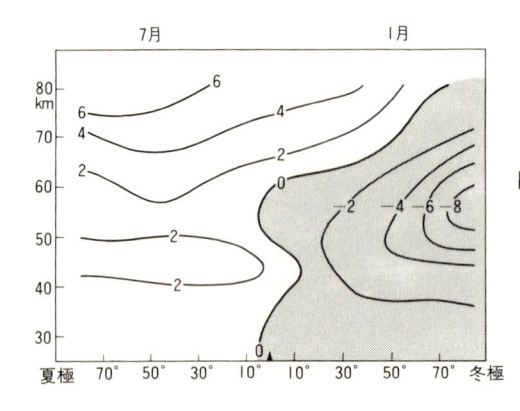

図9.2 1月および7月における成層圏・中間圏大気中で，日射の吸収により気温が1日あたり上昇する割合と，赤外放射により気温が下降する割合の差（松野太郎・島崎達夫, 1981: 成層圏と中間圏の大気, 東京大学出版会）単位は $K\,d^{-1}$.

したように対流圏・成層圏・中間圏・熱圏と区別したことの根拠となっている．しかし，もう少し細かく見れば，温度は水平方向にも結構変化していることは明らかである．その特徴を列記すると次のようになる．

(1) 地表面から高度 10 km くらいまでの対流圏では，低緯度域が高温で，極に向けて温度は下がり，大きな目で見れば赤道に対して両半球で対称である．これは地球が受けとる太陽の放射エネルギーの緯度分布に対応したものである（第7章）．

(2) ところが高度 10～20 km の部分では，赤道上で温度は最低であり，高緯度に向けて温度が上昇する．これは赤道域はハドレー循環の上昇流域なので，対流圏界面の高度は 15～17 km もあるのに対して，極域から中緯度帯のそれは 8～12 km しかないことと，対流圏内では温度は高度 1 km について約 6.5℃ 下がるのに，下部成層圏はほぼ等温であることの反映である．

(3) ここからが本節の主題であるが，高度 20～60 km の領域では夏極が最高温度をもち，そこから冬極まで温度はひたすら下がり，冬極で最低温度となる．両極間の温度差は約 50 K である．これは図 5.5 に示したように夏極に近いほど入射する太陽の放射エネルギー量が大きく，オゾンの紫外線吸収に伴う加熱量が違うからである．図 9.2 は高度 25 km から 80 km までの層のなかで，観測された温度やオゾン量などを与えて，オゾンを含む大気が日射を吸収して加熱されている割合と，大気自身が赤外放射を出

して冷却している割合の差，すなわち差引きの加熱あるいは冷却の割合を計算した結果である．日射が届かない冬半球の極域では大気は1日に最大8℃くらいの率で冷却されている．一方夏半球の極域は高度約50 kmで最大1日2℃くらいの率で加熱されている．これが上記の温度分布を決めるのに寄与していることに間違いはないが，少し定量的に不思議ではないか．というのは，この割合で温度が下がりつづければ，1ヵ月あまりで温度は絶対温度0Kになってしまう．別の言い方をすれば，6ヵ月かかって夏極の温度は50℃下がって冬極になるのだから，平均的な温度の下降率は1日あたり0.3℃くらいのはずで，図9.2が示すような最大8℃とは桁が違う．このことは何かの過程があって，冬極域では放射冷却の効果の大部分を打ち消し，夏極域ではオゾンによる加熱効果の大部分を打ち消していることになる．その過程とはなにか．

(4) さらに図9.1で高度70 kmより上の領域では，不思議なことに，逆に夏極が低温，冬極が高温となっている．どうしてそうなっているのか．

これらの疑問に対する答を考える前に，図9.3に示した1月における東西方向の風速の緯度・高度分布を見る．対流圏内では夏・冬両半球とも中緯度帯に西風のジェット気流があり，定性的には赤道に対して対称な分布をしている．これとは大きく違い，中層大気では高度約90 kmまで夏半球では全域東風，冬半球では全域西風というきわめて単純な分布をしている．そして高度約90 kmで東西風速はほとんどゼロとなり，それより上では逆転して夏半球では全域西風，冬半球では東風となる．図9.1の温度分布図と比較してみれば，温度風の関係，すなわち北半球では高温域を右手に見るように温度風は吹き，南半球では逆に左手に見るように吹くという関係が満足されていることがわかる．

さてここで(3)と(4)の疑問に対する答を求めて，図9.4の子午面内の循環図を見る．高度約30 kmより上では夏極に上昇流，冬極に下降流があり，それを結んで夏極から冬極に向かう水平流がある．その大きさは図には書いてないが，鉛直流の最大は1日あたり1 kmくらい，水平流の最大は1日あたり約400 kmである．表2.1によれば，高度50〜70 kmの気温減率は約2.5℃ km^{-1}である．それで空気塊が1日あたり1 kmの速度で下降すれば，断熱昇温によりまわりの空気より温度が高くなる割合は1日あたり7.5℃となる．これはちょ

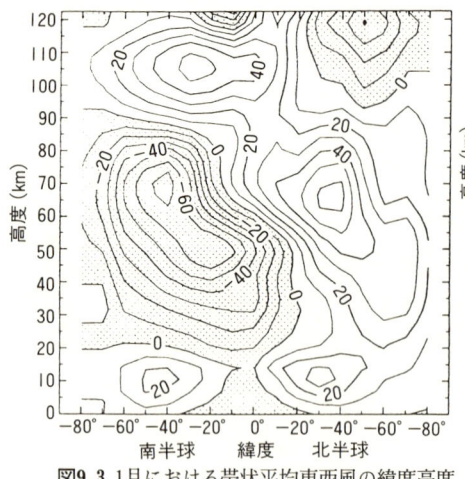

図9.3 1月における帯状平均東西風の緯度高度分布（CIRA 86 による）
陰影をつけた部分は東風，単位は m s^{-1}．

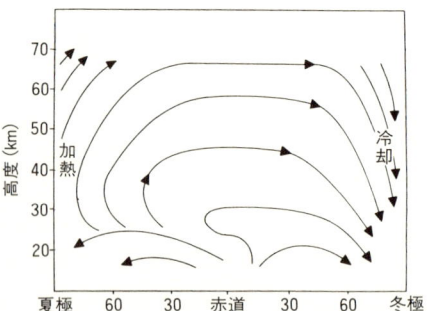

図9.4 中層大気のラグランジュ的子午面循環の模式図（T. Dunkerton, 1978: *J. Atmos. Sci.*, **35**, 2325-2333.)

うど赤外放射による冷却率と同じくらいである．つまり，放射冷却領域では空気の下降に伴う断熱昇温が赤外放射による温度下降を弱め，加熱領域では空気の上昇に伴う断熱膨張の効果が日射吸収による昇温の大部分を打ち消していると考えれば，図9.1と図9.2には矛盾はない．そしてこの夏極における上昇流が高度 70 km より上の層に侵入すれば，その層では断熱冷却が起こるから，夏極の方が冬極より低温である(4)も説明できる．

ところが話はここで終わらない．図9.4が問題である．気象学では平均的な流れとしてオイラー的平均とラグランジュ的平均とを用いる．オイラー的平均の風とは，ある地点に固定した測器で測定した風を時間的に平均したものである．ラグランジュ的平均の風とはマークをつけた空気塊が風のまにまに流れる位置の変化をある一定時間追って決めた風である．オゾンなど物質がどこに移動していくかなどを調べるには，ラグランジュ的な流れが便利なことは明らかである．

ところで前に図7.5において対流圏における子午面循環を示した．これは世界各地で観測された風を経度平均し時間平均したものであるから，オイラー的に平均した子午面循環である．そしてハドレー循環では，空気塊はこの子午面

内で循環すると見てよいが，フェレル循環ではこれと全く違い，南北方向に動く間に，西風にのり偏西風の波動にのって動いていると述べた．図9.4は同じ子午面循環とはいえ，図7.5のオイラー的平均図とは違い，ラグランジュ的に見た循環を表している．すなわち中層大気のなかに仮想的な無数の気球を放ち，それが動いていった位置をある時間間隔ごとに子午面に投影して（投影については図9.6参照）描いた平均的な流れである（実際的には気球を放つ代りに，いくつかの仮定の下に理論的に求めた図である）．

図9.4によれば，高度約30kmより下の層では熱帯対流圏界面付近で吹きだした空気が両半球の中緯度に向かう流れが描いてある．これはそれ以前に気球でなく水蒸気をトレーサーとしてブリューワーが，またオゾンをトレーサーとしてドブソンが描いた流れである．今日ではこの下部成層圏における子午面循環をブリューワー・ドブソン循環（Brewer-Dobson circulation あるいは cell）という†．2.2節では，オゾン量の空間的な分布は，その場所における生成・消滅量だけでは決まらず，低緯度で生成されたオゾンが冬極域に輸送される効果を考えなければならないと述べたが，これがオゾンを冬極域に輸送する流れである．そしてブリューワー・ドブソン循環の上に，すでに述べた夏極から冬極に向かう循環がある．

それでは図9.4のラグランジュ的平均の流れでなく，図7.5のようにオイラー的平均で中層大気の子午面循環を見るとどうなるか．残念ながら中層大気では風の観測が十分にないので，経度平均をとり時間平均をとるということができない．しかし北半球の高度約30kmまでならばレーウィンゾンデの観測がある．そうした計算の結果の冬の一例が図9.5である．下部成層圏にだけ着目すると，前述のブリューワー・ドブソン循環に対応して，熱帯圏界面から吹きだして中緯度で下降する流れがある．その高緯度側には極域で上昇し中緯度で下降する循環がある．冬の北半球では極に向かうほど低温になるから，これは相対的に低温域で上昇し高温域で下降するという間接循環である．そしてこの間接循環は図9.4のラグランジュ的子午面循環図には全く現れていない．これはどうしたことか．

---

† ドブソンはオゾン量の測定法などに先駆的な仕事をした人で，オゾン量を表す単位に名を残している（図2.3）．

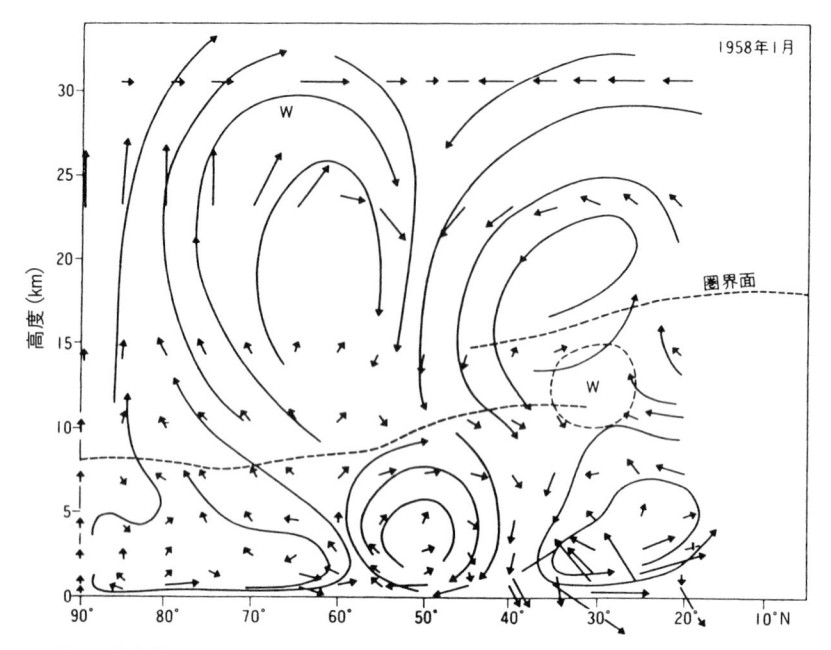

図9.5 北半球の冬のオイラー的子午面循環 (K. Miyakoda, 1963: Tech. Rep., Dept. Geophys. Sci., University of Chicago.)

図7.5において，対流圏内の間接循環であるフェレル循環は中緯度の偏西風帯で発達する傾圧不安定波を反映したものであることを述べた．図9.5の間接循環ができるのも波動のせいである．ただし今回の波動は傾圧不安定波ではなく，波長が1万km以上あるプラネタリー波と呼ばれるほぼ定常的な波である．この波については次節でさらに触れるが，大規模な地形の影響で対流圏で発生した波が上方に伝播してきたものである．いま図9.6のように，偏西風に波動が重なっている状態を考える．波動に伴う温度分布は等温位面の凹凸で表現されている．ここである空気塊に着目してその軌道を追うと，空気塊は偏西風にのって東に動くさいに，波動により南北にゆれ動くとともに等温位面に沿って上下にも動く（断熱変化をしていると仮定して）．したがって3次元軌道としてはらせん（helical motion）となる．1波長動いたところでその軌道を子午面に投影すれば，図のように楕円となるであろう．楕円の大きさは波動の振幅が大きいほど，また波動に伴う鉛直運動が強いほど大きい．そして中層大

9.2 中層大気の大循環——257

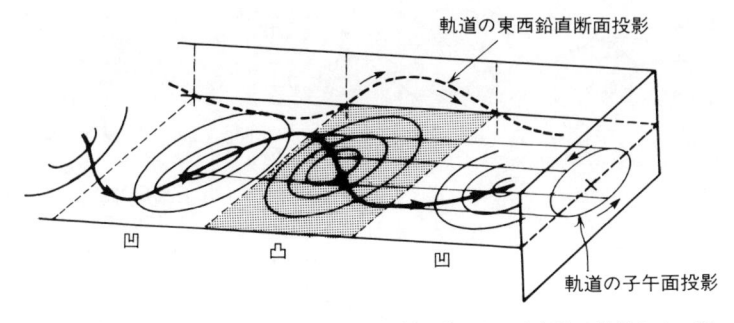

図9.6 偏西風に重なった定常プラネタリー波に流される空気塊の軌道とその投影（木田秀次,1983：高層の大気,東京堂出版に基づいて作製）
実曲線は等温位面の凹凸を表す.

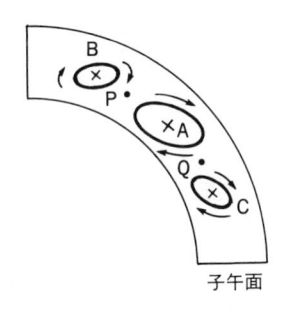

図9.7 子午面に投影された空気塊の軌道の模式図（同上）

気の波動は緯度約60°あたりで最も活発であることがわかっている．したがって緯度約60°（図9.7のA）とその高緯度側（B）と低緯度側（C）における子午面に投影した楕円を描くと，図9.7のようになる．波動の周期はどこでも同じであるから，大きな楕円の場合には空気塊は大きな速度で一周することになる．それで地点Pは楕円Aに伴う上昇流と楕円Bに伴う下降流の影響を受けるが，上昇流の方が強いから，ここでは上昇流となる．反対に地点Qでは下降流となる．これが間接循環における上昇流と下降流であり，間接循環は波動によって起こることがわかる．

　この事情に別の表現を与えると図9.8のようになる．偏西風にプラネタリー波が重なり偏西風が蛇行している．上昇流域と下降流域が東西に交互に並んでいるが，特徴は波動の強さが緯度によって違うことを反映して，上昇流域は高

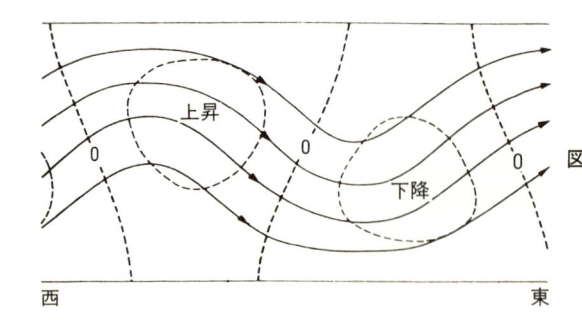

図9.8 定常プラネタリー波の存在によって生じる水平面上の偏西風の蛇行と上昇域・下降域の分布（T. Matsuno, 1980 : *Pure and Appl. Geophys.*, **118**, 189–216.）

緯度側に，下降流域は低緯度側に中心が少しずれていることである．それである緯度について経度方平均した鉛直流を求めれば，高緯度側に上昇流，低緯度側に下降流が得られる．これがオイラー的な図9.5の間接循環である．ところが図の流線に沿って動く空気塊をラグランジュ的に追って子午面に投影すると，1波動動いた後では空気塊はもとと同じ位置に戻っている．だからラグランジュ的な図9.4では間接循環は現れないのである．

しかし別の理由によって上記の波動は図9.4のラグランジュ的子午面循環をつくりうる．なぜそうなるのか説明するのは困難であるが，次節で成層圏の突然昇温に関連して，プラネタリー波が偏西風に西向きの力を及ぼす事情を説明している．いわば波動が偏西風に抵抗力を及ぼすのである．6.5節において地面摩擦が働くと気圧傾度力とコリオリの力のバランスが崩れ，風は等圧線を横切って低圧部に流れると述べた．中層大気の大循環においては，プラネタリー波による抵抗のため南北方向の気圧傾度力とコリオリの力のバランスが崩れて，低圧部（冬極）に向かう流れを生ずる．それで空気塊の軌跡を子午面上で追うと，空気塊は楕円を描きながら，ゆっくりと極側に移動する（図9.9）．これが図9.4のラグランジュ的子午面循環の冬極に向かう流れであり，物質はこ

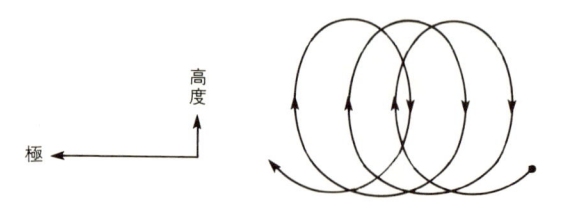

図9.9 プラネタリー波に伴うラグランジュ的平均南北速度の誘導（ストークスのドリフト）の模式図

の速度で流される．この移動速度は，なにしろ南北方向の気圧傾度力とコリオリの力の僅かなバランスの差（残差）によるものだから，楕円軌道をめぐる空気塊の速度（すなわち波動に伴う地衡風の速度）にくらべれば文字どおり桁違いに小さい．結局ラグランジュ循環は波動と両極における加熱・冷却の兼ね合いで起こるということになる．

ちなみに，岸辺の海の波では，波の位相（波の谷や峰）は伝播するのに，（海面の浮きの上下運動に見るように）海水の粒子は主に円軌道をしている．しかし粒子に働く力の僅かな残差により円運動の中心はゆっくり動くことがある．この現象は19世紀のころから知られており，ストークスのドリフト（Stokes drift）という．

最後に中層大気の東西循環の季節変化について述べる．図9.10(a)が北半球の夏の典型的な流れである．北極に高気圧があり，全域で東風であることはすでに述べたが，等温線も等高度線も驚くほどきれいな同心円を描いているのが特徴である．これに反して図(b)の冬では，全般的に見れば西風であるが，低気圧の中心は北極からはずれ，アリューシャン列島の上空に高気圧が現れている．このような状態は冬季しばしば出現し，比較的長い期間存在するので，この高気圧をアリューシャン高気圧とよぶ．この夏と冬の顕著な違いを起こすものがやはり対流圏から伝播してきたプラネタリー波であることを次節で述べる．

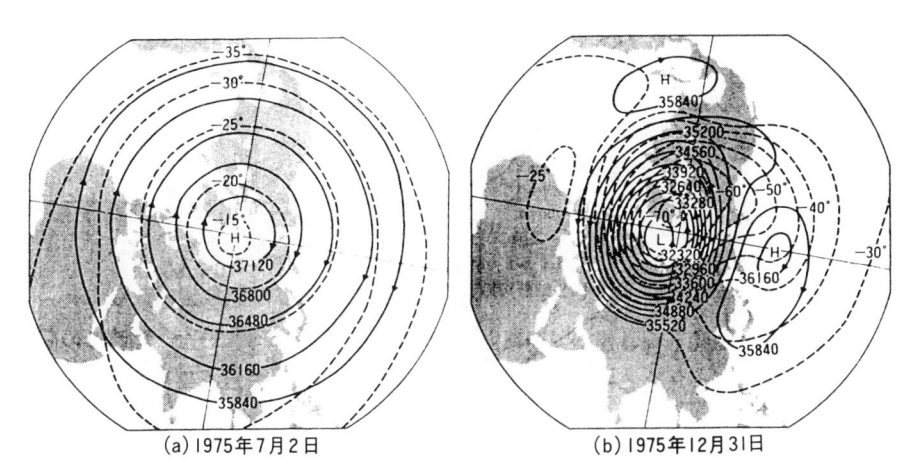

図9.10 5hPa（高度約35〜37km）天気図に見る成層圏の四季の移り変り（NASA Reference Publication 1023）
　実線は等圧高度線（流線と同等）で単位は m．破線は等温線で単位は ℃．H は高気圧，L は低気圧の中心を表す．(a)典型的な夏型の気圧配置と気温分布，(b)冬型，アリューシャン高気圧が比較的安定している状態．

9.3 成層圏の突然昇温

1952年2月23日,当時の西ベルリンにあるドイツ自由大学の気象学研究室でシェルハーグ (R. Scherharg) 教授は奇妙な気象通報にとまどっていた.当時この研究室は気象学の研究のみでなく,一種の気象台のような役目を果たしていて,ヨーロッパ各地の気象資料を集めて天気図を作製する仕事を続けていた.前日までのベルリン上空 15 hPa (高度約 30 km) あたりの気温は,約 $-50°C$ という,真冬としては当り前の値を示していた.ところが2月23日になって,突然気温が $-12°C$ であるという気象通報が来たのである.約 $40°C$ の上昇である.気象通報には,読みとりや通報の段階で間違いが起こることがある.またラジオゾンデによる気温の記録の仕方として,$50°C$ を単位として数字をずらすことがある.それで,この $-12°C$ は実は $-62°C$ の間違いではないかと想像された.

ところが次の日,気温が $-14°C$ であるという通報が入った.それから引き続いて1週間余り,この異常な高温は続くことになる.その間に気象情報に誤りのないことも確認された.これが現在成層圏の突然昇温 (sudden warming) といわれている現象である.図 9.11 が当時の気温変化の様子を物語る.またこの図で興味があることは,気温上昇は高いところほど早くはじまり,次第に弱まりながら下層に移動していくことである.

対流圏と違い,成層圏には激しい運動はないであろうとそれまでは信じられていた.だからこそ成層圏という名がつけられたのである (2.1節).それだ

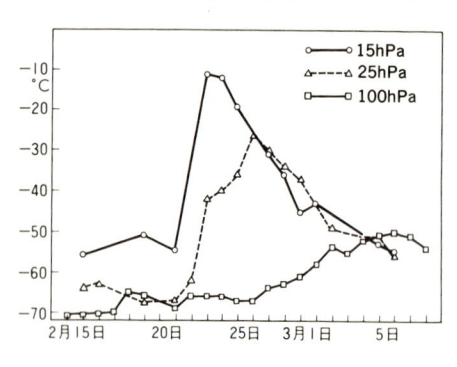

図9.11 1952年成層圏の突然昇温がはじめて発見されたときの,ベルリン上空高さ 15 hPa (約 30 km), 25 hPa (約 24 km), 100 hPa (約 16 km) における気温の時間的変化

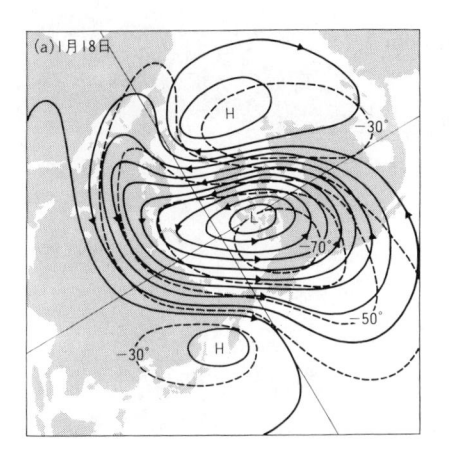

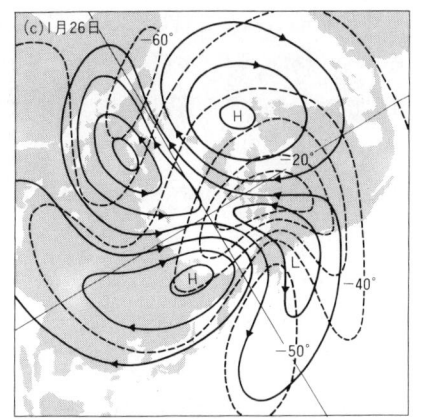

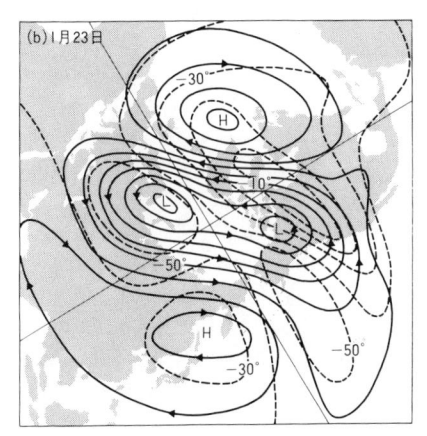

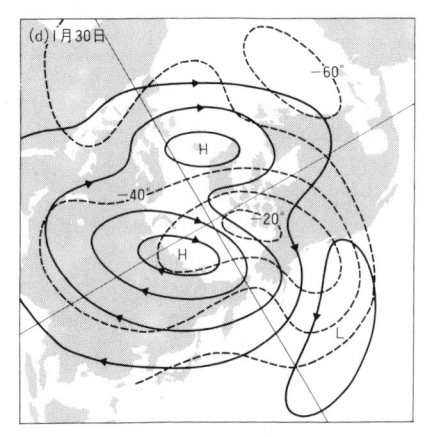

図9.12 1963年1月末に起こった記録的突然昇温時の10 hPa 天気図 (*Meterologische Abhanblungen*, Bd. **XL**, 1963.)
実線は等高度線（流線と同等）で320 m 間隔，破線は等温線で10℃間隔．

けに対流圏にも見られないような激しい温度変化が観測されたのは驚きであった．これは普通の気象現象と違い，電離層の磁気嵐やオーロラなど太陽活動の変化に原因がある特異な現象ではないだろうかとはじめは推察された．しかし次第に世界の成層圏観測網が整備されると，突然昇温が単に局地的な現象でなく，北半球全域をおおう成層圏循環の大変動であることが明らかになった．

図9.12は1963年1月末から2月はじめにかけて起こった成層圏突然昇温時の10 hPa（高度約30 km）における北半球天気図を示す．図9.12(a)では冬半

球の成層圏の風系を特徴づける低気圧性の渦（これを極夜ジェットということがある）が大きく変形しており，中緯度帯には高気圧が現れている．図9.12(b)になると低気圧性の渦はすでに2つに分裂し，それとともに北極上の寒気の中心も分裂し，中緯度から侵入してきた高温域がとって代わっている．図9.12(c)では中緯度にあった高気圧が極方向に移動し合体している．北極はついに高温の中心になって，図9.12(a)の状態から見れば，温度の南北傾度は逆転してしまっている．図9.12(d)の状態になると，北極付近に高温の中心があり，高気圧の中心もあり，それに対応して東風が吹いている．これはまさに夏型のパターンである．しかしその循環がそのまま夏まで持続するのではなく，このあと極の空気は次第に冷却し，再び冬型の循環にもどる．一般に3月ごろ，ここで示した例ほど激しくはないが昇温が起こり，それがそのまま夏型に移行するのがふつうである．

　成層圏の突然昇温はどうして起こるか．7.3節で述べたように，対流圏の偏西風には，東西方向にいろいろの波長をもった波動が重なっている．傾圧不安定波の波長は数千kmの程度であるが，それよりもはるかに波長の長い波動もある．一般にある緯度線に沿って擾乱の分布を調和分析したとき，緯度線全体（経度にして360°）を1波長とする波動を波数1の波という．すなわち緯度線上に1個の極大と1個の極小があるような波動である．緯度45°Nの緯度線を考えるときには，緯度線の全長は約30,000 kmであるから，東西方向の波数1の波の波長は約30,000 kmである．同様にして波数2の波というのは，緯度線上にそれぞれ2個の極大と極小がある波で，波長は当然波数1の波の半分である．気象学ではふつう波数1～3の波を，惑星自身の大きさに匹敵する波長をもつ波という意味でプラネタリー波 (planetary wave) あるいは超長波とよんでいる．
　プラネタリー波はいろいろな特性をもっているが，ここで重要なことは緯度線に沿う平均の東西風が東風のときにはプラネタリー波は上方に伝播できないで，西風のときにはできることである．この特性から，なぜ図9.10に示したように夏季の東風循環はきれいな同心の円形なのに，冬季の西風循環は変形しているのか説明できる．対流圏内では絶えずプラネタリー波が生成されている．時間的に最も永続するプラネタリー波は，対流圏の偏西風がチベット山塊やロッキー山脈などに衝突するための力学的効果，および大陸と海洋上では大気が下から加熱される割合が違うための熱的効果などで励起される．しかしこのプラネタリー波も夏は成層圏が東風のため成層圏に侵入できない．したがって成層圏の流線は極を中心にしたきれいな同心円となる．ところが冬季には波数が1や2のプラネタリー波が対流圏から成層圏に伝播してきて，上に述べたように成層圏の循環は極を中心とした同心円の西風循環にプラネタリー波が重なった形となるのである．また対流圏の，たとえば500 hPaの等圧高度線が複雑な形をしているのにくらべ

9.3 成層圏の突然昇温

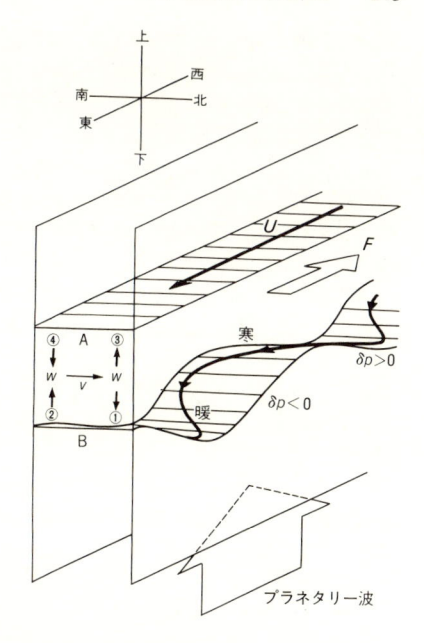

図9.13 突然昇温発現機構の模式図（Matsuno and Nakamura, 1979: *J. Atmos. Sci.*, **36**, 640–654.）

ると，冬季といえども日々の成層圏の流線が滑らかなのは，対流圏から比較的波長が短い傾圧不安定波が伝播してくることがないからである[†]．

さて話をもとに戻して，成層圏の突然昇温を起こすものは，やはり対流圏で発生して上方に伝播してきたプラネタリー波である．図9.12をもう一度見ると，等圧高度線でも等温線でも，ある緯度圏に沿って極大が2つ，極小が2つある．すなわちこれは波長2のプラネタリー波が舞台（成層圏）に登場してきて，それまで整然とほぼ極を中心にして回転していた西風の渦をめちゃめちゃにしてしまったという感じを与える．

このことをもう少し詳しく見ると図9.13のようになる．簡単化してものを考えるために，地球が球であることを無視して，中・高緯度の大気は緯度線に平行な2枚の鉛直な壁に囲まれた流体だと考える．さて対流圏のプラネタリー波は前に述べたように主に大陸と海洋の分布や地形などによって強制的に起こされているので，時間的にあまり変動はしない．しかし気象状況によっては対流圏内の流れが大きく変わり，あるとき急激にプラネタリー波の振幅が大きくなることがある．この強化された波は平均西風の中を次第に上方に伝播していく．そのさい空気の密度が高度とともに減少するのにつれ，振幅を増していく．図9.13においては，面Aはまだ波の影響を受けず水平面を保っており，西風が吹いている．ところが面Bは，もともと水平面であったものが，ちょうど下から伝播してきた波の群の先端が到達したので，波をうちはじめている．上方に伝播

[†] 成層圏の西風自身が傾圧不安定で，そこで波が発生するという確証はまだない．

するプラネタリー波の性質として，B面上の気圧配置（正しくいえば，各高度において波のない状態からの気圧のずれの量，図のδp）は，東向き下り斜面で負，上り斜面で正である．ということは面Aと面Bの間の空気は面Bを東に向けて押している．その反作用として（6.1節），B面を通してそれより下の大気は上側の大気を西向きに引きずるように力を及ぼしている．これはかりにB面を波形をした剛体の面として，それに西風が吹きつけると，波形の上り斜面（風上側の斜面）で正の気圧，下り斜面で負の気圧のずれが起こり，結果として西風は流体力学で形状抵抗とよぶ力を西向きに受けるのと同じことである．

さて面ABの間の空気層は西向きの力を受け，西風の風速は弱まっていく．すると何が起こるか．風速が弱まる前の西風は地衡風のバランスを保っていた．すなわち南向きのコリオリ力と北向きの気圧傾度力がちょうど釣り合っていたのである．ところが風速が弱まったので，それに比例してコリオリ力も弱まる．ところが気圧傾度力は（静水圧平衡の関係により）大気中の質量の分布に依存し，これはまだ変化していない．その結果空気粒子は図9.13の矢印で示したように，北向きに移動する．するとそれを補償するために，低緯度側では上下両方から集まる（収束する）ように鉛直流が生じ，反対に高緯度側では上下両方に離れる（発散する）ような鉛直流を生ずる．その様子は図9.13内の南北鉛直断面図に示してある．この図で①と記した高緯度側の下降運動に伴って断熱圧縮が起こり，気温が上昇する．これがまさに突然昇温に相当するものである．

こうして成層圏の突然昇温は，はるか下の対流圏からプラネタリー波が伝播してきて，それが大気の下降運動を起こした結果である．これが本当だとすれば，図9.13の②の部分には上昇気流があるから，この部分では断熱膨張により，気温が下がるはずである．これはちゃんと観測されている．ただ図に示した場合と違って，実際の場合には球面であるという形状から，極側の①の部分の面積は狭く，下降気流は集中して起こるので気温上昇は顕著である．一方②の部分の低緯度上昇流は広い面積にわたって起こるので，気温降下の方は，量がそれほど大きくないだけである．また図によれば③の部分に上昇気流があるが，実際に成層圏で突然昇温があった場合には，それより上方の部分で気温が下降することも観測で確認されている．

そのようにして面AとBの間の空気層が西向きの力を受け，それまで西風であったのがやがて東風になってしまうと，それより上へプラネタリー波は伝播できなくなってしまう．そうなるとこんどは図のB面がいままでのA面と同じ役目をするようになり，B面とその下の面ではさまれた空気層が西向きの力を受けるようになる．こうして上から下に向かって順々に西風が東風に変わっていく．同時に突然昇温が起こる層の高さも，図9.11に示したように時間とともに下がっていくのである．現象が下に移行するにつれて，大気の密度の関係でプラネタリー波の振幅が大きくなるということもなくなってしまう．だから突然昇温の程度も弱まってくる．そしてその間に対流圏で強いプラネタリー波を起こさせた大気の状態も変化してしまい，突然昇温の現象は消滅する．

9.4 準二年周期の変動

前に示した図9.3では,赤道域の下部成層圏では東風が吹いていることになっているが,これはいつもそうではない.赤道に近いカントン島で測定した風の観測によると(図9.14),成層圏下部の風は不思議なことにほぼ一年ごとに東風と西風が交代している.その風速は決して小さいものではない.東風のピーク時の風速は 30 m s^{-1}, 西風のそれは 20 m s^{-1} もある.東風から次の東風になるまでの周期は年によって少し違い,2年から2年半くらいである.平均して26ヵ月である.しかも面白いことに,図9.14でわかるように,東風も西風も上層にはじまって時間が経つにつれて下層に降りてくる.1つの風系が約 18 km の高度に下がったころには,次の風系が上層で生成されているという具合である.

このような変動は高度 40〜50 km まで起こることが観測されている.しかし変動の振幅が最大になるのは高度約 25 km である.対流圏界面(赤道域では約 17 km)まで下降してくると,振幅はずっと弱くなる.緯度別に見ると,振幅が最大なのは赤道真上であって,緯度約 15° よりも高緯度の地帯ではほとんど認められないくらい弱い.つまり赤道域だけに特有の変動である.これを準二年周期振動(quasi-biennial oscillation)という.

赤道域の成層圏にこのような奇妙な風の変動があることが確認されたのは,そう昔のことではなく,1961年である.だいたい赤道域の上空の風というものが世の人の関心を引いたのは,いまから約百年前の1883年にジャワ島のクラカトア火山が歴史に残る大爆発をしたときである.このとき成層圏に吹き上げられた火山灰の塊が,平均約 35 m s^{-1} の速さで西向きに地球を一周した.このことから,赤道上の成層圏の高度約 20 km にはほぼ一様な東風が吹いていることがわかり,クラカトア東風とよぶようになった.

ところが今世紀になって1908年にドイツ人のフォン・ベルソンがアフリカのビクトリア湖近くで気球による風の観測を行ったところ,赤道成層圏の風は西風であった.これはベルソン西風とよばれるようになった.これがクラカトア東風とどんな関係にあるのか,無関心のままに半世紀が過ぎてしまったとい

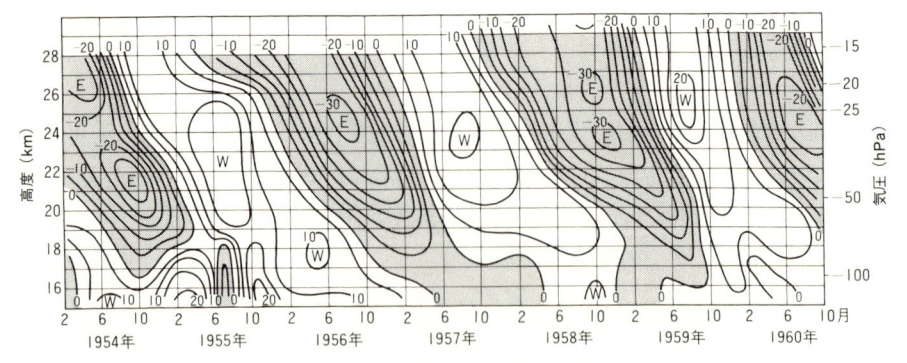

図9.14 カントン島($2°46'S, 171°43'W$)における月平均東西風の時間と高度による変化
(R. J. Reed and D. G. Rogers, 1962: *J. Atmos. Sci.*, **36**, 127–135.)
風速の単位はm s^{-1}, Wは西風, Eは東風を表す.

う次第である.

　赤道域の準二年周期振動が起こる原因については, 現在かなりよくわかっている. しかしその理論は数学的にかなり込み入っているので, ここでは省略させていただきたい.

　【課外読み物】 中層大気の運動を含む大気の大循環についての一般向け教養書としては, 廣田勇『地球をめぐる風』(中公新書687, 1983) があり, 大学学部レベルの中層大気の参考書としては, 木田秀次『高層の大気——運動と組成の立体構造をみる』(東京堂出版, 気象学のプロムナード第1期16巻, 1983) がある.

第10章
気候の変動

　気候（climate）というのは長期間にわたる気象要素（気温や降水量など）の平均を意味するが，実ははっきりした定義があるわけではない．平年より雨量が多かったなどというときの平年とは，過去30年間の平均をいう．平年値は10年ごとに，その直前の30年間の平均をとって更新される．たとえば1998年における平年値といえば，1961～90年の平均である．

　このように定義された気温や降水量の平年値が地球上どのように分布しているか，その分布をどのように分類して気候区分を決めるのが適当かなどを議論するのは気候学の一分野である．しかし人間の社会活動との関連において，最近の気象学で重要視されているのは，月平均値や年平均値が年々どう変わっているかである．たとえば今年の1月の月平均気温は平年に比べてひどく低かったのはなぜだったのだろうかとか，また来年1月の月平均気温は平年より高いのか低いのかという予知の問題である．つまり現代の気象学においては，上に述べた気候の平年値自体も時とともに変動しているのだという認識の下に，気候の変動の実態とそれを起こす原因の解明，そして将来の気候の予測ということが最大の関心事の1つとなっている．

10.1　過去100万年の気候

　過去の気候を述べるのには，観測時代，歴史時代，地質時代の3つに分類するのが便利である．観測時代というのは，いうまでもなく気象要素が測器によって定量的に観測されるようになってからの時代である．古い記録によれば，雨量計が中国で作製されたのは12世紀である．しかし近代的な雨量計ができ

たのはイタリアで，17世紀のことである．気圧計や温度計ができたのと同じころである．それ以前の歴史時代の気候を調べるには，種々の日記，歴史や古文書の記録などを用いる．

それより先の地質時代の気候は，以前から樹木やサンゴの年輪，化石，氷河の堆積物や氷河域の変化などで調べられてきた．生物の化石からその生物が生存していた時代の気候がわかる．化石が埋まっていた地層の古さから化石の時代を推定する．

年代の決定には放射性同位体を用いる（同位体については1.2節参照）．炭や木片の考古学的試料にたいして，炭素の放射性同位体 ^{14}C が用いられていることは広く知られている．自然界では ^{14}C は，大気中の窒素（原子量は14）に宇宙線が核反応して生成され，大気中で二酸化炭素として存在し，光合成により有機物として固定され，生物が死んだ後時間が経つにつれ ^{14}C が半減期5,730年の放射崩壊により減少するという原理に基づいている．地層の年代決定の場合には，標本のなかの親原子核（崩壊してしまう放射性元素，たとえばウラン）と娘原子核（崩壊により生成される元素，たとえば鉛はウランからつくられた娘原子核）の相対的な存在比率を測定する．親元素の崩壊率はわかっているので，^{14}C と同じように相対的な存在比率を時計として用いることができる．いろいろな親元素－娘元素の組合せが用いられているが，ウラン－鉛系は崩壊がきわめてゆっくりなので，地球の最も初期の時代までの年代決定に用いられている．

近年は，南極やグリーンランドなどの大陸氷河のボーリングによって得られる氷床コアや，湖沼や深海の底の堆積物をやはりボーリングして得られる試料が地質時代の気候を知るのに大きな貢献をしている．そこで主に用いられているのが酸素の同位体である．普通の酸素原子 ^{16}O のほかに，中性子が2個多い ^{18}O という安定な同位体がある．図10.1は深海コアで採取された底生有孔虫に残された ^{16}O に対する ^{18}O の濃度比率の80万年にわたる変動の記録である．ここで ^{18}O の濃度が高い期間（図の下方）は大陸に氷床が広がった氷期，低い期間（図の上方）は大陸に氷床が少ない間氷期と判断する．その根拠はこうである．海水から水が蒸発して水蒸気になるときには，軽い ^{16}O の方が ^{18}O よりも水蒸気になりやすいという性質がある．すなわち酸素同位体の分離が起こる．

図10.1 深海底コアから得られた ^{16}O に対する ^{18}O 濃度比率の相対的変化（J. Imbrie and J. Z. Imbrie, 1980: *Science*, **207**, 943–952.）

データは，間氷期に相当する値がグラフの上端，氷期に相当する値が下端近くになるよう描かれている．

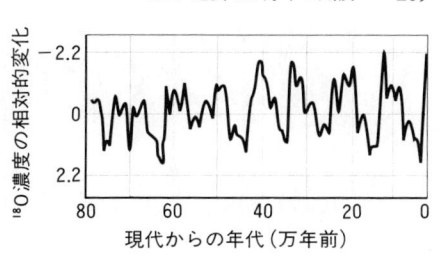

陸上に氷床が発達する氷期には，海から蒸発した水蒸気のうち氷床となって存在する割合が増える．その結果，海水に含まれる ^{18}O の平均の割合が間氷期にくらべて大きくなる．海水中に生息する有孔虫などの殻は炭酸カルシウム $CaCO_3$ でできており，殻に取りこまれる酸素同位体の組成はまずこのような海水の同位体組成を反映する．さらに殻の同位体比は炭酸カルシウムができるときの海水の温度にも依存し，温度が低くなると相対的に殻に取りこまれる ^{18}O の比が大きくなることが知られている．つまり，標本の ^{18}O 比が大きいことは，（局地的な効果を除けば）地球上の氷床量が大きいこと，または（および）海水温が低いことを意味している．

南極やグリーンランドの氷床をボーリングして得られる氷床コアからも貴重な古気候の変動記録が得られる．その標本採取では，およそ直径10 cm，長さ10 mの中空の筒を氷床に打ち込む．これを氷床の深さ2000 m以上に達するまで連続的に繰り返す．気温に興味がある時には，基本的に重要な同位体は氷（H_2O）の中の水素（^1H）の同位体（重水素，^2H）である．^1Hとの比（$^2H/^1H$）がその場の気温とよい相関があるからである．図10.2の一番下の δD は

$$\delta D = \left[\frac{(^2H/^1H)_{測定資料}}{(^2H/^1H)_{標準資料}} - 1 \right] \times 1,000 \quad (10.1)$$

で定義される量で，この式で与えられる値は千分率（‰）である．この図をみると約10万年を周期として氷期と間氷期が繰り返されていることがわかる．最新の氷期のピークは約1万8,000年前となっており，現在はそのピークからの間氷期である．そして，氷床の中には微量の空気が閉じ込められており，その空気を採りだし化学分析を行って，温室効果（10.2節参照）を持つ一酸化二窒素（N_2O），メタン（CH_4），二酸化炭素（CO_2）の当時の濃度を知る．そ

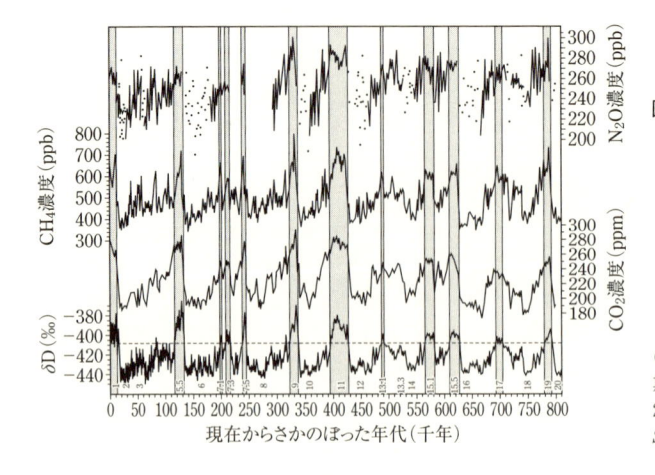

図10.2 過去80万年にわたる二酸化炭素（CO_2），メタン（CH_4），一酸化二窒素（N_2O）の濃度と氷（δD，本文参照）の変動．縦に引かれた陰影部（$\delta D > -408‰$）は間氷期を表す（Schilt, et al. 2010: Earth Planet., Sci. Lett., 300, 33-03）.

の結果が図10.2である．どの濃度もδDと同調して変動しているのが読み取れる．

さらに図10.2で示された変動を調和分析にかけると，10万年の周期の他におよそ2万年と4万年の周期が含まれていることがわかる．

ここでミランコビッチの仮説といわれているものが登場する．よく知られているように，地球は自転しながら太陽のまわりを楕円軌道を描いて公転している．ところが，地球軌道要素は他の惑星の引力の影響を受けて，次の3つの長い周期で変動する．①地軸の傾斜角．第5章で述べたように夏冬の季節変化は，地球の自転軸が公転面に対して傾いているから起こる．現在の傾斜角は23.5°であるが，これが周期約4万年で22〜24.5°の間を変動する．傾斜角が大きくなれば南北両半球で季節の変化が大きくなる．②歳差運動．回転しているコマが鉛直軸のまわりを首振り運動するように，地球の自転軸も周期約2万年で首振り運動をする．これも①と同じように南北で逆転した（北半球の冬が南半球の夏）季節性を変化させる．しかも（ここでは説明を省くが）この効果は地球の公転軌道が円から外れているほど大きい．③公転軌道の離心率（軌道の楕円が円からずれている度合，円の場合には離心率はゼロ）．約10万年と40万年の周期で変動している．

ミランコビッチはセルビアの天文・数学者である．これらの軌道要素の変動によって地球が受け取る日射量の緯度分布・季節分布の変動を世界で初めて計

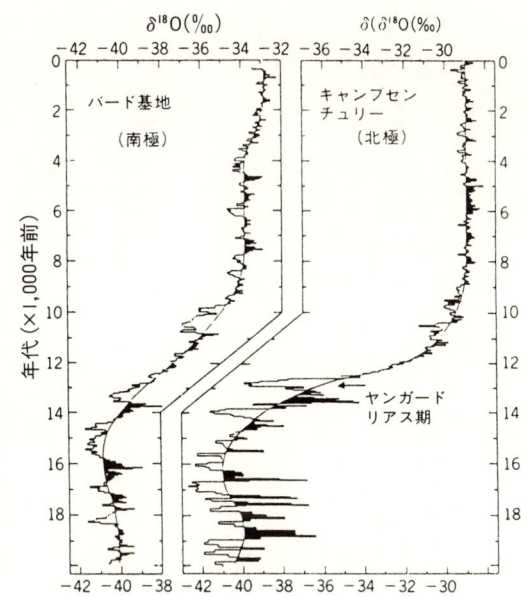

10.1 過去100万年の気候——271

図10.3 南北両極域の氷床コアに見られる気候変動の比較 (Johnsen *et al.*, 1972: *Nature*, **235**, 429–434.)
南極氷床とグリーンランド氷床の最新氷期の最寒期（1万8,000年前ごろ）から現在までの気温の変化を酸素同位体組成（$\delta^{18}O$）の変化で示す．$\delta^{18}O$ 値の小さな値（左側）はより寒冷な気候を示す．ヤンガードリアス期は約1万2,000年前の最後の寒の戻りの時期をいう．

算し，これがここまで述べてきた氷期–間氷期のサイクルを引き起こしているという仮説を立てた．これは気の遠くなるような莫大な計算であるが，彼はこの計算を手回し計算機で30年を要して終了し，結果は1930年に出版された．しかし，当時の反応は鈍かった．ところが1970年代から前に述べた同位体などを用いた古気候の時代決定の精度が上昇するにつれて，観測された周期と一致していることから，ミランコビッチ仮説の重要性が認識されるようになった．現在ではスーパーコンピュータと気候モデルを用いた検証も行われつつある．

　次に，図10.3は過去約2万年に遡って，南極とグリーンランドの氷床コアの酸素同位体測定結果を示す．両半球の氷床とも細かい変動を繰り返しているが，殊にグリーンランドの氷床からは，氷期の中にも比較的温暖な時期（亜間氷期）と寒冷な時期（亜氷期）が対となって現れている．すなわち，亜間氷期に数十年で数度といった急激な温暖化が起こり，その後の亜氷期に500～2000年をかけて緩やかに寒冷化している．この現象を発見者の名をとってダンスガード・オシュガーイベント（Dansgaard-Oeschger event）という．

　この現象が特に興味をよんでいるのは，どうもこれが海洋の深層をめぐる循

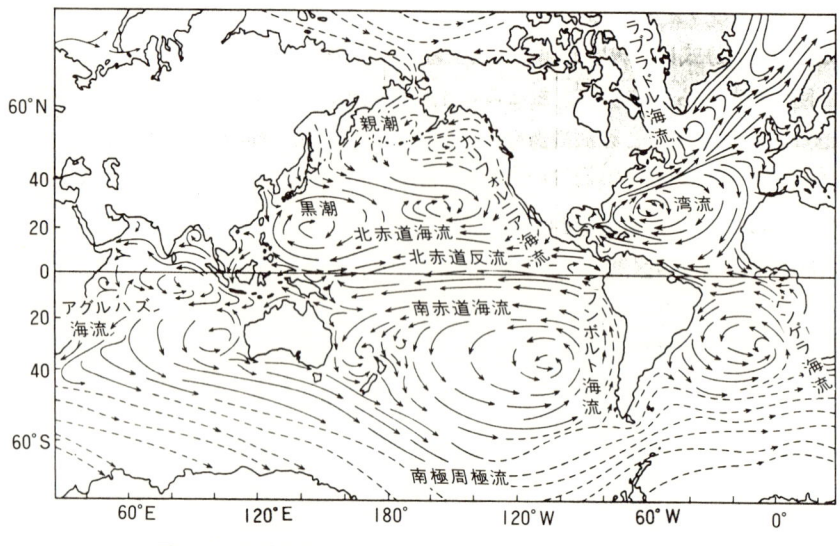

図10.4 海洋表層の流れの様子（The Open University, 1989）

環に関係しているらしいからである．世界の海洋をめぐる循環には2種類ある．1つは深さ数百mまでの表層で起こる海流である．図10.4に主な海流が示してあるが，北太平洋には，表層の海水が熱帯域の貿易風に引っ張られて西に向かう北赤道海流があり，太平洋の西部を北上する黒潮につながる．中緯度では卓越する偏西風に引っ張られて黒潮の続流として東に向かい，北米大陸西岸沿いに南下するカリフォルニア海流に連なる．北大西洋にもメキシコ湾流を含め，同じように大西洋を一巡する循環がある．これらの表層の循環は，海面上を吹く大気の大循環によって駆動されているので風成循環という．

ところが海洋の深層には図10.5に示したように，これと全く違う流れがある．海水の密度は温度と塩分の量で決まる．詳しく述べる余裕はないが，大西洋のノルウェーやグリーンランド沖の高緯度では，湾流にのってきた高塩分の海水が蒸発や冷気との接触によって，水温が下がるとともに塩分の濃度も増し，海水の密度が大きくなって海中深くに沈む．こうしてできた深層水は大西洋を南に流れ，南極のまわりの海に達し，東へと流れる．それから太平洋を北上し北太平洋で上昇して表層へ戻り，そこからインド洋を経て大西洋へ流れ，大西洋の表層を北上して北大西洋に戻る．この循環は水温と塩分で決まる密度の差

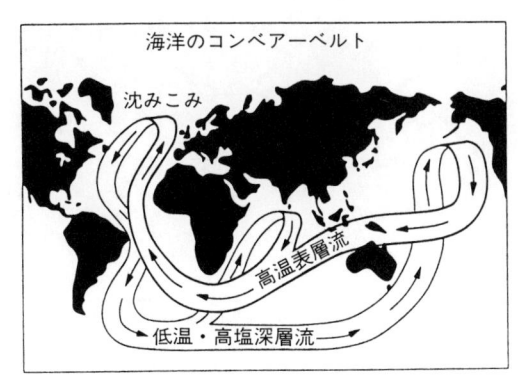

図10.5 海洋の深層循環の模式図
(Broecker, *et al.*, 1985:
Nature, **315**, 21-25.)

で起こるので熱塩循環という．一回りするのに約2,000年かかる．

そして約1万2,000年前に，なんらかの理由で大陸上の氷河が融けてできた淡水が北大西洋に流れ，表層海水の塩分濃度が低くなり，深層への沈みこみが弱まり，熱塩循環が弱くなって北大西洋で暖流が北へ行かなくなったために，寒冷のヤンガードリアス期となったと思われている．また氷期に見られる激しい変動は熱塩循環の変動が関係している可能性も考えられている．

さらに，湖や湿地の底の堆積物のコアからも貴重な気候の記録が得られている．たとえば米国ミネソタ州の湿地から採集したコアからは，約1万1,000年の過去にさかのぼって14種の花粉が確認され，それぞれの植物が繁茂するのに最適な気候が議論されている．

すでに述べたように，現在に最も近い氷期のピークはいまから約1万8,000年前である．そのころには，北米やヨーロッパ大陸の北部は最大で3,000 mに近い厚さをもつ氷床でおおわれていた．これだけの水分が氷となって大陸上に留まってしまったので，当時の海面水位は現在より約100 mも低かったと信じられている．現在はこの氷期のピーク後の間氷期で，氷河は後退を続け，全体として気候は温和に向かっている．しかしそのなかでも図10.6に示すように，細かく見れば気温の変動はあったわけである．特に8,000年から6,000年前の気候は温暖で，気候最適期（climate optimum）あるいは高温期（hypsithermal）とよばれている．気温は現在より2〜3℃高く，海面も数m高かったので，日本ではその時代の名をとって縄文海進とよぶほど，関東地方

274 ── 第10章 気候の変動

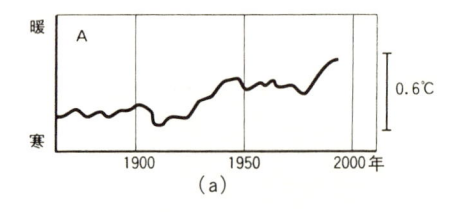

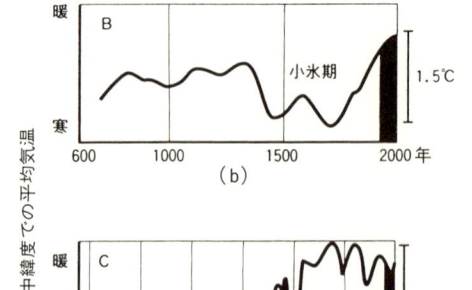

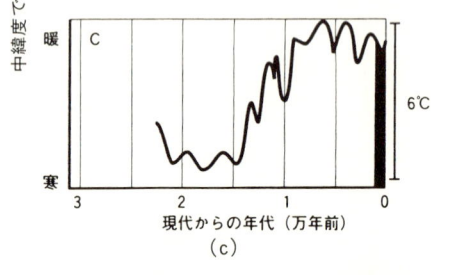

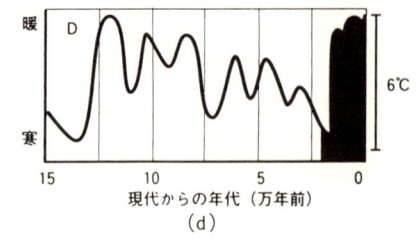

図10.6 数十年から数十万年に及ぶさまざまな時間スケールでの地球全体の平均気温の変動（T. Malone and J. Roederer, eds., *Global Change*, Cambridge University Press, 1985.）

図中の右側の線は各グラフに描かれた期間内での温度の変動範囲を示している．下から3つの図で，右端の黒い部分は，そのすぐ上の図で描かれた期間を示している．データの復元は主に次の記録に基づいている．(a)図は測器による観測データ，(b)は史実から得られる情報，(c)は花粉のデータと高山における氷河の前進と後退，(d)は海洋プランクトンから得られた情報．

では海岸線が現在よりはるかに内陸まで進入していた（図10.7）．このことは貝塚の分布からわかったことである．

逆に約西暦1400年から1650年の間，図10.6で小氷期と記した期間には急激な寒冷化があった．その当時は，現在では1年中凍らないバルト海や英国のテムズ川，オランダの運河などが毎年凍結した（図10.8）．レンブラント，ヴァン・ダイク，フェルメール，ブリューゲルなど，17世紀のヨーロッパの画

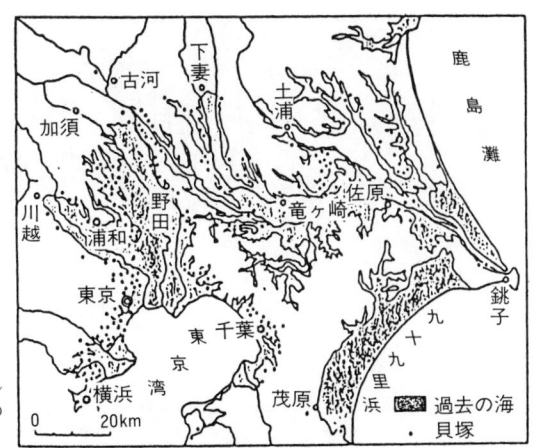

図10.7 貝塚の分布から推定された関東平野の新石器時代の海岸線（東木，1926）

図10.8 冬景色：1601年，ピーター・ブリューゲル作（Kunsthistorisches Museum, Vienna）当時は小氷期で気温が低く，現在ではふつう1年中凍らないオランダの運河が毎年凍結した．

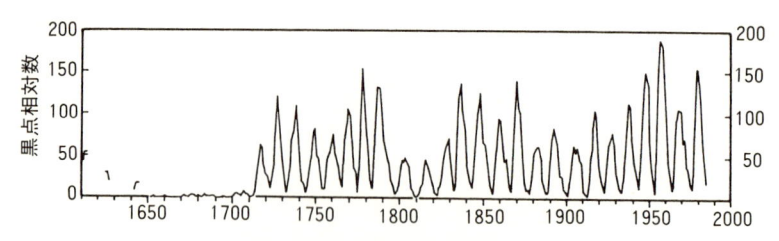

図10.9 マウンダー極小期とそれ以降の太陽黒点数（桜井邦明，1987：太陽黒点が語る文明史，中公新書845）
18世紀に入って後は，約11年の周期で太陽黒点数は変わっている．

家たちの絵には，凍りついたような冬の風景がしばしば描かれている．それに続く印象派の明るい光があふれた風景とは好対照である．それはさておき，この時代で興味があるのは，図10.9に示すように，太陽の黒点数が極端に少なかったことである．この事実の発見者の名をとって，この時期をマウンダー極小期とよぶ．しかし黒点数が少ないとなぜ寒冷な気候になるのか，満足できる説明はまだ与えられていない．

【課外読み物】本書では地質区分でいうと第四紀の気候しか述べなかったが，もっと古い時代の気候を含めた気候変動の大学レベルの教科書・参考書としては，浅井冨雄『気候変動』（1988，第II期気象学のプロムナード第9巻，東京堂出版）や住明正ほか共編著『気候変動論』（1996，岩波講座地球惑星科学11）を参照していただきたい．1970年頃には大気化学は気象学の小さな部分を占めるに過ぎなかったが，近年は気候変動や地球環境保全問題や物質循環に関連して次第に大きな部分を占めつつある．これについては2.2節で紹介したグレーデルとクルッツェンの本がよい．海洋の地球化学を詳しく述べたユニークな興味ある本としては野崎義行『地球温暖化と海——炭素の循環から探る』（1994，東京大学出版会）がある．有名な物理学者ホーキングによると，数式が1つ増えるごとに本の売れ行きは半減するという法則があるそうだが，野崎の本は（序文によると）大学生レベルの講義用にも意図されているので，かなり化学式が多い．

10.2 地球温暖化

近年，気候変動と地球環境保全の一環として，大気中の炭酸ガス（二酸化炭素，CO_2）の増加による地球温暖化が問題となっている．図10.10によると，全地球で平均した気温は変動しながらも，100年に約0.6°Cの割合で上昇している．殊に1970年代半ばから現在までの上昇が著しく，1990年代には図の範

囲内で最も暖かい年の上位に属する年がいくつもある[†]．ただし昇温は全球で一様ではなく，気温が下がった地域もある．1990年代で全球平均気温が最も低かったのは1992年である．これは1991年6月のフィリピンのピナツボ火山の爆発によると思われている．一般的に火山の爆発のさいには，大量の火山灰や亜硫酸ガス（SO_2）などが成層圏に吹き上げられる．火山灰は日射を遮蔽し気温を下げる効果があるが（いわゆる日傘効果），比較的短い期間に落下してしまう．ところが亜硫酸ガスは微小な硫酸液滴（エーロゾルの一種）となり，全球に広がり，2〜3年成層圏に滞留する．このエーロゾルは日射を散乱し気温を低下させる．日本では1993年が低温であった．ピナツボ火山の影響は1994年には解消されている．

この温暖化に伴い，海面水位がどれだけ上昇したかも重要な地球環境問題である．熱帯太平洋の島国にとっては，文字通り生存をかけた問題である．海面水位は海岸に設けた検潮所などで観測されているが，海と陸の相対的な高さにより決まる量なので，地殻変動で大陸自体が浮き沈みをしていることの影響を取り除く必要があり，正確に決めるのには補正が必要である．20世紀には全球平均の水位は約15 cm上昇したと推定されている．この上昇量の約3/4は水温が上昇し，それに伴って海水が膨張したためらしい．残りの1/4は，氷河やグリーンランドの氷床の融解である．そして，今後温室効果ガス（後出）の排出量を抑制しなければ，水位は今世紀末までに45〜82 cm上昇するであろうと予測されている（IPCC, 2014）．

それでは近年の地球規模の地表付近の気温の上昇はなぜ起こっているか．前節で述べたように，人間活動が全くない時代でも気温はさまざまな時間スケールで変動している．図10.10で示した変動もそうした自然な変動の一部に過ぎない可能性はある．しかしIPCC[††]はその2014年の第5次報告書において，従

[†] 図10.10上やカバー裏の図の気候モデルの結果は，2000年以降についても気温上昇を示しているが，図10.10をよく見ると，現実の観測値はほとんど停滞していることがわかる．このような気温上昇の停滞はハイエイタス（Hiatus）と呼ばれている．その原因はまだよくわからない．

[††] このような地球規模の気候変動を議論するとき，最も信頼すべき資料とされているのが，Intergovernmental Panel on Climate Change（気候変動に関する政府間パネル，略してIPCC）が作成する報告書である．これは地球温暖化問題に関する最新の科学的・社会経済

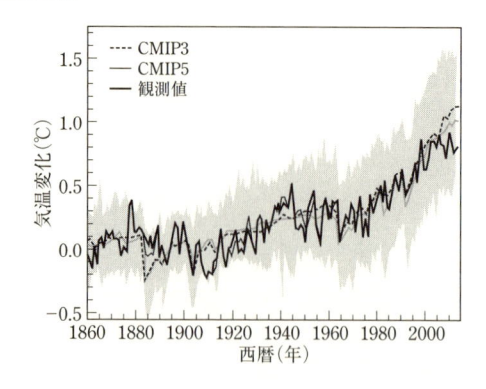

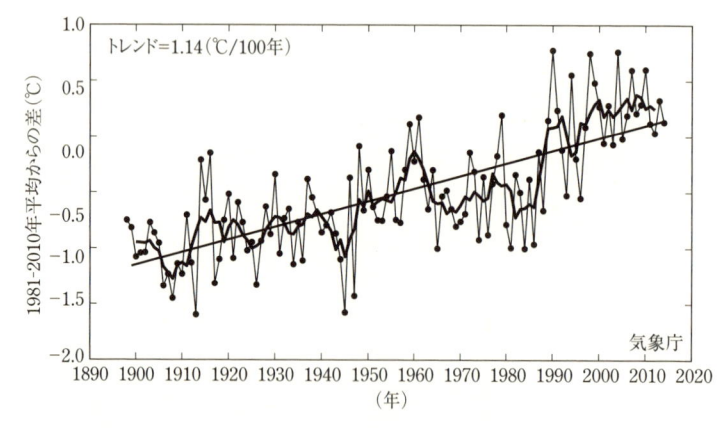

図10.10 地上気温の長期変動
上：全球年平均気温の1840～1919年の平均値からの偏差．太い線が観測値．全世界で約25（CMIP3），あるいは約50（CMIP5）の気象研究機関がそれぞれの気候モデル（次節参照）を用いて過去の気候観測値を再現した実験結果を相互に比較する国際研究プロジェクト（Coupled Model Intercomperison Project）があり，その実験結果の平均が細い実線（CMIP5）と細い点線（CMIP3）．陰影部分は実験結果のばらつきを示す（IPCC, 2014）．
下：日本の地上気温の変動．1981～2010年の30年平均からの偏差．丸印は各年の値．折れ線は5年移動平均．直線は長期的なトレンド（気象庁）．

的知見をとりまとめることを目的とした政府間機関で，国連の専門機関である世界気象機関（WMO）と国連環境計画（UNEP）の共催により1988年に設立された．1990年に第1次評価報告書，2014年に第5次評価報告書が作成されている．本書でもこの報告書から多く引用している．

来の結論から一歩踏みだして，いろいろな証拠によれば「20世紀半ば以降に観測された気温上昇は人間活動によるものであった可能性が非常に高い（95％以上の確信度）」と結論している．

5.5節において，地球大気は日射（短波放射）はほとんど吸収しないで通過させるが，地表面からの赤外放射（長波放射）の一部は吸収し，逆に地表面に向かって赤外放射をして地表面を暖める温室効果をもつことを述べた．地球大気を構成する気体のなかで，この温室効果をもつ気体を温室効果ガスという．水蒸気，二酸化炭素（CO_2），メタン（CH_4），亜酸化窒素（あるいは一酸化二窒素，N_2O），フロンなどが主な温室効果ガスである．たとえばメタンをとりあげると，メタンによる温室効果は同一分子数でくらべると，二酸化炭素の25倍もある．しかもほかの微量温室効果ガスと同じように，メタン濃度も人間活動によって年々増加していて，産業革命前は700 ppbであったが，2008年には1,790 ppbと約2.6倍になっている（単位については付録1参照）．メタンは沼地やツンドラなどの湿地帯や水田での有機物の発酵，動物の腸内発酵，天然ガスの採掘などにより発生する．近年は家畜の頭数が劇的に増加し，家畜（牛のような反芻動物）からのメタンの放出量は，年間の全メタン放出量の15％を占めると見積もられている．

しかし現在のところ，メタンや一酸化二窒素の絶対量は少なく，最大の温室効果をもつ気体は水蒸気と二酸化炭素である．そして水蒸気の量は年とともにあまり増加していないので，問題は二酸化炭素である．図10.11が過去1,000年間の濃度の変化を示す．産業革命前の280 ppmが近年には360 ppmと約30％増加している．特に20世紀後半の増加が著しい．近年では毎年1.5 ppmずつ増加している．そして人類は21世紀初めに平均して毎年9.2 GtC/年のCO_2を放出している（1 GtC＝10^9トン，Cは慣習上炭素に換算した量であることを示す）．その放出する源とそれの行き先が表10.1にまとめてある．放出欄でセメント製造とあるのは原料の石灰岩（炭酸カルシウム，$CaCO_3$）を高熱で焼いたとき放出されるもので，土地利用改変というのは焼き畑や森林破壊などをいう．結局，近年では石油・石炭・天然ガスなどの化石燃料燃焼・セメント製造で8.3 GtC/年，土地利用改変で0.9 GtC/年のCO_2を放出し，その中の4.3 GtC/年が大気に残留して地球温暖化を起こしている．2.4 GtC/年は海が

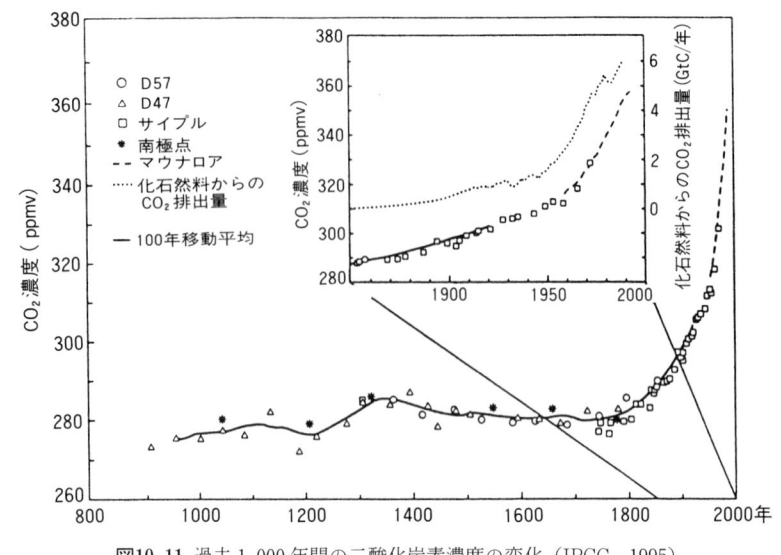

図10.11 過去1,000年間の二酸化炭素濃度の変化（IPCC，1995）

○，△，□，＊は南極の氷床コアの分析結果．破線はハワイのマウナロア観測所の観測値．実線は100年移動平均．拡大図中の点線は化石燃料消費による二酸化炭素放出量．

表10.1 人類起源の二酸化炭素収支（IPCC，2014）

西　暦（年）	平均値（GtC/年）					
	1960〜69	1970〜79	1980〜89	1990〜99	2000〜09	2002〜11
CO_2の放出						
化石燃料燃焼・セメント製造	3.1±0.2	4.7±0.2	5.5±0.4	6.4±0.5	7.8±0.6	8.3±0.7
土地利用改変	1.5±0.5	1.3±0.5	1.4±0.8	1.5±0.8	1.1±0.8	0.9±0.8
CO_2の行き先						
大気残留	1.7±0.1	2.8±0.1	3.4±0.2	3.1±0.2	4.0±0.2	4.3±0.2
海洋吸収	1.2±0.5	1.5±0.5	2.0±0.7	2.2±0.7	2.3±0.7	2.4±0.7
陸上生物圏吸収	1.7±0.7	1.7±0.8	1.5±1.1	2.6±1.2	2.6±1.2	2.5±1.3

単位は炭素換算でGtC/年．

吸収してくれ，陸上の緑色植物が式（1.1）で表した光合成反応で2.5 GtC/年を大気から取り込んでいるということになる．ただし，多くの数字にはまだ大きな不確かさがあり，今後の研究によって変わる可能性がある．

　それでは，二酸化炭素の増加が近年の地球温暖化の元凶であるとして，もし

今後二酸化炭素が現在と同じ割合で増加していったら，今から50年後，100年後の気候や海面水位はどうなるのか．これが現在気象学に課せられた重大な問題の1つである．

　この問題に対する答を出すほとんど唯一の方法が気候モデルによる将来の気候の予測である．気候モデルというのは現在7日先までの天気予報を出すのに用いられている数値予報モデルと本質的には同じで，ある大気の初期の状態から出発して，スーパーコンピュータを用いて将来の気象状態を計算していく．しかしなにしろ7日先ではなく100年先，問題によっては1,000年先まで計算する必要があるから，数値天気予報モデルでは考慮しなくてもよかった物理過程も気候モデルでは考慮する必要がある．一番大きいのは海洋の変動である．7日間ならば，数値予報モデルに組みこまれている海面水温の分布は変化しないと仮定してもよく，したがって海面温度の予報はする必要がない．ところが10年くらいの時間スケールの変動を考える場合には，次節で述べるように，数年に一度はエルニーニョが起こって海面水温が変化し，それが大気に大きな変動を起こす．それが再び海洋の変動を起こす．それで気候モデルでは，ふつうの数値天気予報モデルに海洋中の大循環を予報するモデルを組み合わせた，いわゆる大気海洋結合モデルというものを用いる必要がある．海氷の広がりも地球全体のアルベドを決めるのに重要であり，その広がりは海面近くの温度や風の違いを反映して年々違う．それで海面で海水が凍結し融解するプロセスをよく研究し，その過程を定式化して大気海洋結合モデルに組み入れて，年々の海氷の広がりも予測する．同じように地表面の状態（植生など）の予測も必要である．植生の違いはアルベドの違いを起こすのみならず，地表面からの蒸発量や土壌中の水分の違いなどを起こすから，結局降水量の分布にも影響する．

　こうして，大気と海洋と陸面のなかで，季節，1年，10年などの時間スケールで変動する過程をできるだけ忠実に記述できる気候モデルを用意する．そこで社会学者が人間の経済活動の予測から見て，人為的に大気中に放出される二酸化炭素は今後年々これくらいずつ増加するであろうと予測した値を気候モデルのなかに入れて，50年先，100年先の大気の状態を計算する．最近では，化石燃料の燃焼によって発生する対流圏のエーロゾルが日射を散乱させ気温降下を起こさせる効果が重要視されているから，それも考慮する．

現在では世界で約五十ヵ所の研究グループがこのような気候モデルを用いて，将来の気候予測を行っている（図10.10上）．モデルが違うため，結果に多少のばらつきがあるが，人類が何も手をうたなければ，21世紀末の全球平均気温は世紀初めより4℃くらい上昇すると結論されている．

【課外読み物】地球温暖化についての一般向け教養書としては田中正之『温暖化する地球』（1989，読売新聞社）がある．多田隆治『気候変動を理学する——古気候学が変える地球環境観』（2013，みすず書房）はサイエンスカフェでの講義を書籍化したもので読みやすい．やや専門的なものとしては，吉崎正憲・野田彰ほか編著『図説 地球環境の事典』（2013，朝倉書店）や中澤高清・青木周司・森本真司『地球環境システム——温室効果気体と地球温暖化』（2015，共立出版）などがある．

10.3 エルニーニョ

もともと南米のペルーとエクアドルの境付近の海域は，養分となるリン酸塩類が豊富な低温の水が深海から湧き上がってくるので（6.6節で述べた沿岸湧昇），プランクトンが多く，そのプランクトンを食べるアンチョビ（カタクチイワシ）などのよい漁場となっている．ところが，毎年12月ごろ（クリスマスのころ）になると，深海からの湧昇が衰えると同時に北から暖流が流れこんできて，沿岸近くの海面水温が高くなり，この海域からアンチョビが去ってしまう．しかし通常は年が明けて3月ごろになると，もとの漁場に戻る．この季節的な現象を，漁民たちはクリスマスにちなんでエルニーニョ（El Niño, スペイン語で子供の意味，特に定冠詞をつけ大文字で書いて神の子キリストの意味）とよんでいた．

ところが数年に一度くらいの間隔でこの季節的な変化が崩れる．ペルー沖の暖水が3月になっても消滅しないで，アンチョビ漁が壊滅的な打撃を受けることがある．はじめはこれは南米の西岸に限られた局地的なものと考えられていたが，1950年代以降，赤道海域の海洋や気象の調査が進むにつれて，これは太平洋の赤道海域全体に及ぶ大規模な現象であることが明らかにされた．今日ではエルニーニョは主にこの数年に一度起こる太平洋の赤道海域の高水温現象を指すのに用いられている．

前に図8.24において太平洋の表面水温の平均的な分布を示した．西半分に

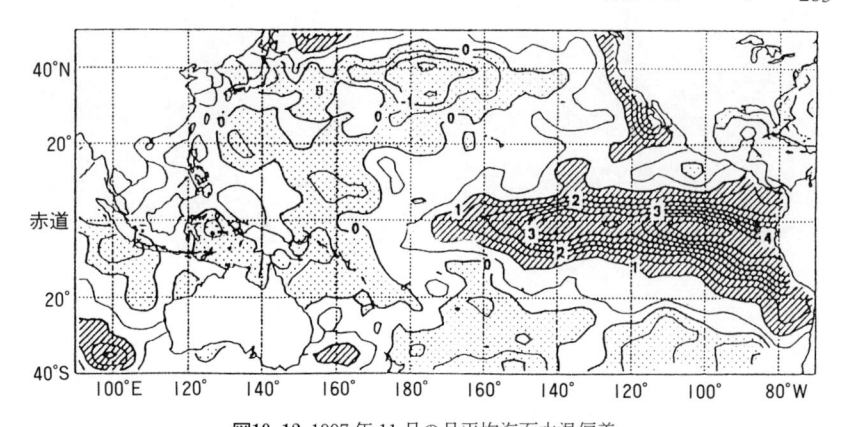

図10.12 1997年11月の月平均海面水温偏差
偏差は0.5℃ごと，濃い陰影は1.0℃以上の領域，薄い陰影は負の領域を表す．

は28℃を越えるような暖水が広がっているが，東半分ではかなり水温は低い．殊に南米のエクアドルやペルーの沿岸では22℃以下の低温となっている．これは1つには前述の沿岸湧昇があるため，もう1つにはフンボルト海流（ペルー海流ともいう）という寒流が南米大陸の西岸沿いに北上しているためである（図10.4）．また，東太平洋の赤道沿いでは，その南北周辺より海面水温がいちだんと低くなっているのは，6.6節で述べた赤道湧昇のため深海の冷たい海水が湧き上がっているためである．そしてエルニーニョの年には，高水温域が東太平洋の赤道域に出現する．エルニーニョの強さの指標としては，エルニーニョ監視海域（4°N〜4°S，150〜90°W）を設け（図10.14），その海域で平均した海面水温の平年偏差（平年との差）を用いることが多い．20世紀最大規模といわれる1997〜98年のエルニーニョは1997年の3月ごろからはじまり，同年11月にはこの指標は+3.6℃という最大値に達し，1982年12月の+3.3℃の記録を更新した．図10.12が1997年11月の状況で，110°W以東の赤道付近の海域には+4.0℃以上の正偏差が広がっている．やがてこのエルニーニョは次第に弱くなり，1998年6月には0.0℃となって事実上終息した．

　それではエルニーニョはどうして起こるのか．それを考えるとき役に立つのが図10.13と10.14である．まず図10.13はオーストラリア北部にあるダーウィン（12.4°S，130.9°E）と，そこから1万km以上も離れた東部南太平洋のタ

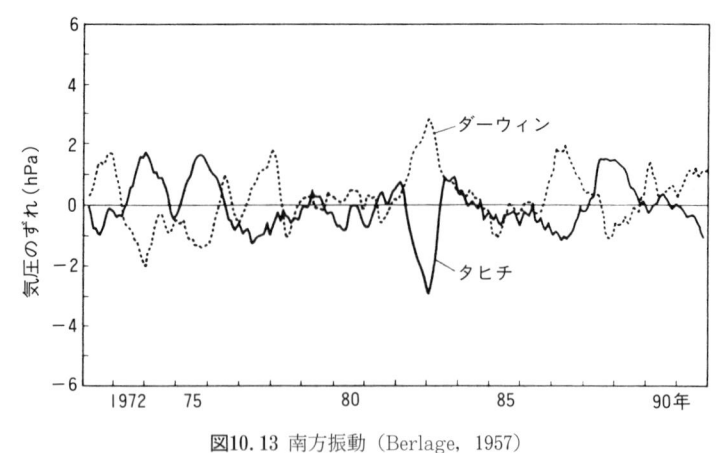

図10.13 南方振動 (Berlage, 1957)
ダーウィンとタヒチの気圧の気候値（平均値のようなもの）からのずれ（5ヵ月の移動平均という数値を使っている）はちょうど逆の関係になっている．

ヒチ島（17.5°S, 149.5°W）における地上の気圧の変化である．ダーウィンの気圧が高い年にはタヒチの気圧は低く，ダーウィンで気圧が低い年にはタヒチで高いというように，見事に逆の関係にある．ある地点の地上気圧はそれより上にある空気の総量を表すと見てよいから，これは南方海域で1万kmも離れた地域にわたって主に東西方向に大気があっちに行きこっちに戻るという振動を繰り返していることを示している．これはウォーカー（G. T. Walker）が1923年に発見した事実で，彼はこの現象を南方振動（Southern Oscillation）と名づけた．7.4節で述べたように，インドのモンスーンはいつはじまるのか，雨量はどれくらいかを予測することはインドにとって重要である．当時インドの気象台長であったウォーカーはなにか手がかりはないかと世界中の地上気圧の変化を研究中にこれを発見したわけである．

そして彼は気がつかなかったが，実は南方振動の強さとエルニーニョの強さの間には，図10.14に示したように深い関係がある．エルニーニョが強いときには南方振動も強く，ダーウィンに相対的にタヒチの地上気圧がぐんと下がる．このように海面水温と地上気圧の間に強い関係があることは，海洋と大気の間には強い相互作用が働いていることを表している．つまり海洋と大気は一体として考える必要があり，両者の強い相互作用の結果起こった現象の，海洋に現

10.3 エルニーニョ ── 285

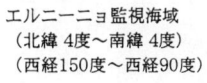

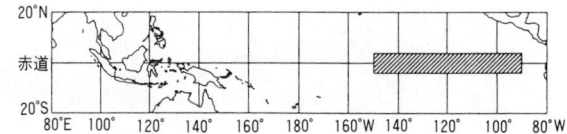

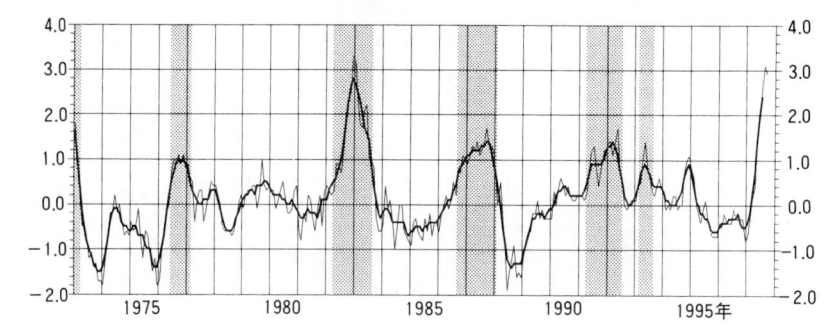

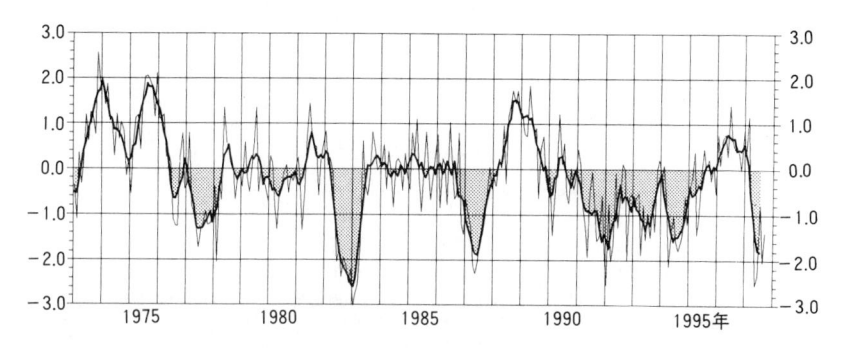

図10.14 エルニーニョ監視海域（上）における月海面水温偏差（中）および南方振動指数の時系列（下）（気象庁）
　海面水温偏差の単位は℃，1973年から1997年9月まで．平年値は1961年から1990年の30年平均値．中の図の陰影の部分は過去のエルニーニョ現象期間を示す．南方振動指数はタヒチとダーウィンの地上気圧の差．

れた部分がエルニーニョであり，大気に現れた部分が南方振動である．この意味で今日では両者を併せてエンソ（ENSO: El Niño and Southern Oscillation の略）という言葉が使われている．もう1つ図10.14で重要なことは，エンソあるいはエルニーニョは異常現象というよりは，（間隔は必ずしも一定ではないものの）数年おきに繰り返して起こっているということである．

　ちなみに，気象庁では監視海域の月平均平年偏差の5ヵ月移動平均値が6ヵ月以上連続して+0.5℃以上になる状態を，エルニーニョと定義している．

286──第10章 気候の変動

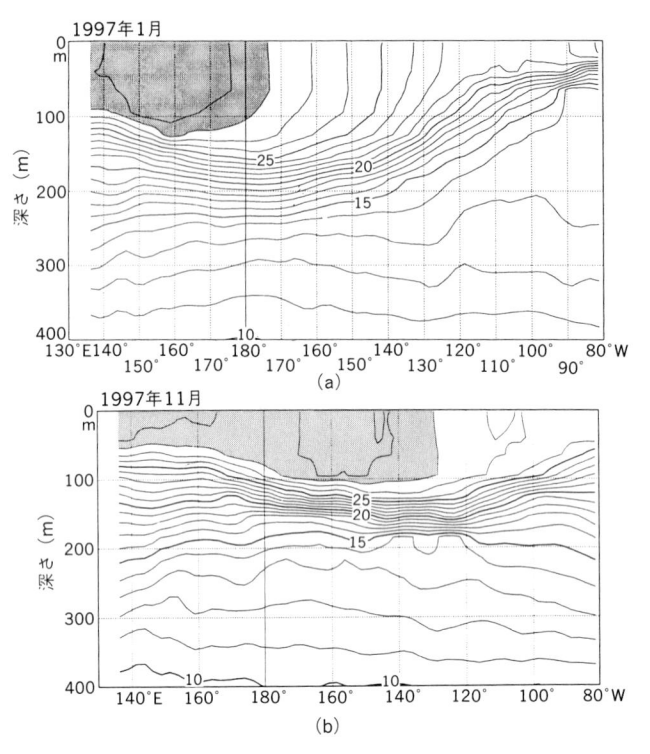

図10.15 太平洋の赤道に沿った表層水温の深度−経度断面図（気象庁）
(a)1997年1月，(b)1997年11月（エルニーニョの最盛期）．等温線の間隔は1℃で，影の部分は水温28℃以上の領域を示す．

−0.5℃以下の状態をラニーニャ（La Nina，女の子の意味）とよぶ．

それでは海面のみならず海のなかはどうなっているか．近年エルニーニョが気候の変動に大きく影響することが認識され，日本も大きな役割をしたTOGA（熱帯海洋全球大気変動研究計画）などの国際特別観測や，赤道海域で海水の流れや水温や海上気象などを自動的に測る係留ブイを多数並べた観測網などによる観測により，その全貌が明らかにされつつある．まず図10.15(a)はエルニーニョが起こっていない通常状態における赤道に沿った水温の深度・経度分布である．一般的に水温は深度とともに減少していくが，ふつう水温の減り方は一様でない．海面近くには日射で暖められた高温の海水が溜まり，その下で急激に水温が下がって，さらに低温の海水に連なる．この暖水と冷水の

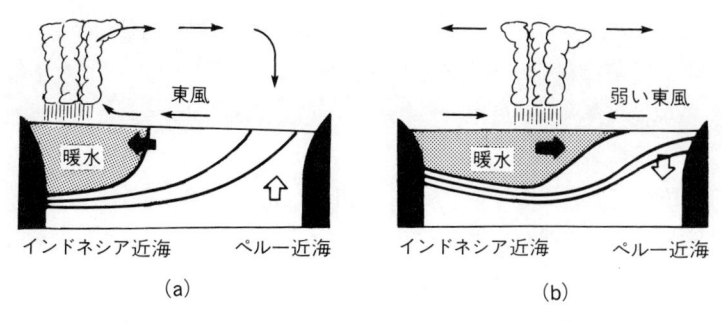

図10.16 太平洋赤道域における海洋と大気の循環の模式図
(a)は通常年またはラニーニャの状態，(b)はエルニーニョのとき．

境界をなす（水温の深度傾度が大きい）層を温度躍層あるいは水温躍層とよんでいる．大雑把にいうと，温度躍層が深い海域の海面水温は高い．図の場合，東太平洋では温度躍層は浅く数十mくらいであるが，西太平洋では深く150～200mくらいある．これは西向きに吹く貿易風に暖水が吹き寄せられ西太平洋に溜まったためと，赤道湧昇が東太平洋より弱いためである．

こうして図10.16の模式図で示したように，通常状態では，西太平洋では海面水温は高いので，空気は暖められてその地域は低気圧となるし，対流活動は活発で多数の積乱雲が発生する（カバー写真の1997年1月）．その低気圧に向かって東太平洋から風が吹く．西太平洋で上昇した空気は対流圏上層で東太平洋に向かい，そこで沈降する．こうして赤道上で東西方向の循環ができあがる．これを南方振動の発見者ウォーカーにちなんでウォーカー循環とよぶ．7.2節で述べたハドレー循環が主に南北方向の循環であるのに対して，これは東西方向の循環である．

図10.15(b)がエルニーニョのときの状況である．目につくのは，図10.12で示した海面水温の増加に対応して，中部・東部太平洋で温度躍層が深くなっていることである．そして高水温域が東に移るにつれて，その上の大気が暖められて低気圧となり，対流活動が活発となる（カバー写真の1998年1月）．その地域に向かって，西部太平洋では西風が吹き，ウォーカー循環は弱まる（図10.16(b)）．南方振動はウォーカー循環の変動の反映にほかならない．エルニーニョの年には普段はほとんど雨が降らない中米や南米でも雨が降る．逆に，普

段は大量の雨が降るインドネシアなど西部太平洋では対流活動が弱まり降水量は減少し，旱魃となることもある．1997年の後半にはインドネシアでは小雨となり各地で森林火災が発生し，東南アジアの広い範囲が煙害に悩まされたことはまだ記憶に新しい．

　図10.15で示した海のなかの水温の変化は，図10.17のように平年値からの差をとると，もっと明瞭になる．まず水温の変動は西太平洋の温度躍層の深さの約200 mまでで起こっていることに注目する．さて，海面水温ではまだエルニーニョになっていない1997年1月には，東太平洋にはむしろ負の平年偏差（冷水）があるが，西太平洋にはすでに＋4.0℃を越す正の領域（暖水）が海中にある．この暖水が東に移動するにつれて，東太平洋の冷水は姿を消す．暖水は東進を続けるが，1997年4月ではまだほとんど海中に潜ったままである．しかし1997年7月には東太平洋全域を占め，その上部は海面にも顔を出している．というよりも東太平洋の海面水温はもともと低かったから，暖水の進入により海面水温が上がりエルニーニョの発生として認識されたことになる．次の3ヵ月に暖水はほぼ同じ場所にいるが，西の方に冷水が出現している．この冷水も東に進み，1998年1月では，それに押される格好で暖水も東に進む．このときエルニーニョはすでに減衰期に入っている．

　それでは，このような暖水と冷水の東進はどうして起こるのか．そもそもエルニーニョを起こすメカニズムはなにかについては，個々のエルニーニョの生涯は場合によってかなり違うこともあって，まだ完全にはわかっていない．しかしエルニーニョは以下で述べるようなサイクルを経て起こる周期的な運動ではないかという説が有力である（図10.18）．ここで周期的な運動といっても，時計の振り子のような一定の周期をもつ規則正しい運動ではなく，いろいろの要因が重なって（たとえば年変化との相互作用）ピークからピークまでの間隔は一定ではないものの，繰り返して起こる運動という意味である．

　冬に暖房が効いている部屋では，暖気が部屋の上部に溜まり，タバコの煙などで逆転層を可視化できる．部屋の空気を乱すと，逆転層がゆらゆらとゆれ動く．図10.15の暖水と冷水の境である温度躍層も逆転層のようなものであり，温度躍層に沿って東あるいは西に海中を伝播する波動が図10.18のエルニーニョのサイクルを引き起こす主役を演ずる．

　2種類の波動を考える．1つはケルビン波と呼ばれているもので，赤道で振幅が最大

10.3 エルニーニョ　　289

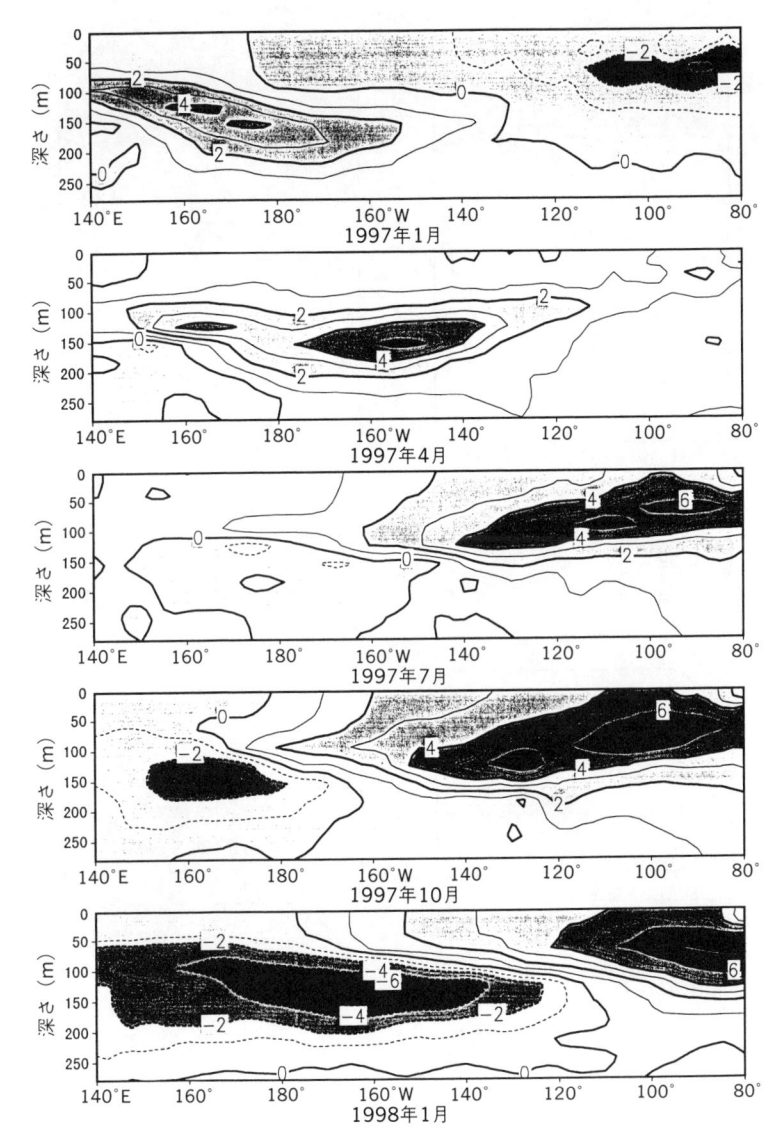

図10.17　赤道に沿った太平洋の月平均海洋表層水温平年偏差の経度－深度断面図
（気象庁）

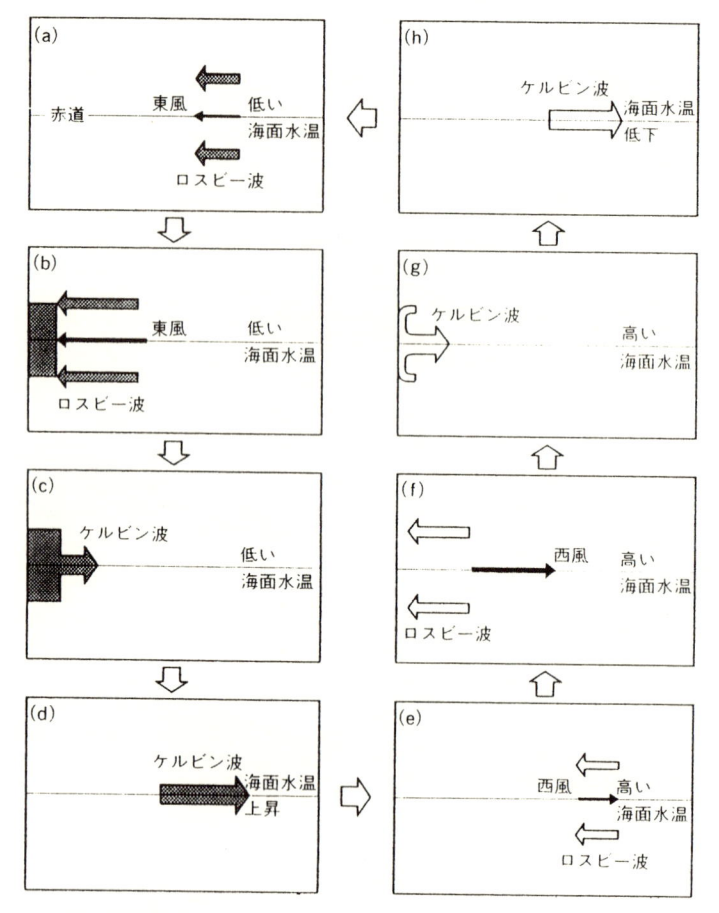

図10.18 気候モデルから得られたエルニーニョのシナリオ（長井嗣信，1994：科学，64，164-176．）
赤道を中心とする熱帯太平洋で，大気と海洋の相互作用によるサイクルが形成される．

で，東向きだけに伝播するという特性をもつ．もう1つはロスビー波で，赤道から少し離れた緯度（大雑把に5°くらい）で振幅は最大で，西向きにだけ伝播する．いずれも東西方向には1万kmの桁の波長をもつ惑星規模の波動である．波動の伝播とともに温度躍層は上下に動く．温度躍層が上に動いた海域では温度躍層が浅く，このことは前に述べたように水温が低いことに対応する．逆に温度躍層が下に動いた海域では水温が高い．
　まず図10.18(a)で東太平洋の海面水温が低いと（ラニーニャの状態），西の海面水温が高いところに吹きこむ風は平年より強い（東風偏差）．詳しくはここで解説できない

が，この東風偏差は海洋中に温度躍層を押し下げる働きをするロスビー波をつくる．この波は西へ進み（図(b)），太平洋西岸で反射され（図(c)），ケルビン波となって赤道沿いに東に進む（図(d)）．この波も温度躍層を押し下げる働きをするから，このことは暖水が東に進むことに相当する．それで実況図の図10.17の1997年1月の状態が図(c)に対応し，同年7月が図(d)に対応しているのであろう．すなわち図(d)がエルニーニョが発生したときである．

エルニーニョとなると，西の海面水温は相対的に東より低くなり，東風が平年より弱まり，西風の偏差を生ずる（図(e)）．西風偏差は今度は温度躍層を押し上げる働きをするロスビー波を海中につくる（図(f)）．これは再び西岸で反射してケルビン波となる（図(g)）．この波は温度躍層を押し上げながら東に進む．これが冷水の東進であり，図10.17の1997年10月が図(g)に対応すると思われる．そして図(h)を経て図(a)に戻る．

エルニーニョはすでに述べたように熱帯の気候に大きな影響を与えるだけでなく，中・高緯度の気候にも影響を与える．まず，海面水温の分布が普段と違うだけでなく，降雨量の分布（すなわち大気中に放出される潜熱の分布）も違っているから，大気大循環の一部である亜熱帯高気圧の発達や挙動が影響を受ける．エルニーニョになると日本では暖冬・冷夏になる傾向がある．さらにエルニーニョになり，中部太平洋で対流活動が活発となると，その影響は大気中のロスビー波という波動を媒介として，中・高緯度に及ぶ．すなわち対流域で上昇した空気は北へも流れ，ハワイあたりの亜熱帯で下降して高気圧となる．そこに高気圧ができると，下流側のアリューシャン付近は低気圧となり，さらに下流のカナダ付近で高気圧，米国南東部の大西洋岸で低気圧となる傾向がある．このため偏西風の蛇行も変わり，気象も変わってくる．しかし偏西風の蛇行は他の大気の循環の影響も受けるから，中緯度の気象がすべてエルニーニョだけで決まるというわけではない．

10.4 気候システム

大気圏のなかでは，いろいろな要因が複雑に絡みあって気候の変動を起こす．たとえば地球温暖化により気温が上昇すれば相対湿度が下がり，地表面からの蒸発がさかんになる．二酸化炭素とならんで水蒸気は強い温室効果ガスである．それで気温はさらに高くなる．これに加えて，大気中の水蒸気量が増大すれば，雲も発生しやすくなり，水蒸気の凝結に伴う潜熱の放出も増大して気温はいっ

そう高くなる．その反面，温帯低気圧に伴う層状の雲や積乱雲の頂に発生するかなとこ雲（アンヴィル）の量が増えると，雲は日射をよく反射させるから，雲量の増大は地球全体のアルベドを増大させ，気温を低下させるように働く．また地球温暖化といっても，地球上一様な強さで起こるのではなく，高緯度帯と低緯度帯では差がある．高緯度帯の気温上昇の方が強かったとすると，これは南北方向の温度傾度が弱くなったことを意味する．温度風の関係により，これは中緯度の偏西風が弱まったことである．このため傾圧不安定波の活動が弱くなる．温帯低気圧に伴う降水量は減少する．また，偏西風も単に風速が減少するのみならず，その中心軸が位置する緯度も変化するかもしれない．このときには温帯低気圧や移動性高気圧が東進する経路がこれまでとは違ってくる．そうなれば，ある特定の地域の気候が変動したことになる．

　それに加えて，地球の大気はその下面である海洋・陸面・地上や海面の雪氷・地表の植生などと強い相互作用をもつ．海洋と相互作用をして，数年の時間スケールでエルニーニョ－ラニーニャのサイクルを起こすことは10.3節で述べた．欧州が高緯度にありながら比較的温暖なのは，メキシコ湾流という暖流が大西洋北部まで流れているからである．なにかの原因でメキシコ湾流に変動があれば，欧州の気候は大きく変わる．千年の時間スケールで海洋深くの熱塩循環が気候に影響を及ぼす可能性については10.1節で述べた．

　なにかの原因で大気の気温が下がれば，地表の雪氷の面積が増す．雪氷面のアルベドは海面や陸面のそれにくらべると非常に大きいから（表5.1），地球全体が吸収する太陽のエネルギーは減る．これはさらに大気の気温を下げる効果をもつ．また，ある年に広いユーラシア大陸上の積雪量が大きいと，翌年春の融雪が遅れ，東南アジアの夏のモンスーンに影響を及ぼすことが知られている．

　陸面や植生との相互作用も大きい．6.7節で述べたように，陸上からの蒸発量は植物の種類や量などによって大きく違う．また，砂漠のように植生がない裸地のアルベドは植生のある土地より大きい（表5.1）．近年，サハラ砂漠の南側の半乾燥地帯にあるサヘル地方で旱魃が続き社会問題となっている．その原因の1つとして，同地方では放牧がさかんとなり草原が減少したことが考えられている．草原にくらべて裸地での日変化は大きいが，長い期間を考えると，

アルベドが大きい広い区域はいわば冷源になったような作用をして下降流が強化され，降水量が減少するというわけである．

　こうしてみると，気候というものはいくつかのサブシステムから構成された1つの気候システムとして動作していることがわかる．サブシステムとしては，大気，海洋，陸面，雪氷圏，生物圏が考えられる．それぞれのサブシステムは固有の緩和時間をもつ．緩和時間というのは，平衡状態から強制的にずらせたときに，もとの状態に戻るのに要する時間である．大気の場合には1ヵ月程度である．海洋の場合は熱容量が大きいから，海洋の上部だけ（数百mの深さ）考えても1〜2ヵ月から数十年と長い．海洋の深層では海水の動きが遅いから千年の桁である．南極やグリーンランドの氷床は数千年から万年の桁である．このようなサブシステムが相互に作用し合って気候システムの変動を起こしているのであるから，気候の変動にはいろいろの時間スケールが含まれている．そして，気候システムの究極のエネルギー源は太陽からの放射であることはいうまでもない．

【課外読み物】住明正『地球の気候はどう決まるか？（地球を丸ごと考える4）』（岩波書店，1993）は，はじめて気象の本を読む読者を想定し，気候システムを主題として平易に解説している．

10.5　決定論的カオスと天気予報

　カオス（chaos）という言葉は無秩序で複雑で混沌とした状態を表す．ギリシア神話によれば，この世界は混沌とした状態からはじまった．それを象徴する神の名前に由来する．しかし，学術用語として使用する場合には決定論的カオス理論を意味する．いま，時間とともに変化する物理量を考える．その物理量は気温でも気圧でも風速でもなんでもよい．少し時間が経った後の物理量の値が，現在の時刻における物理量の値で完全に決まってしまうときには，その物理量は決定論的な力学系を成すという．

　早速簡単な例をあげよう．まず時間を表す量として正の整数 n をとる．つまり適当な時間を単位にとって，その何倍かで時間を測る．$n=0$ の時間からはじまる変化を考えるから，$n=0$ のときの状態を初期値あるいは初期状態と

いう．物理量を X で表し，時間 n における物理量の値を X_n で表すこととする．それで時間 $n+1$ における X の値は X_{n+1} と書ける．ここで X_{n+1} は X_n と次の関係にある系を考える．

$$X_{n+1} = a(3X_n - 4X_n^3) \tag{10.2}$$

ここで a はある正の定数である．この系では時間 $n+1$ における状態は時間 n における状態によって完全に決定されるから，この系は決定論的な系である．人間の一生にたとえれば，人間が死ぬまでの状態は生まれたとき（$n=0$）の状態 X_0 で決まってしまうことを意味する．

ところが，いくら決定論的な系でも，系が非線形なときには事情は違ってくる．式（10.2）の X_n^3 の項のように，一般的に変数の 2 次またはそれより高次の項を含む系を非線形の系という．線形の系では X_0 に少しの違いがあっても，時間が経った後の状態の違いは小さいままである．ところが非線形の系では，X_0 にほんの少しでも違いがあると，時間とともにその違いはどんどん拡大していき，やがては混沌とした状態になってしまうことがある．

具体的に式（10.2）の計算をしてみよう．説明の便宜上，気候問題を扱うことにして時間の単位として年をとることにすれば，$n=2$ は 2 年目，$n=3$ は 3 年目ということになる．まず，式（10.2）は量 X が時間（n）とともにどう変わるかを表す式であるが，特別な場合として，X が時間とともに変化しない解がある（これを定常解という）．この場合には $X_{n+1} = X_n$ であるから，この関係を式（10.2）に入れると，

$$X_n = a(3X_n - 4X_n^3) \tag{10.3}$$

となる．これは 3 次の代数方程式であり，次のような 3 つの根をもつ．

$$X_n = 0, \quad X_n^2 = \frac{3}{4} - \frac{1}{4a} \tag{10.4}$$

以下特に $a=7/8$ という場合を考えることにすれば，式（10.4）は

$$X_n = 0, \quad X_n^2 = 13/28 \tag{10.5}$$

となる．このことの意味は，気候が $X=0$，$X=\sqrt{13/28}$，$X=-\sqrt{13/28}$ という 3 つの量のうちのどれかの状態に入ってしまうと，気候は全く変化しないということである．たとえば $X=-\sqrt{13/28}$ が氷河期の状態を表すとすれば，氷河期が未来永久に続くということである．これを定常状態という．

ところが，この定常状態は安定な状態ではない．つまりほんの少しその状態からゆり動かしてやると，変動しはじめるのである．たとえば $X \doteqdot \sqrt{13/28} = 0.6813851\cdots$ という状態に長くあったが，ある年太陽活動が変化したか，火山が爆発したかなどして $X_0 = 0.6814$ という値になったとしよう．定常状態との差はきわめて小さく，ふつうの気象測器では測れない程度であるし，測れたとしても気がつかないくらいのものである．

表10.2 初期値として定常解からほんの少し違った 0.6814 という値をとった場合の式（10.2）の解（E. N. Lorenz, 1976: *Quart. Res.*, **6**.）

n	X_n	n	X_n	n	X_n	n	X_n
0	0.6814	30	0.8659	60	-0.1690	90	0.3921
1	0.6814	31	0.0007	61	-0.4268	91	0.8182
2	0,6815	32	0.0019	62	-0.8482	92	0.2305
3	0.6812	33	0.0050	63	-0.0906	93	0.5622
4	0,6818	34	0.0132	64	-0.2353	94	0.8538
5	0.6805	35	0.0348	65	-0.5720	95	0.0627
6	0.6833	36	0.0911	66	-0.8465	96	0.1637
7	0.6770	37	0.2365	67	-0.0993	97	0.4144
8	0.6910	38	0.5746	68	-0.2571	98	0.8387
9	0.6590	39	0.8443	69	-0.6154	99	0.1368
10	0.7283	40	0.1097	70	-0.7997	100	0.3501
11	0.5598	41	0.2833	71	-0.3094	101	0.7688
12	0.8555	42	0.6641	72	-0.7085	102	0.4278
13	0.0544	43	0.7181	73	-0.6152	103	0.8489
14	0.1424	44	0.5890	74	-0.8000	104	0.0871
15	0.3636	45	0.8309	75	-0.3080	105	0.2262
16	0.7862	46	0.1733	76	-0.7062	106	0.5533
17	0.3629	47	0.4368	77	-0.6212	107	0.8595
18	0,7854	48	0.8549	78	-0.7917	108	0.0337
19	0.3661	49	0.0574	79	-0.3415	109	0.0882
20	0.7892	50	0.1499	80	-0.7570	110	0.2292
21	0.3511	51	0.3817	81	-0.4687	111	0.5596
22	0.7702	52	0.8074	82	-0.8700	112	0.8556
23	0.4228	53	0.2774	83	0.0208	113	0.0536
24	0.8454	54	0.6535	84	0.0546	114	0.1401
25	0.1047	55	0.7387	85	0.1428	115	0.3583
26	0.2708	56	0.5284	86	0.3647	116	0.7795
27	0.6413	57	0.8707	87	0.7876	117	0.3885
28	0.7602	58	-0.0247	88	0.3575	118	0.8146
29	0.4577	59	-0.0647	89	0.7785	119	0.2464

いずれにしても，この値を初期値として，式（10.2）に従い，$n=1, 2, \cdots\cdots$ と順次に X_n を計算した結果が表 10.2 にのせてある．この計算は電卓でもできるから，熱心な読者は自分でやってみてほしい．この表を見ると，最初の数年間は X_n は定常状態からあまり変化していないが，7〜8年経つころから目立ってずれてくる．驚くことには15年目からほとんど完全な2年周期の変動が繰り返される．しかし 21 年ごろにはそれも終わり，こんどは急激な気候変動の時代になる．たとえば 24 年から 25 年にかけて，また30 年から 31 年にかけて X_n の値は急激に変わる．31 年から 35 年は別の定常状態 $X_n=0$ の近くにいくが，やがてそこからもはずれ，58 年からは X_n が負の時代に入る．この

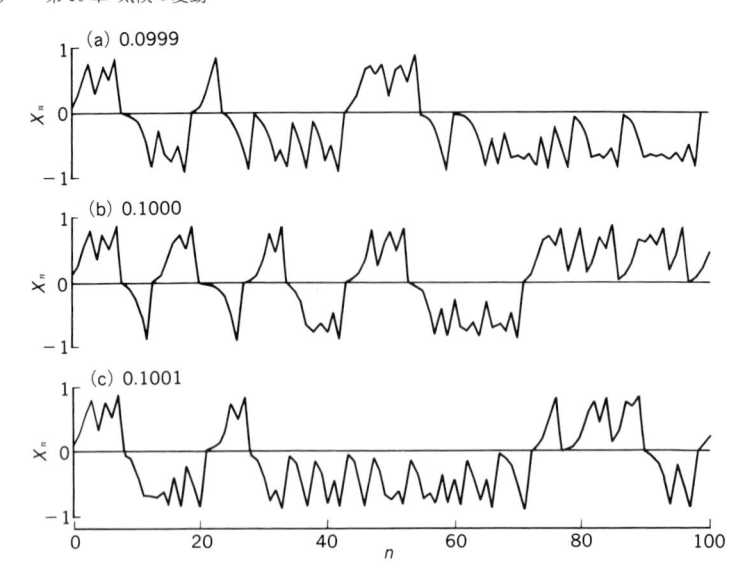

図10.19 3つの値を初期値として式（10.2）を100時間単位まで計算した結果
（Lorenz，1976：前出）
X_n の次々の値を結ぶ直線は X_n の時間変化を見やすくするために引いたもので，実際には n の整数値のところにだけ X_n の値がある．

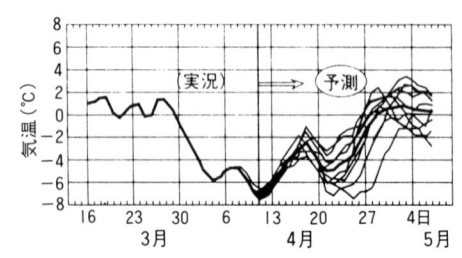

図10.20 アンサンブル予報の例（『気象科学事典』）
ある地点における気温の時間変化の予報で，4月11日を初期値とした予報の例．4月11日を境にして左半分はそれまでの実際の気温の経過を示し，右半分が予報の部分である．予報の部分にある複数の細い実線は，アンサンブルを構成する個々の予報，1本の太い実線はアンサンブル予報の結果．

時期には，ほぼ4年周期の変動が出現する．そして83年からは再び X_n が正の時代に戻る．

　かりに表10.2に示した X_n の値が実際に観測された気候要素の1つの値であるとしよう．しかもわれわれはそれを支配している式（10.2）を知らないで，この表を見たらどう解釈するだろうか．偶然われわれの観測データが15年から21年の間だけにあれば，その気候要素は2年周期で変動すると信じるに違いない．また表10.2の最初の50年間のデータだけがあれば，その気候要素は正の値だけをとると結論するかも知れない．表10.2全部の120年間の記録からは，その気候要素の変動はまことに複雑で無秩序で混沌としたカオスの状態にあると思うかも知れない．

式 (10.2) に別の初期値を与えて計算してみよう．前と同じ a の値を用い，初期値として $X_0=0.0999$，$X_0=0.1000$，$X_0=0.1001$ という3つの場合について計算した X_n の時間変化が図10.19に示してある．おのおのの場合は表10.2に示した場合に似て，X_n の値は周期的に変動しているかと思うと，次の瞬間には大きく値がとぶなど複雑な変動を示す．ここでの重点は次のことである．この3つの場合，初期値は互いに0.1%しか違わず，ふつうの気象要素の測定誤差より小さい．説明の便宜上図10.19においてこんどは時間の単位として年ではなくて日をとる．最初の数日間は3つの場合の X_n の値はたしかに似ている．ところがやがてその差が拡大し，たとえば20日目における X_n の値は相互に全く違う．このことを，$n=0$ の状態から出発して将来の天気を式（10.2）に基づいて数値予報をしているのだと見直すと，重要な意味をもってくる．つまりわれわれは将来の大気は方程式（10.2）によって支配されるのだということは知っている．初期値さえ知っていれば，将来の天気（X_n の値）は決定論的に予知できる．ところが現在の天気（すなわち初期値 X_0）を規定するのに，ほんのわずかの誤差があったばかりに2週間先の予報値はどれが本物かわからないくらい違ってきて，決定論的な意味はなくなってしまう．これが非線形方程式のもつカオスの形態である．

現在実用化されている数値予報では（7.8節），実際の天気を支配すると思われる方程式に現在の大気の状態を初期値として与えて，将来の天気を計算する．その方程式は非線形である．そして大気の状態の観測にはある程度の誤差は避けられないし，海洋や極地などでは観測網の目が粗になる．それでかりに天気の変化を記述する方程式が完全であるとしても（実際はそうではないが），初期値に誤差があるために，ある時間後（1～2週間後程度）には大きな不確定性が生まれる．このことを考慮して現在の数値予報では，僅かな違いがある複数の初期値から出発して数値予報を行い，その結果を平均することによって，予報の精度を向上させるようにしている．この予報の手法をアンサンブル予報（ensemble forecast）という．個々の予報結果のばらつきの程度から，予報の信頼度を推定することもできる．図10.20がアンサンブル予報の1例である．

付録1 よく使う単位

本書では原則として国際単位系（SI 単位系）を使う．

	量	単位の名称	記号	定義
基本的な単位	長さ	メーター (meter)	m	
	質量	キログラム (kilogram)	kg	
	時間	秒 (second)	s	
	電流	アンペア (ampere)	A	
	温度	絶対温度	K	
	物質量	キロモル (kilomole)	kmol	
誘導単位	力	ニュートン (newton)	N	$kg\,m\,s^{-2}$
	圧力	パスカル (pascal)	Pa	$N\,m^{-2}=kg\,m^{-1}\,s^{-2}$
	エネルギー	ジュール (joule)	J	$N\,m=kg\,m^2\,s^{-2}$
	仕事	ワット (watt)	W	$J\,s^{-1}=kg\,m^2\,s^{-3}$
	電位差	ボルト (volt)	V	$W\,A^{-1}$
	電荷	クーロン (coulomb)	C	$A\,s$
	電気抵抗	オーム (ohm)	Ω	$V\,A^{-1}$
	振動数	ヘルツ (hertz)	Hz	s^{-1}
	摂氏温度		℃	$K-273.15$

わが国では1992年から気圧の単位として，それまでのミリバール（mb）に代わってヘクトパスカル（1 hPa＝100 Pa）を用いることになった．1 mb＝1 hPa である．
また，10の乗数には次の名称がある．

10^{-1}	デシ (deci)	d	10	デカ (deca)	da
10^{-2}	センチ (centi)	c	10^2	ヘクト (hecto)	h
10^{-3}	ミリ (milli)	m	10^3	キロ (kilo)	k
10^{-6}	マイクロ (micro)	μ	10^6	メガ (mega)	M
10^{-9}	ナノ (nano)	n	10^9	ギガ (giga)	G
10^{-12}	ピコ (pico)	p	10^{12}	テラ (tera)	T
10^{-15}	フェムト (femto)	f	10^{15}	ペタ (peta)	P
10^{-18}	アト (atto)	a	10^{18}	エクサ (exa)	E

たとえば 1 μm（ミクロンあるいはマイクロメーター）は 10^{-6} m である．また，大気中の微量成分ガスの体積比を表す単位としては，次のものが用いられている．

ppmv あるいは ppm (parts per million by volume)：10^6 分の 1 を単位とした表示
ppbv あるいは ppb (parts per billion by volume)：10^9 分の 1 を単位とした表示
pptv あるいは ppt (parts per trillion by volume)：10^{12} 分の 1 を単位とした表示

付録2 天気図に使う記号

国際的に決められた天気図の記号のなかで，本書にあげた天気図を理解するのに必要なだけの記号を述べる．

(a) **地上天気図** まず天気図の記号を図(a)に示す．次に各観測点のまわりに記入してある記号を図(b)に示す．

ddff：風向風速．風向は36方位で示し，風速は5ノット単位（2捨3入）で示す．すなわち短矢羽は5ノット，長矢羽は10ノット，旗矢羽は50ノットを表す．1ノットは毎時1.15マイルの速度に相当し，1マイル＝1.61 km であるから1ノット＝0.515 m s^{-1} である．したがって大体，短矢羽は2.5m s^{-1}，長矢羽は5 m s^{-1} と思ってよい．

TT：気温（℃）

ww：現在の天気．主な天気記号は図(c)参照．現象の強度や連続性を表すのには記号を縦および横に並べて記す．たとえば，・弱い雨（止み間があった），：並雨（止み間があった），⋮強い雨（止み間があった），‥弱い雨（止み間がなかった），∴並雨（止み間がなかった），⁖強い雨（止み間がなかった）．

VV：視程（船舶のみ）

$T_d T_d$：露点（℃）

N：全雲量．空に雲がないときを0，空が雲で全くおおわれているときを10とする．記号は図(d)参照．

C_L：下層雲（層積雲，層雲）および積雲，積乱雲．主な雲の形の記号は図(e)．

N_h：C_L（C_M）の雲量

h：最低雲の底の地面からの高さ（m）

C_H：上層雲（巻雲，巻積雲，巻層雲）．図(e)参照．

C_M：中層雲（高積雲，高層雲）．図(e)参照．

pp：過去3時間の気圧変化量を0.1 hPa を単位にして表した量．たとえば，－12と書いてあれば過去3時間で気圧が1.2 hPa 下がったことを示す．

a：気圧変化の傾向．線が水平ならば変化なし，右上に上がっていれば気圧が上昇中，右下に下がっていれば気圧が下降中であることを示す．

W_1：過去の天気．

(b) **高層天気図**（等圧面天気図） 記号は図(f)に示す．ここで高度は m で示してあるが，習慣上最後の桁の0はおとしてある．たとえば700 hPa の天気図で306と書いてあれば，その地点の700 hPa 等圧面高度は3,060 m であることを示す．風の記号は地上天気図と同じ．露点の代りに気温と露点の差が記入してあることに注意．この数字が0ならば空気は水蒸気で飽和していることを示す．

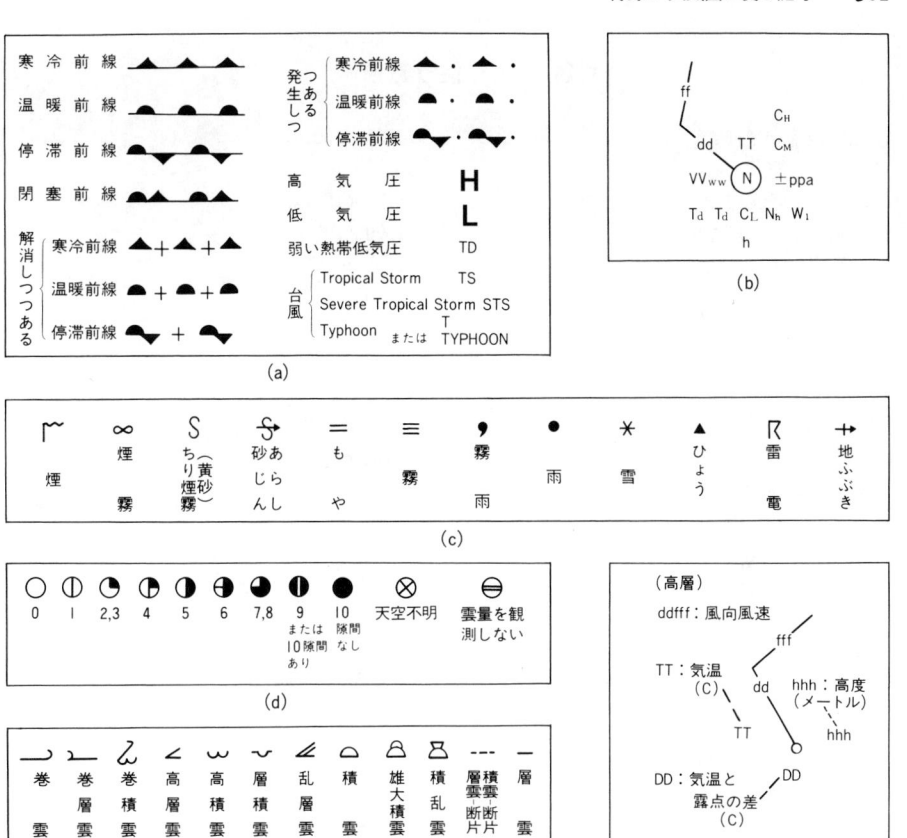

付録2 天気図に使う記号 —— 301

(a) 前線記号

▲▲▲	寒冷前線
●●●	温暖前線
▲●▲●	停滞前線
▲●▲●	閉塞前線

発生しつつある：
- 寒冷前線：▲・▲・
- 温暖前線：●・●・
- 停滞前線：▲・●・

解消しつつある：
- 寒冷前線：▲+▲+
- 温暖前線：●+●+
- 停滞前線：●+●+

- 高気圧：H
- 低気圧：L
- 弱い熱帯低気圧：TD
- 台風：
  - Tropical Storm: TS
  - Severe Tropical Storm: STS
  - Typhoon: T または TYPHOON

(b) 観測記号配置

ff, dd, $T T$, C_H, C_M, VV_{ww}, N, ±ppa, T_d, T_d, C_L, N_h, W_1, h

(c) 天気記号

⌒	煙
∞	煙霧
S	ちり煙霧（黄砂）
⚡	砂あらし
=	もや
≡	霧
'	霧雨
●	雨
*	雪
▲	ひょう
⚡R	雷電
→	地ふぶき

(d) 雲量

○	◐	◑	◐	◑	◐	●	⊗	⊖
0	1	2,3	4	5	6	7,8	9 または10隙間あり	10 隙間なし	天空不明	雲量を観測しない

(e) 雲形

⌒	巻雲
⌐	巻層雲
ɕ	巻積雲
∠	高層雲
⍵	高積雲
⌒	乱層雲
⌒	積雲
⍜	雄大積雲
𐐀	積乱雲
---	層積雲断片
—	層雲

(f) （高層）

- ddfff：風向風速
- TT：気温（C）
- hhh：高度（メートル）
- DD：気温と露点の差（C）

付録3 よく使う数値

地球の平均半径	6.37×10^6 m
地球の全質量	5.98×10^{24} kg
地球大気の全質量	5.27×10^{18} kg
太陽からの平均距離	1.50×10^{11} m
地球表面での重力加速度 (g_0)	9.81 m s^{-2}
地球自転の角速度 (Ω)	7.292×10^{-5} s^{-1}
太陽定数	1.37×10^3 W m^{-2}
光の速度	2.998×10^8 m s^{-1}
乾燥空気の分子量 (M_d)	28.97
一般気体定数 (R^*)	8.3143×10^3 J K^{-1} kmol^{-1}
乾燥空気の気体定数 (R_d)	287 J K^{-1} kg^{-1}
気温0℃, 気圧1,000 hPaでの空気の密度	1.275 kg m^{-3}
空気の定圧比熱 (C_p)	$1,004$ J K^{-1} kg^{-1}
空気の定容比熱 (C_v)	717 J K^{-1} kg^{-1}
水蒸気の分子量 (M_w)	18.016
水蒸気の気体定数	461 J K^{-1} kg^{-1}
水蒸気の定圧比熱 (20℃において)	$1,952$ J K^{-1} kg^{-1}
水蒸気の定容比熱 (20℃において)	$1,463$ J K^{-1} kg^{-1}
液体の水の比熱 (20℃において)	$4,182$ J K^{-1} kg^{-1}
蒸発の潜熱 (0℃において)	2.500×10^6 J kg^{-1}
氷の融解の潜熱 (0℃において)	3.34×10^5 J kg^{-1}
昇華の潜熱	2.83×10^6 J kg^{-1}

索　引

[ア行]

アーク雲　213
アジア・モンスーン　179
暖かい雨　87
亜熱帯高圧帯　174
亜熱帯ジェット気流　178
アボガドロの仮説　41
アボガドロの定数　41
雨粒　87
アメダス　162
あられ　97
アリューシャン高気圧　259
アルベド　114, 128
アンヴィル　72, 225
アンサンブル予報　297
イオン　11
移行層　297
諫早豪雨　228
位置のエネルギー　36, 191
1振子日　143
一般気体定数　41
一般風　212
移流逆転層　77
移流霧　103
インド・モンスーン　181
ウィンド・プロファイラー　250
ウィーンの変位則　112
ウェークロウ　222
ウォーカー循環　287
渦度　163
渦動粘性係数　154
運動エネルギー　34, 191, 233
運動量　129
雲粒　85
エイトケン核　84
エクマン境界層　149
エマグラム　68

エルニーニョ　181, 282
　──監視海域　283
エーロゾル　81, 277, 281
沿岸湧昇　150, 282
遠日点　106
遠心力　134, 240
エンソ　285
エンタルピー　52
鉛直シア　212
鉛直スケール　160
鉛直対流　243
エントレイメント　156
　──層　156
オイラー的平均　254
小笠原気団　196
オゾン　123, 252
　──層　25
　──ホール　29
オホーツク海気団　196
温位　53
温室効果　121
　──ガス　119, 279
温帯低気圧　182
温暖前線　182
温度　34
　──減率　71
　──風　146
　──躍層　287

[カ行]

外気圏　36
海風前線　244
海霧　103
海面水位　277
海面水温　232
海面補正　45
海洋性気団　195
海陸風　242

カオス　293
化学エネルギー　80
角運動量　137
　　絶対――　240
　　――保存則　137
拡散係数　85
角速度　131
可航半円　234
かさ　102
可視光　8
ガストフロント　211
火星　14
下層ジェット気流　196
加速度　130
かなとこ雲（アンヴィル）　72, 100, 225
過飽和度　80
仮温度　62
過冷却水　60
環境の風　212
乾湿温度計　62
慣性　129
　　――系　132
　　――振動　143
間接循環　174, 255
乾燥温位　67
乾燥空気　13
乾燥静的エネルギー　53
乾燥断熱減率　53
寒帯気団　195
寒帯前線ジェット気流　178
間氷期　268
寒冷渦　183
寒冷前線　182
寒冷低気圧　183
気圧傾度力　140
気圧の谷　164, 182, 189
気圧の尾根　165, 182
気温の谷　189
幾何光学　126
危険半円　234
気候　267
　　――最適期　273
　　――システム　293

　　――モデル　281
気象衛星　120, 171, 186
季節風　179
気体定数　40
気体分子論　33
気団　195
　　――性雷雨　215
輝度温度　120
逆転　146
逆転層　75
キャノピー層　157
吸収率　113
求心加速度　132
凝結核　84
凝結過程　85
凝結高度　85
凝結凍結核　93
凝結熱　58
凝集　98
極気団　195
極軌道衛星　249
極成層圏雲　29
極夜ジェット　262
巨大核　84
霧　102
キルヒホッフの法則　113
キロモル　41
近日点　106
金星　14
雲のクラスター　225, 231
雲の分類　99
クラカトア東風　265
傾圧大気　187
傾圧不安定波　187
傾度風　142
経度平均　251
決定論的カオス理論　293
ケルビン波　288, 290
原子　11
顕熱　53
高温期　273
光合成　19
格子点　200

索 引 —— 305

降水セル 208, 221
降水バンド 220, 228
好晴積雲 206
高層天気図 48
高度角 106
国際標準大気 46
黒体放射 110
黒点 276
コリオリの力 135
コリオリ・パラメター 138
混合比 61

[サ行]

サイクロン 231
歳差運動 270
細胞状対流 205
砂漠地帯 174
サーマル 153
作用・反作用の法則 129
酸素同位体 269
散乱 124
ジェット気流 178
ジオポテンシャル高度 47
紫外線 8
時角 107
時間スケール 160
自己増殖 213, 230
仕事 51
シスク 242
湿球温位 70
湿球温度 62
湿潤断熱減率 65
湿舌 65
シベリア気団 195
斜面上昇風 246
シャルルの法則 41
収束 161
自由大気 156
自由対流 73
終端速度 88
集中豪雨 224
重力 135
　——流 244

順圧大気 187
純酸素理論 26
順転 146
準二年周期振動 265
昇華 58
　——核 93
蒸気霧 103
条件付不安定 73
上昇霧 104
状態方程式 40
蒸発散 128
蒸発熱 58
小氷期 275
晶癖 96
縄文海進 273
触媒サイクル 27
深海底コア 269
陣風前線 210
水温躍層 287
水蒸気画像 186
水素 11
水平スケール 158
水平対流 243
数値実験 201
数値シミュレーション 201
数値予報 199
スコールライン 220
筋状の雲（筋雲） 206, 207
ステファン・ボルツマンの法則 111
ストークスのドリフト 259
スーパーセル 217
静水圧平衡 43
成層圏 21
　——の突然昇温 260
成層圏界面 24
静的安定性（度） 70
静力学的安定性 70
静力学平衡 44
赤緯 107
積雲 99, 156
赤外線 8
赤外放射 115
赤道低圧帯 174

赤道湧昇　150, 283
積乱雲　208
世代交代　214
接触凍結核　93
接線速度　238
絶対安定　73
絶対不安定　73
絶対湿度　61
接地逆転層　76, 157
接地層　155
切離低気圧　183
旋衡風　145
前線霧　104
前線形成過程　196
前線消滅過程　197
潜熱　53, 58
総観規模　158
層状の雲　100
相対湿度　60
相当温位　67
相当黒体温度　120
相の変化　57
組織化されたマルチセル雷雨　216

[タ行]

大核　84
大気海洋結合モデル　281
大気の乱れ　152
台風　231, 245
太平洋高気圧　174
太陽定数　105
太陽の黒点数　276
太陽風　7, 16
太陽放射　115
大陸性気団　195
対流　203
　──雲　99
　──混合層　155
　──不安定　75
対流圏　21
対流圏界面　24
ダウンバースト　212
脱ガス　16

脱出速度　36
竜巻　220
谷風　207, 245
ダルトンの法則　42
暖域　183
炭酸ガス　276
ダンスガード・オシュガーイベント　271
断熱図　68
断熱変化　53
短波放射　115
地球型惑星　10
地球軌道要素　270
地球放射　115
地衡風　141
地軸の傾斜角　271
地質時代　268
チベット高原　181
着氷　93
中緯度低気圧　192
中間圏　24
中間圏界面　24
中性子　11
中層大気　250
超長波　262
長波放射　115
直接循環　174
沈降逆転層　76
冷たい雨　88
定圧比熱　52
抵抗力　88
定容比熱　52
デリンジャー現象　33
転向点　234
転向力　138
電子　11
天頂角　106
電離層　31
同位体　11
等温位面解析　56
透過率　113
動径速度　238
凍結核　93
等高度線　48

動粘性係数　149, 204
突風前線　210
ドップラーレーダー　127
ドブソン単位　28
ドライスロット　186
トラフ　164
トルネード　220

[ナ行]

内部エネルギー　51
長崎豪雨　225
夏半球　251
南東貿易風　173
南方振動　284
二酸化炭素　14, 117, 279
ヌッセルト数　205
熱　58
熱塩循環　273
熱圏　33
熱帯外低気圧　192
熱帯気団　195
熱帯収束帯　173
熱帯低気圧　231
熱的低気圧　246
熱の伝導　203
熱力学の第一法則　51
粘度　88
ノックス（NO_x）　27
ノン・スーパーセル竜巻　220

[ハ行]

灰色放射　116
梅雨前線　181, 225
波数　262
バックビルディング型　231
発散　161
ハドレー循環　171, 254
ハリケーン　231
反射率　113
万有引力の法則　36
反流　242
日傘効果　277
光解離　25

光電離　31
非線形　294
ヒートアイランド現象　244
ひょう　97
氷期　268
氷晶　92
　──核　93
氷床コア　269
表面張力　78
風成循環　272
フェレル循環　173, 255
フーコー振子　143
フックエコー　219
沸騰点　60
冬半球　251
ブライトバンド　222
プラネタリー波　256, 262
プランクの法則　110
ブリューワー・ドブソン循環　255
フロン　27
分圧　42
分子　11
　──量　12
平均分子量　42
併合過程　90
閉塞前線　183
平年値　267
ベナール型対流　203
ヘリウム　11
ベルソン西風　265
変形の場　197
偏西風　176
　──波動　182
偏東風　178
ボイルの法則　40
貿易風　173
　──帯逆転層　77
放射強度　105
放射霧　103
放射性同位体　268
放射対流平衡　124
放射平衡温度　114
放射率　112

飽和　58
　——水蒸気圧　58
　——水蒸気密度　58
北東貿易風　173
ぼたん雪　98
ポテンシャル高度　47
ポテンシャル不安定　75
ホドグラフ　146
ボルツマンの定数　38

[マ行]

マウンダー極小期　275
摩擦力　147
窓領域　119
マルチセル　216
見かけの力　134
ミー散乱　126
密度流　244
ミランコビッチ　270
ミリ波レーダー　126
メソ・サイクロン　220
メソスケール　158
メソ対流系　215
メソハイ　210
メソロー　222
メタン　270, 279
眼の壁雲　234
木星　14
　——型惑星　10
持ち上げ凝結高度　69, 73
もや　84
モンスーン　179

[ヤ行]

夜光雲　248
山風　246
ヤンガードリアス期　272
融解熱　58
湧昇　150

雄大積雲　99
雪　96
溶液　85
陽子　11

[ラ行]

雷雨性高気圧　210
ライダー　126
ライミング　97
ラグランジュ的平均　254
らせん状降雨帯　233
ラニーニャ　286
乱渦　152
リッジ　165
リモートセンシング　249, 250
冷気外出流　210
冷気プール　210
レイリー散乱　124
レイリー数　204
レーウィンゾンデ　47
レーダー　126
ロケット　249
ロスビー波　290
露点温度　62

[ワ行]

惑星規模　158

[アルファベット]

D層　32
E層　31
F_1層　31
F_2層　31
IPCC　277
MUレーダー　250
TOGA　286
UNEP　278
WMO　278

著者略歴

1922年　神奈川県横須賀市に生まれる．
1944年　東京大学理学部地球物理学科卒業．東京大学特別大学院研究生，東京大学助手，米国ジョンズ・ホプキンズ大学航空学教室研究員，米国マサチューセッツ工科大学気象学教室研究員，東京大学海洋研究所長・同所教授，WMO/ICSU/GARP 委員，イリノイ大学気象研究所長・同大学気象学教室主任教授，マサチューセッツ工科大学客員教授などを経て，

現　在　イリノイ大学名誉教授，日本気象学会名誉会員，アメリカ気象学会フェロー，理学博士（東京大学）

主要著書

『大気乱流論』(1955, 地人書館)
『大気の科学―新しい気象の考え方』(1968, NHK ブックス)
『気象力学通論』(1978, 東京大学出版会)
『お天気の科学』(1994, 森北出版)
『メソ気象の基礎理論』(1997, 東京大学出版会)
『気象科学事典』(共編著, 1998, 東京書籍)
『総観気象学入門』(2000, 東京大学出版会)
『日本の天気―その多様性とメカニズム』(2014, 東京大学出版会)

一般気象学〔第 2 版補訂版〕

　　　　　1984 年 5 月 10 日　初　　版
　　　　　1999 年 4 月 15 日　第 2 版第 1 刷
　　　　　2016 年 3 月 25 日　第 2 版補訂版第 1 刷
　　　　　2024 年 7 月 10 日　第 2 版補訂版第 11 刷

　　　　　　　　［検印廃止］

著　者　小倉　義光
　　　　おぐら　よしみつ

発行所　一般財団法人　東京大学出版会
　　　　代表者　吉見俊哉
　　　　153-0041　東京都目黒区駒場 4-5-29
　　　　電話　03-6407-1069　Fax 03-6407-1991
　　　　振替　00160-6-59964

印刷所　株式会社理想社
製本所　誠製本株式会社

Ⓒ 2016 Yoshimitsu Ogura
ISBN 978-4-13-062725-2　Printed in Japan

JCOPY〈出版者著作権管理機構　委託出版物〉
本書の無断複写は著作権法上での例外を除き禁じられています．複写される場合は，そのつど事前に，出版者著作権管理機構（電話 03-5244-5088, FAX 03-5244-5089, e-mail: info@jcopy.or.jp）の許諾を得てください．

日本の天気 その多様性とメカニズム	小倉義光／A5判 432頁／4500円
総観気象学入門	小倉義光／A5判 320頁／4000円
雲の物理とエアロゾル 物理と化学の基礎から学ぶ	近藤 豊・小池 真／A5判 288頁／4500円
身近な気象のふしぎ	近藤純正／A5判 196頁／3100円
気象学入門 基礎理論から惑星気象まで	松田佳久／A5判 248頁／3000円
大気力学の基礎 中緯度の総観気象	ジョナサン・E・マーティン／近藤 豊・市橋正生訳／A5判 356頁／4900円
詳解 大気放射学 基礎と気象・気候学への応用	グラント・W・ペティ／近藤 豊・茂木信宏訳／A5判 440頁／8800円
地球気候学 システムとしての気候の変動・変化・進化	安成哲三／A5判 252頁／3400円

ここに表示された価格は本体価格です．御購入の際には消費税が加算されますので御了承ください．